白丝带丛书 06
White Ribbon Series
主编 方刚 Chief Editor Fang Gang

和家暴创伤说"再见"

方刚 丁新华 李璐 著

Together We Survive and Thrive

原生家庭中承受暴力者团体辅导方案

Group Counseling Plan for Adults Who Were Exposed to Domestic Violence During Childhood and Adolescence

中国社会科学出版社

图书在版编目（CIP）数据

和家暴创伤说"再见"：原生家庭中承受暴力者团体辅导方案/方刚，丁新华，李璐著．—北京：中国社会科学出版社，2016.11（2022.1重印）
（白丝带丛书）
ISBN 978-7-5161-9179-8

Ⅰ.①和… Ⅱ.①方… ②丁… ③李… Ⅲ.①家庭问题—暴力—心理辅导 Ⅳ.①B849.1

中国版本图书馆 CIP 数据核字（2016）第 261127 号

出 版 人	赵剑英
责任编辑	侯苗苗
责任校对	周晓东
责任印制	王 超

出　　版	中国社会科学出版社
社　　址	北京鼓楼西大街甲 158 号
邮　　编	100720
网　　址	http://www.csspw.cn
发 行 部	010-84083685
门 市 部	010-84029450
经　　销	新华书店及其他书店
印刷装订	三河弘翰印务有限公司
版　　次	2016 年 11 月第 1 版
印　　次	2022 年 1 月第 2 次印刷
开　　本	710×1000　1/16
印　　张	20
字　　数	375 千字
定　　价	49.00 元

凡购买中国社会科学出版社图书，如有质量问题请与本社营销中心联系调换
电话：010-84083683
版权所有　侵权必究

总　序

促进性别平等，男性不再缺席

促进性别平等，是 21 世纪重要的国际议题。

在推进性别平等的过程中，国际社会越来越重视男性参与的力量。

1994 年，"男性参与"的概念在开罗国际人口与发展大会《行动纲领》中首次被提出；在 1995 年的北京世界妇女大会上得到了进一步强化，《北京宣言》第 25 条明确呼吁："鼓励男子充分参加所有致力于平等的行动。"

2004 年，联合国妇女地位委员会第 48 届会议呼吁各国政府、联合国组织、公民社会从不同层面及不同领域，包括教育、健康服务、培训、媒体及工作场所推广行动，以提升男人和男孩为推进社会性别平等作出贡献。

2005 年 8 月 31 日通过的《北京 +10 宣言》第 25 条也写道："关注男性的社会性别属性，承认其在男女平等关系中的地位和作用，承认其态度、能力对实现性别平等至关重要，鼓励并支持他们充分平等参与推进性别平等的各项活动。"

2009 年，联合国妇女地位委员会第 53 届会议上进一步呼吁男女平等地分担责任，尤其是照护者的责任，以实现普遍可及的社会性别平等。

同年，联合国秘书长潘基文成立了"联合起来制止针对妇女暴力运动男性领导人网络"，凸显了对男性参与社会性别平等运动的重视。笔者于2012年受潘基文秘书长之邀成为"男性领导人网络"的成员，也是该网络目前唯一的中国成员。

在男性参与促进性别平等的运动中，"白丝带"运动是重要的力量。

"白丝带"运动最早起源于加拿大。1989年12月6日，加拿大蒙特利尔一所大学的14名女生被一名年轻男子枪杀，凶手认为妇女权益运动毁了他的前途。受此悲剧的触动，以迈克·科夫曼博士为首的一群加拿大男性于1991年发起了"白丝带"运动，以表示哀悼的白丝带为标志。

"白丝带"邀请男性宣誓绝不实施对女性的暴力，同时绝不为这种暴力行为开脱，也不对其保持沉默。"白丝带"提倡以友善的态度和行为对待妇女，在必要的时候，以安全的方式制止对女性的暴力。

至今，先后有八十多个国家和地区以不同形式开展了"白丝带"运动，"白丝带"运动从而成为全球最大的男性反对对妇女暴力的运动。

在中国，从2001年起便有男性进行"白丝带"运动的倡导工作，但这些工作略显零散且缺乏持续性。2013年，在联合国人口基金驻华代表处的支持下，笔者发起成立了"中国白丝带志愿者网络"。中国"白丝带"运动的新纪元开始了。

在笔者的理想中，"白丝带"运动不仅是男性终止针对妇女暴力的运动，更应该扩展为男性参与全面促进社会性别多元平等的运动。

"中国白丝带志愿者网络"成立以来，开展了一系列可持续的、系统的工作，包括：男性参与促进社会性别平等，特别是反对针对妇女暴力的宣传倡导；性别暴力受暴者的心理辅导、施暴者行为改变的辅导，包括热线咨询、团体辅导、网络咨询、当面咨询多种形式；针对青少年的性与性别多元平等的教育，包括学校教育和夏令营的形式；男性气质与反暴力的学术研究；等等。

我们也非常重视"中国白丝带志愿者网络"的发展和志愿者培训，以及电影中的性别暴力国内外的学术和社会运动经验的交流。电影演员冯远征及其妻子梁丹妮受邀担任网络的形象代言人。

在促进性别平等的运动中，男性长期失声、缺席。这不仅有碍于促进对女性及其他性别弱势族群的维权，同样也阻碍着男性的自我成长。男性成为性别平等的一分子，由成为"白丝带"志愿者开始！

我们的理想是：让"中国白丝带志愿者网络"的工作成为中国男性参与性别平等运动的样板，同时也成为国际男性参与运动中最重要的一支力量。为此，我们还需要不断努力。

方　刚

联合国秘书长"联合起来制止针对妇女暴力运动"男性领导人网络成员
中国白丝带志愿者网络召集人
北京林业大学性与性别研究所所长

白丝带志愿者网站：http：//www.whiteribbon.cn
白丝带邮箱：bsd4000110391@163.com
白丝带热线：4000 110 391（每天8：00-22：00）
白丝带微信公众号：baisidai2013
微信公众号："学者方刚"（fanggang1968）

前言：对团辅方案的说明

这本团体辅导方案，是基于两个团体小组的实践经验，总结、完善后出版的。

中国白丝带志愿者网络，一直致力于对性别暴力当事人的咨询辅导工作。在这个过程中，我们注意到了一些未成年阶段在原生家庭中受到暴力对待的成年人，仍然处于暴力的阴影中，并且传承暴力。2014年，网络负责人方刚独自带领了第一期"原生家庭中目击与承受家庭暴力者团体辅导小组"，本书中简称为"马年小组"。在此小组的经验基础上，2016年，白丝带志愿者网络再次创办了同样的小组，由方刚、丁新华、李璐三人共同带领，三人分工各自主带手册中的三个板块，另二人辅带，本书中简称为"猴年小组"。猴年小组对马年小组使用的团辅手册进行了大幅修订，在实践中应用、修改完善，最终由三位带领者合力完成了这本书。

本书完稿之后，请女权主义心理咨询师朱雪琴进行了全书通审，提出许多非常宝贵的意见，又进行了修订。可以说，本书是三易其稿完成的。

方刚指导的硕士研究生周洪超的毕业论文是关于家暴目击者的心理动力研究，受访对象主要来自马年小组，他也为本书提供了几个活动的建议。

我们希望这本手册将推动全国各地的白丝带志愿者，以及其他专业人士，在当地开展这样的团辅小组，造福社会。

下面，对此手册的应用理论、适用人群、内容安排、使用建议等进行介绍。

依据的理论

认知、情绪与行为是心理调节的三个主要途径，因此知、情、行的协同改变才可能最大限度地促进改变的发生。本书团辅方案围绕与家暴相关的认知、情绪和行为进行理论构思和设计，具体分为三个板块，一是认识暴力，二是走出阴影，三是立足当下。

第一板块为认识暴力，主要目标在于帮助组员对家暴有全面、深入与正确的认识，包括家暴的表现形式、家暴与人权、常见认识误区、家暴的特点与规律、家暴与男性气质，着重从认知层面进行辅导，让组员对家暴持有更为全面和合理的视角。

第二板块为走出阴影，主要目标在于处理家暴对组员带来的负面影响，包括联结内在资源学会自我关爱，面对过去经历给自己带来的伤痛，进行表达和宣泄，着重从情绪层面进行辅导，让组员释放因家暴而经历的各种负面情绪能量。

第三板块为立足当下，主要目标在于帮助组员提升心理技能，包括提升自信心、增强情绪调节能力、学会管理愤怒、学会人际沟通，着重从行为技能层面进行辅导，协助组员习得积极健康的心理技能，更好地处理当下及未来的生活挑战。

有了合理的认知，并不再受过去负面情绪的困扰，行为改变才更容易产生和学习。因此本团辅方案以认知开始，情绪跟进，最后是行为技能训练，遵循由浅入深的原则层层推进，确保能最大限度地促进组员的积极改变，达成预期的辅导目标。

逻辑框架

有了前述理论作基础，本辅导方案的逻辑框架图如下。

需要说明的是，在这样的逻辑基础上，带领者可以结合自己小组成员的实际情况，对内容进行调整和取舍。

结构式的团辅方案，特别在小组初期是非常有用的。随着小组成员能够开始放开自己，开放式的讨论会增多和变得重要。有时，带领者便不得不调整具体的执行情况。

也就是说，团体是以主题渐进设计的，并不一定固定在一系列的结构活动，所以如果需要，可以考虑跟着团体所发生的浮动，将各主题相互渗透和反复。

我们的经验是，书中现有的主题对于目击者的成长是非常重要的，带领者调整时不应该减少现有的主题。当然，针对小组成员的特性，可以增加新的主题。

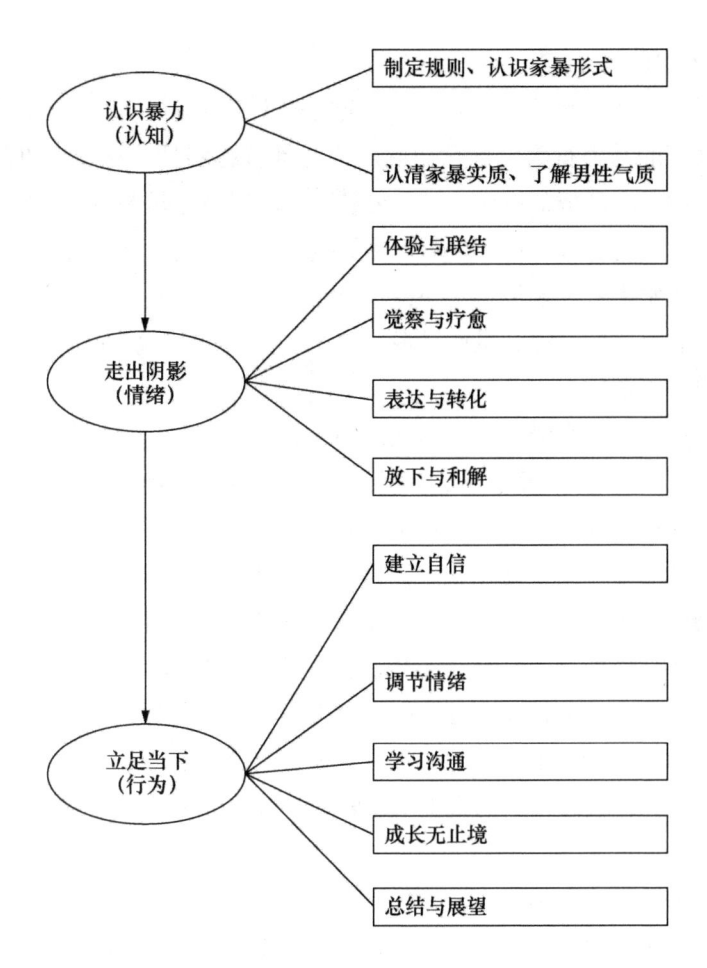

```
认识暴力 ──→ 制定规则、认识家暴形式
（认知）  ──→ 认清家暴实质、了解男性气质
   │
   ▼
走出阴影 ──→ 体验与联结
（情绪）  ──→ 觉察与疗愈
         ──→ 表达与转化
         ──→ 放下与和解
   │
   ▼
立足当下 ──→ 建立自信
（行为）  ──→ 调节情绪
         ──→ 学习沟通
         ──→ 成长无止境
         ──→ 总结与展望
```

小组的适宜成员

小组的名称是"原生家庭中目击与承受家庭暴力者小组"（本书中多数时候简称为"目击者小组"），即指未成年阶段，在与父母生活的原生家庭中，目击了家庭成员间的暴力，或者承受了来自原生家庭中家庭成员的暴力的人。目击与承受暴力，二者通常是结合在一起的。小组成员现在已经成年了，也就是说，这个小组适合的是成年人，他们几乎都已经离开原生家庭独自生活了，而不是仍然在原生家庭中的未成年人。

处于原生家庭暴力环境中的未成年人，中国白丝带志愿者网络另外开发有专门的辅导工具。

小组的意义

目击暴力，特别是父母间的暴力，会给孩子们造成严重的内心创伤。如果是直接针对他们的暴力行为，更是如此。儿童具有脆弱性，比成人更容易受到伤害；而且因为家庭环境的特殊性，无可逃遁。不仅殴打是暴力，辱骂是暴力，罚站、下跪、写检讨、关黑屋子、取消零用钱、不许外出、当众羞辱，这些都是暴力。对孩子正常需求的蔑视也是一种暴力。

被殴打和责骂的情况，虽然男童多于女童，但是，对女童的暴力更多来自性别歧视、漠视等精神暴力。

联合国人权事务高级官员 Louise Arbour 曾说："对儿童的暴力是对其人权的施暴……无论处于惩戒的理由或文化传统，它永远不会是正当、'合理'的，暴力是不能接受的。在一种背景下对儿童施暴的合法化有可能容忍对儿童普遍施加暴力。"（转引自金一虹、陈晴钰，2010，178—191）

童年期间目睹父母暴力，或受父母暴力的孩子，他们可能在成长中缺失很重要的人际关系良性处理的经验，这可能给他们今后的生活造成很大的困扰，其中一些人可能会在当时或长大之后出现下列行为：抑郁、消沉等症状和反社会行为的增加，酗酒或吸毒、婚姻冲突和暴力，虐待自己的孩子，攻击非亲属和犯罪。对于这些人，让他们在今后的人生中需要加倍付出更多的努力去处理这些过往的创伤经历。

我们希望通过这个小组，做"事后补救"。即帮助他们消解暴力阴影，让他们更加开心、快乐、自信，使他们能够顺利地开展亲密关系。

更重要的一个目标是阻断暴力的传承，即他们自己不再成为施暴者和可能的受害者。暴力具有传承性，有调查显示，很多原生家庭中目击与承受家暴者，成年后进入亲密关系后复制了来自原生家庭的暴力模式。暴力的习得与代际传递的特点，使我们的工作更显示出重要意义。

容易被忽视的一点是，我们的工作对象，通常在暴力的氛围中形成了错误的社会性别态度。我们也希望通过这个小组，树立他们的性别平等观，甚至使他们成为反对性别暴力的一分子。

小组致力解决的问题

原生家庭中目击家庭暴力者，在成年之后可能会延续的一些问题，是这个团体小组致力于解决的。

这些问题可能包括但不限于：

1. 成年人身上暴力的延续，认为暴力是解决问题的好办法，认为"我必须掌控所有的事"；在约会关系里对伴侣施暴，或有操控行为；

2. 因目睹家暴而产生的有偏差的不公平的性别观，如认为男的强壮可以欺负人，女的柔弱可以被欺负；

3. 因为早期的阴影造成的现在的人际交往的缺陷，如暴力、冷漠等；

4. 家暴目击对于现在的婚恋的负面影响，如渴望伴侣关系但惧怕之类的；

5. 家暴引起的自卑感，怕做错事情，不敢面对未知的结果等，如恐惧婚姻家庭以及伴侣关系；自我价值感低；以暴力来处理人际关系；错误而僵化的两性互动态度，不平等的性别关系。

6. 其他问题，如不可理喻地发脾气；喜欢攻击、嘲弄同事，不受欢迎亦无所谓；流露出对人生乏味，有自杀想法；出现偏差行为：撒谎、打架、偷盗、结伙、吸毒、参加帮派、逃学逃家，等等。

需要说明的是，上面列举的这些问题，并不仅仅出现在原生家庭为暴力家庭的人身上，同样地，暴力家庭成长起来的人当中，也有很多不会出现上面这些问题。作为这个团辅小组，只是致力于解决组员因为原生家庭中的暴力影响而出现的上述问题。

组员记笔记、写日志的意义

带领者应该强烈建议组员坚持做笔记和写日志。这既是为了小组活动的正规化，又是为了促进组员的成长，将小组活动中的领悟转化为日常生活中的实践。

笔记是指小组活动时组员要记录的内容，日志是小组活动后组员的思考。

日志中可以包括：我的收获，我最希望自己能说的一件事是……，我希望提出的个人重要事件或问题是……，目前为止我对团体中最主要的反应是……，我最想改变自己的一个方面是……，生活中我可以做些什么改变？在团体内外分别做些什么？……

组员可以回顾生命的特定阶段，把它们写出来。可以回忆童年时代的一些片段或其他提示物，自由地写。组员记录每天的主要感受、情境、行为和作为行动方针的想法，甚至花几分钟就可以。这些日志可以帮助组员更好地聚焦，决定对自己写的材料可以做什么。

日志的另一个作用：为在日常生活中与他人互动做准备。

组员带着日志参加团体会谈，分享曾经的某些特别经历，正是这些经历导致了他们现在的问题，在团体中可以探索用不同的方式进行处理。

带领者也要记笔记和日志。带领者的笔记是对小组成员反应、小组互动的及时记录；带领者的日志是对小组互动的分析，以及日后活动的思考。

小组活动的总结与作业

通常的团体辅导书会建议，在每次活动结束的时候，让每个人来分享他在这次活动时得到的，或者印象最深刻的。这是一个好办法，但也无须机械地套用。小组成员还没有充分放开的时候，不宜采取；小组单次活动时间已经很长，或超出了预计时间的时候，也不宜采取。

但这工作可以作为"作业"，请大家回去写好后发邮件给带领者，特别是在小组开始阶段。成为作业的好处是，可以平静地只"面对"带领者呈现，更容易流露出真实想法，便于带领者了解组员的心理。

本方案几乎在每次小组活动之后都设计了作业。小组有以下两种形式：

1. 日志写作。参加小组所得，或者为下次活动做准备。
2. 完成一个任务。包括在生活中如何落实团体中学习所得。

很多时候，带领者要求小组成员在下一次组会开始前提交作业。这是为了让带领者可以事先了解组员的情况。这等于也为带领者自己留了作业。

在下一次活动时，团体带领者可以告诉组员你在这一周对团体进展情况的思考。当团体遇到困难或团体中出现某种问题时，带领者说出来，可以引导成员放开。

在我们已经有的小组实践中，作业对于小组有很大的促进作用。带领者在小组间隙针对作业进行事先处理，一对一地处理一些遗留问题或个人问题，则节省了很多小组正式活动的时间。

本方案的不足

作为国内开创性的实践，在本书付梓之际，我们感觉仍然存在很多可以提升的空间。特别是，社会性别视角的应用仍然不够。团辅方案中，虽然有社会性别的诸多内容，但是我们自我感觉对于主流心理学的社会性别视角的反思仍然不足。很多环节，比如小组成员的觉察与疗愈、空椅子表演、情绪处理等环节，社会性别意识的分析可以更加明显。

这些问题的存在，与中国目前心理学学科发展的局限有很大的关系。但是，我们个人理论与实践能力的不足显然是主要的原因。

在针对家庭暴力受暴者的工作中，社会性别意识的提升与觉悟非常重要，这也是女权主义心理咨询的核心。希望未来使用本书的带领者们，可以在自己的工作中增加这部分内容，弥补我们的不足。

此外，我们的理论视角基于西方的反家暴理论，但是对于中国文化下的伴侣、家庭关系与反家暴的反思还没有总结出来。这些都是在未来工作中需要总结和提升的。

对团辅手册的其他说明

在此团辅方案中，除了团辅活动，还有一些内容。在此简要说明：

建议时间：每项活动后面附的时间仅供参考，因为人员不同、效率不同，在实际操作中存在一定的差异。

提示：对团辅活动操作上的提示、理念和逻辑上的思考，有些提示有举例。

带领者笔记：带领者一些感受上的延伸性的分享，主要是基于带领小组活动时的经验和感受，所以多有案例辅助说明。

热身活动：方案中安排的热身活动，多数基于对小组当次活动内容有助益的原则，带领者应该根据小组的时间、气氛等决定是否增加相应的热身活动。

材料链接：活动所需的知识点。

带领者工具箱：发给组员的链接材料、小组所需材料，如签到表、评估表等。

附录：主要是小组历次活动结束后学员的作业、感想等。

目　录

前言：对团辅方案的说明 …………………………………………… 001

第一部分　团体筹备

　　一　团体活动的整体安排 ………………………………………… 003
　　二　带领者自身的准备 …………………………………………… 009
　　三　组员的招募与筛选 …………………………………………… 015

第二部分　团体第一阶段：认识暴力

　　第1次　制定规则、认识家暴形式 ……………………………… 029
　　第2次　认清家暴实质、了解男性气质 ………………………… 059

第三部分　团体第二阶段：走出阴影

　　第3次　体验与联结 ……………………………………………… 087
　　第4次　觉察与疗愈 ……………………………………………… 101

第 5 次　表达与转化 …………………………………… 117
　　第 6 次　表达与转化（续）…………………………… 131
　　第 7 次　放下与和解 …………………………………… 150

第四部分　团体第三阶段：立足当下

　　第 8 次　建立自信 ……………………………………… 163
　　第 9 次　情绪与身体感受和内在需要 ………………… 177
　　第 10 次　情绪与认知调节 ……………………………… 192
　　第 11 次　学习沟通 ……………………………………… 210
　　第 12 次　学习沟通（续）……………………………… 221
　　第 13 次　成长无止境 …………………………………… 230
　　第 14 次　总结与展望 …………………………………… 237
　　备用活动 ………………………………………………… 246

参考文献 ……………………………………………………… 249

　　附录：性别暴力热线咨询手册 ……………… 方刚、林爽等编著/251

第一部分 团体筹备

任何一个团体小组，都包括五个阶段：团体前、初始、过渡、工作、结束。其中，"团体前"的阶段，是为团体活动进行准备的筹备阶段。筹备阶段，并不是因为团体活动尚未正式开始便不重要。恰恰相反，"团体前"阶段的工作，直接影响着团体活动的效果。

"团体前"，包括对团体目标的确定、辅导方案的制订、带领者的确定、组员的招募与会谈、小组活动场地与物资的准备等。有些时候，还需要包括筹集小组活动的资金。

本章将分享其他"团体前"阶段几部分的工作建议与经验，以方便本书的使用者。

一 团体活动的整体安排

1. 团体性质

团体性质有所不同，"原生家庭中目击与承受家庭暴力者团体辅导小组"设计的时候，团体是结构式、同质性的。

团体规模建议10人左右。

本小组是封闭式的，组员不能缺席，不能中途退出。如果有人在极特殊的情况下无法参加某次活动，需要小组全体成员一起协商更改时间，或暂停一次活动。

之所以做这样的规定，主要是因为三个方面的原因：

首先，这是因为家庭暴力目击者的小组，会涉及很多当事人的隐私，特别是原生家庭中的创伤。如果没有这样的约束，有小组成员随时退出，会使得其他组员没有安全感。一个紧密封闭的小组也有助于组员们彼此形成稳定的情感关系。

其次，小组每次活动有不同的主题，这些主题相互配合，结合在一起才可能更好地促进组员的成长。如果没有参加某个主题，后面的活动可能便难以衔接了。

最后，这个"揭伤疤"的小组中，有些组员可能会产生退缩情绪，请他们事先做出"不退组"的承诺，也有助于他们坚持下来，完成个人成长。

在马年小组中，报名10人，10人均承诺坚持全程，也做到了。有组员便说：面对自我成长时感到痛苦和回避，如果不是有承诺，可能就退出了，没有退出，收获很大。可见这样的约束是有价值的。

但这点也恰恰非常困难，猴年小组则很遗憾没有做到这一点。有一位组员在第二次小组活动时退出，另有三位组员有过缺席1—3次不等的情况，多位组员有过迟到的现象。这些情况都是有一定的原因的，对带领者来说，也常常构成挑战，对小组的效果也有一定影响，不过，也是小组成长的重要部分。

马年小组的15次小组活动中，有三次是因为有组员不能参加进行了时间和方式的调整，其中两次是取消当周活动，顺延到下一周；还有一次是改为网络同时在线观看相关电影，然后用SKYPE进行讨论，无一缺席。15次活动，均做到了全员、全程参加。

2. 辅导方案

我们提供了一套结构化的团体方案。但想再次强调：这个方案不是僵死的。

这套方案的制定是为了实现小组的目标。一个重要工作是挑战成员的信念系统以及处理那些影响成员行为的认知。

小组中的每个个体都不一样，都可能有自己独特的需求，这也是我们调整小组方案的一个理由。带领者应该有能力调整团体活动，以使之尽可能地适合每个小组成员的独特性需求。也就是说，小组可以增加活动的内容和次数，也可以减少活动的内容和次数，因为现有方案中的某些内容可能恰巧是不适合小组成员的，而另外一些内容可能是需要在某个小组中特别加强的。

内容的设计要尽可能涵盖所有可能的相关主题，并且以可行和最佳的方式安排在团体的前期、中期和后期。带领者应该及时将这之间的逻辑关系告诉组员，这有助于组员理解小组将如何帮助他们，从而更稳定地存留在小组当中。应该让小组成员清楚地了解这套方案。小组成员报名面谈时，通常都会谈到小组内容；第一次活动时，也应该再向大家介绍小组的内容以及意义。

曾有一个马年小组成员在第一次小组活动后给带领者写信，说："我关注的是'关系'，是提升自己建立亲密关系的能力，而看您列出的小组内容，同'关系'有关的太少。"

这提醒我们，带领者需要向组员解释清楚团辅方案的内容和结构，比如，家庭暴力目击与承受者在建立亲密关系过程中的障碍是源于家力，小组的内容是逐级深入的。带领者给那位关心"关系"的组员回信说：这是一个关于家庭暴力的小组，理论前提是在原生家庭中经历暴力影响到后来人际关系的建立，所以，必须解决"根"，才能治"本"。所以关于家暴的内容，都与"关系"直接相关。如果不讨论"根"，按一般的人际关系处理，不会有效果。

此外，带领者也需要认识到，整个团辅的目标需要参加的组员共同商定。

每次小结活动时话题不宜太多，以免重要的话题浮于表面。一定要留出足够的时间，要给大家交流和分享的时间，以便让团体达到足够的深度。这有时便需要我们将原计划的一次小组活动改为两次，甚至三次。以"表达与转化"的设计为例，方案中安排了两次活动。但对于多数小组来说，两次显然不够，所以猴年小组共进行了四次"表达与转化"的小组活动。

3. 会期

现代都市人，生活节奏快、忙碌，参加长会期的小组是非常大的挑战。

作为一个封闭小组，希望所有成员能够参加每一次活动，而且不会退出。这对于多数已经参加工作的、来自各行各业的成年小组成员来说，会期安排就显得格外重要了。显然，会期越长，越无法保证所有人不缺勤。这可能不是当事人的主观意愿决定，可能受家庭、职业影响，比如要出差。

所以，设计此团辅方案时，我们拟定了一个总体时间：45—60小时。带领者可以根据小组的实际情况，与小组成员一起讨论，决定每次几个小时的活动时间，这直接影响到会期。

为什么是45—60小时这样的幅度呢？我们也是考虑到，不同小组的情况有差异，成员组成、开放度、诉求，可能都不一样。我们的辅导方案中，有的内容可能是有的小组不需要涉及的，有的内容则可能需要成倍的时间；同样的内容有的小组可能用 3 小时便达到理想的交流效果，有的小组则可能需要 6 小时甚至更多时间。所以，我们有一个开放度给大家。但是，强烈建议不要少于 45 小时，最好能够在 50 小时以上。这是因为成长需要一个过程。

如果组员主要是高校学生，则建议在一学期内完成。如果要分两学期，则在放假前要布置好作业：将小组所学应用到回家后的生活中。

小组招募阶段便可以公布计划中的活动次数，这样方便报名者考虑自己是否能够坚持下来。但是，次数是可以在活动中根据实际情况调整的。我们建议在一定时候，和组员们商量需要多长时间。

马年小组原定 12 次活动，但到将近结束时，有一些内容没有讨论，有组员觉得一些内容还想深入讨论，于是大家商量，增加到 15 次。而猴年小组原定 10 次活动，每次 6 小时，在实践中变成 8 次活动，总计 48 小时。

4. 会面时间

关于小组活动的具体时间，周末无疑是最理想的选择。具体时间要和小组成员商量决定，以多数人方便参与的情况为准，带领者也要考虑到自己的时间安排。

通常团体辅导小组建议的每次会面时间是一个半小时至两小时居多。

目击者小组，除了以某一高校学生为主的情况之外，通常是来自一个城市的许多地方，有的会非常偏远。比如马年小组，组员中有两位来自北京一个郊区，一位来自邻近北京的河北交界处。这三位组员都需要坐两个多小时的车才能到活动地点，活动结束后再坐两个多小时的车回去。所以，如果每次活动只是两小时，无疑会影响他们参与的热情。小组成员通常都希望来一次，就能够有很大收获。

而且，当小组成员都是成年人时，他们接受较长时间小组活动的能力也更强一些。所以马年小组中大家一致同意将每次活动时间定为三小时。其间，约 50 分钟会休息一次。在实际操作中，有时会延长到两个半小时，但大家的状态并不受影响。

有一次，在马年小组成员的要求下，我们安排了一整天的活动时间。从早晨九点至晚上七点。这一天，带领者不仅安排观看、讨论了一场电影，而且到一个舒适的茶楼里，让大家边吃边喝边聊。环境舒适，电影好看，吃吃喝喝也蛮放松，所以一整天下来，组员的反映还是很好的。一个全天的活动，有助于团体成员增强凝聚力，可以促进正在徘徊的群体开展建设性的工作。但这样的一个潜在风险是，小组脱离固定的房间，可能会变得松散，而这种松散将影响到未来的小组活动。一整天的活动时间，大家可能会很累，也可能变得松散。所以选择相对松散结构活动的时机很重要，一般是需要安排在小组成员之间的信任和情感联结已经达成的阶段，或者小组结束前的阶段。

猴年小组，因为项目时间要求、带领者和组员的个人时间安排等诸多因素，选择每周六进行全天的活动，中间有一个半小时的休息时间，有沙发供组员午睡。我们感觉组员参与的热情和状态没有受到影响，但是，因为小组总计只有八次活动，在两个月内完成，小组成员反思、消化、成长的时间变少了。这可能在一定程度上影响了部分组员的成长。

所以，一整天的活动需要带领者做好细致的安排，综合考虑各种可能性。

5. 小组会面频率

同样是目击者小组，团体成员的组成、带领者的绩效，也都会影响会期的频率。

建议每周一次。如果太频繁，小组成员无法充分消化前一次活动时的内容，而且也增加出席小组的压力；但如果一周以上一次，则可能会影响到接收信息与思考的连贯性。如果以高校学生为主的小组，因为放假而不得不隔一个假期再组织活动，则一定要在假期前最后一次活动时留充足的作业，而且建议假期后第一次活动全部用来重温假期前历次活动的内容。当然，重温的形式是灵活的，绝对不是把做过的活动都再做一次。

主要由社会成员构成的目击者小组，因为考虑到有时会出现组员请假，不得不暂停一次等情况，所以有时为了补上这次的活动，又不想延后小组的结束时间，有时会在一周内增加一次活动。如果一周内两次活动，建议安排的内容要更加注意张弛结合，给组员足够的消化时间。

6. 小组会面地点

在一个安全、隐秘、不被干扰的场所进行小组活动。

会面地点当然最好是离所有小组成员都比较近、居中的地方。但现实中，这可能很难做到。小组带领者通常会在自己可以找到免费的、适宜的地点做辅导小组。这是可以理解的。

会面地点内部的要求应该受到重视。最好是标准的团体辅导室，如果实在没有，比较宽敞的、拥有较大可以自由活动空间的房间也可以。团辅场所需要可以摆成圆圈的椅子、黑板、可以贴纸的墙壁、投影仪等。阳光明媚的房间，会让人心情更愉悦，状态更好。

7. 会期模式

会期模式一定要有变化。这已经体现在我们的活动内容的设计中了。大体而言：讨论、小讲座、观影、心理剧，等等，均可以凸显模式的变化。模式的变化可以保持组员的新鲜感，让大家参加小组活动更积极。

一些带领者总想把每次活动都弄得有很多种形式，这是不妥当的。太多的不同形式，会使组员更多在形式中"兴奋"，而可能忽视了反思。

当然，准备多套方案是有必要的。带领者可以根据现场的气氛、组员的参与程度，做出临时调整。

关键是无论你采取什么模式，要让组员足够地消化他们在小组活动中接收到的信息，并且能够为小组贡献出新的信息，即充分地讨论与分享。

二　带领者自身的准备

1. 带领者的资质

在团辅小组中，一些带领者严格遵循某种理论模型，也有一些带领者不以任何一种个体咨询理论作为理论基础，他们认为团体互动的力量——分享、投入和归属——才是变化的主要动力。

目击者小组，可能需要不同的理论进行指导。带领者应该具有整合不同理论的能力。对这些理论的掌握与应用，不是我们这个团体辅导指导方案所能够提供的，需要带领者以前的专业能力积累。

对于这个小组来说，带领者仅仅了解心理咨询与治疗的理论是远远不够的，还必须了解社会性别理念，包括男性气质的理论。这对于带领我们这个辅导小组是非常必要的。

带领者需要的特征：关怀、公开、灵活、温和、客观、值得信赖、诚实、有力量、耐心、敏感。很多实践经验显示，主动、积极的带领风格是非常有效的。

带领者应该接纳自我和他人、欣赏他人、处于权威地位而感到舒适、对自己的领导能力有信心，以及具备对他人的感受、反应、心情和言语产生同感的能力、良好健康的心理等。

带领者拥有一对一的咨询经验，有团体一起工作的经验，有主题的知识，有基本的人际冲突和两难困境的深刻理解，有对咨询理论的深刻理解，有计划和组织的技巧，等等。这些都将对小组的成功有重要帮助。

2. 带领者的自我怀疑

所有最初开始尝试带领团体的人，都难免会出现自我怀疑、否定，甚至恐惧的时候。

有人会想到放弃，但放弃就彻底失败了；

有人会变得防御，组员则会因为带领者的防御而变得更加防御；

有的带领者追求完美，怕犯错误，这将极大影响他在带领团体时的创造力发挥；

……

这时不妨思考一下：你当初决定带领团体时的目的是什么？你自己有哪些优势和劣势？如何发挥你的优势？如何弥补劣势？比如通过及时寻求督导的帮助，以及与你的合作带领者沟通、协调彼此的特长，或是及时地学习、补充你所不具备的知识和能力。

总之，一定要记住：作为一个已经开始的小组的带领者，无论遇到什么困难，你都要坚持做下去，而且是要很好地做下去。小组成员如果被中途抛弃，他们受到的伤害将非常大。这也是严重违反了白丝带志愿者的伦理价值的。

3. 多元文化的影响

西方的团体辅导书，会讨论多元文化对带领者的影响。对于中国的带领者而言，"文化差异"的用法也许过于宏大，我们更经常遇到的问题，是包容不同价值观的小组成员。

在马年小组中，有一位同性恋者；在猴年小组中，有一位自称是双性恋的组员，同时还有一些具有"恐同"倾向的组员。我们未来的小组中，可能还会有性工作者、多元性别的实践者（如跨性别者）、某个宗教的信仰者，等等。带领者原本的价值观，可能与这些人的价值观是不同的。但是，如果带领者不能够包容这些人的价值观，则不适合做带领者。

带领者应该积极、主动地学习新知识，弥补在多元文化、价值观差异上的局限性，及时寻求督导。

白丝带志愿者网络倡导：带领者要具备的基本素质之一，便是拥有非常清楚的人权理念。凡是不侵犯人权的个人选择，都是应该致力于维护的；凡是侵犯到他人人权的，则是要干预的。

我们的团体辅导是基于自己的一些价值观的，人权便是其中重要的一条。反对性别暴力，就是捍卫基本人权。同时，社会性别平等、尊重性别多元，也是维护人权，也是我们团体核心的、不可或缺的内容。如果小组成员中有人违反和侵犯了这样的价值观，带领者则不能够用简单一句"个人选择"来代替。

4. 合作带领者

马年小组是由方刚一人带领的，前两个月几乎停下一切工作，投入小组，效果还不错。后来，便难以专注于小组这一项工作了，无法每次活动都做充分的事前、事后功课，自己感觉对小组效果会有影响；另外，小组活动时，一个人也难以照顾到所有人，特别是当小组出现散漫情况的时候；还有就是工作倦怠问题，小组进行到十多次的时候，便没有了初始时的激情，而这时如果有一位协作带领者，二人可以互相鼓励。

猴年小组由三位带领者组成，每次小组活动开始前后，都对小组的活动进行讨论，对小组中出现的问题进行分析，包括一起研讨、修改团辅方案，商讨小组中出现的问题的处理方法。三人还分别主带小组不同阶段的活动，这样不仅能够群策群力，还能够分担劳动，化解压力，每个带领者都不会感觉过于疲惫。

合作带领小组时，"职业耗竭"的概率下降了，现场调控时还可以分工，比如一人负责维持团体的正常工作时，一人则可以分心关注某些"问题成员"。合作带领小组时，还相互进行同伴督导，这些都保证了小组的效率更高。

但是，合作带领者间必须建立良好的工作合作，建立默契。两个存在冲突隐患的合作带领者，不如一个带领者。共同带领者应该充分了解对方，人际互动风格适当，展现团结、尊重、平等。

有团体带领者提议，在有合作带领者时，一方有意外事件还可以缺席。但是，虽然有合作带领者，不到万不得已，我们还是建议任何一位带领者都不要缺席任何一次小组活动。如果连带领者都缺席，又怎么能够要求其他组员全勤呢？猴年小组的三位合作带领者，均未缺席过任何一次小组活动。

合作带领者之间，要做到相互尊重；在小组活动时有平等的发言权，虽然这并不意味着发言的时间和机会完全均等；向小组成员呈现出彼此间的信赖、尊重、良好的合作关系；每次小组活动前后都讨论小组的情况，准备或反思带领工作；避免二人间竞争与对抗的出现；避免在某个小组成员的影响下，一位带领者与组员联合反对另一位带领者……

即使有合作带领者，每位带领者也应该全身心地参与到活动中，成为活动的一员。在马年小组中，带领者曾在小组进行最有形体感的活动时拍了照片，后来有组员在"作业"中提出意见，那之后带领者便再也没有拍照了，虽然没有留下一些照片有些遗憾，但这种遗憾是值得的。

链 接

为了更好地帮助到本书的使用者，我们从《团体：过程与实践》一书中摘录带领者应该具备的一些个人特征，以及应该掌握的基本技术，以方便大家参考。

团体带领者应该具备的一些个人特征
勇气：勇气是有效团体领导者的关键人格特征之一。
愿意示范：在团体中以身作则，通过示范来教导成员。
在场：领导者在被他人情绪触动的同时能保持住自己的界限。
良好的意愿、真诚和关爱：作为一名团队领导者，必须真正关心他人福祉。
相信团体过程：对团体辅导过程抱有强烈的信心与建设性的结果呈正相关。
开放：领导者恰当地与成员分享自己的反应以及对团体的感受可以促进团体发展。
非防御性地应对批评：对领导者而言，关键是要非防御性地与团体一起探索批评背后的感受。
觉察自己的文化：如果你了解自己的文化以及价值观怎样受到你所在社会环境的影响，那么你就能以此为基础，理解那些在许多方面和你不同的人的世界。
愿意寻求新的经验：通过识别和努力解决自己生活中的问题来了解人类的普遍挣扎，这对团体领导者来说是很重要的。
个人力量：有力量的来访者一方面承认自己的确在促进成员改变的工作中发挥了作用，但同时鼓励来访者认可他们在其自我成长中的那份功劳。
耐力：领导者需要有生理和心理上的耐力，以及顶住压力在整个团体历程中保持活力的能力。

自我觉察：包括个人同一性、文化观念、目标、动机、需要、局限、长处、价值观、感受和问题。

幽默感：如果领导者能享受幽默，并将其有效注入团体辅导的过程中，将是一种无价的资源。

创造性：自发的创造力，富有新意地带领每一个团体，这是有效团体领导者最重要的特征之一。

个人投入和责任：成为一名优秀的领导者意味着你要有理想、明确生活的意义和方向且能及时了解本领域的发展变化、阅读杂志和书籍，以及参加专业研讨会。

（Marianne Schneider, Gerald Corey, 2010：24-28）

团体带领者应该掌握的技术

积极倾听：它包括理解话语内容，注意手势、声音和表达方式的微妙变化以及感知潜在的信息。

反射：反射技术依赖于倾听，是一种将他人所表达的内容的本质传达出来让对方看到的能力。

澄清：它在团体的初始阶段非常有应用价值，包括聚焦关键的潜在问题，厘清混乱和冲突的感受。

总结：在会谈开始或结束时，以及当团体过程陷入停滞或支离破碎时，总结技术是特别有用的。

促进：使用促进的技术可以帮助团体成员实现他们的目标，提高对团体前进方向的责任感。

共情：该技术的核心在于既能开放地领会他人的体验，同时又能保持个人的独立性。

解析：即对成员的某些行为或症状进行可能的解释。

提问：在恰当时机对成员提一些"什么"和"怎样"的问题能够起到强化体验的作用。

联结：这种技术要求领导者具有洞察力，能找到某种方式将一名成员正在做或说的东西与其他人的关注点联系起来。

面质：当成员的行为破坏了团体的功能，或者当他们传达的言语信息和非言语信息之间存在不一致时，领导者可以进行恰当的面质。

支持：支持技术要求领导者能分辨什么时候支持是治疗性的，什么时候支持是起反作用的。

制止：团体领导者有责任制止团体成员的某些活动，它有助于建立团体规范。

评估：评估技术包括的不仅仅是识别症状和分析行为的原因，还涉及评定某些行为问题和选择恰当干预方式的能力。

示范：通过在团体中以身作则、亲自演示，领导者可以最有效地培养成员的这些品质。

建议：帮助成员发展思维或行动的替代选择，从而促进个体发展独立决策的能力。

启动：包括使用"催化剂"使成员聚焦个人目标，协助成员打破僵局，帮助成员识别和解决冲突等。

评价：对正在持续发展的团体的过程和动力进行评价是一项非常重要的领导技术，包括领导者自评和教授参与者评价。

结束：领导者需要发起相应的能力来判断和宣布何时一次团体会谈应当结束，何时一个人已经做好准备离开团体，以及何时一个团体已经完成了它的工作。

（Marianne Schneider，Gerald Corey，2010：28-33）

三　组员的招募与筛选

1. 组员招募

所有团体小组的情况都是一样的，组员自愿参加，效果才更好。原生家庭中目击与承受家庭暴力者小组的组员，完全可以是全部自愿参加的。虽然我们知道有一些人非常适合参加这个小组，也只能建议，无法勉强。

马年小组完全是靠带领者在微博发布信息吸收组员的，共有 15 人报名，后来有 10 人参加。猴年小组的组员招募，则主要通过微信朋友圈转发信息。

如果带领者是心理咨询或社工方面的从业人员，也可以挖掘自己以往咨询和辅导中的资源，特别是受暴者的孩子。

招募启事上要尽可能写清楚小组的背景、目标、带领者的资质。如果小组已经确定了活动时间，则可以一起公布。

发布启事时，可以留一个电子邮箱。在收到报名邮件后，再发需要详细填写的报名表给申请人。带领者会要求申请者在报名表中写清楚自己与家庭暴力的关系，这有助于带领者决定是否通知面谈，也有助于了解未来的组员。

目击者小组在招募组员的时候，还可以请高校学生干部、心理健康教师推荐组员。他们可能不会了解哪些学生来自家暴家庭，但是，通常不难了解哪些学生有暴力倾向，毕竟目击者小组也可以视为暴力倾向者小组。除了完全自愿的小组外，还可以有半自愿的小组，比如与学校协调，以算"素质教育学分"的方式，鼓励相关的学生参加小组。当然，如果能够在有的学校将之变为一门选修课，就更理想了。

2. 小组开始前的会谈

小组开始前的会谈是很重要的。通过会谈，可以确定申请者是否适合这个小组，比如在猴年小组的会谈中，便有一位申请者并没有目击或承受家暴的明显阴影，可能只是出于对小组活动的好奇或专业兴趣（她是一名心理学研究生）而报名参加小组。我们婉拒了她，在微信中告诉她："祝贺你，带领者一致认为你心理很健康，不需要参加这个小组。"

会谈也是带领者给组员第一印象的过程。第一印象不是带领者个人的问题，而是会涉及小组的发展。带领者自我介绍时，既要做到说明自己的资格是让人放心的，同时又要平易随和、可亲可敬。

在猴年小组开始前的会谈时，因为有三位带领者参与。会谈室内是一张 U 字形办公桌，如果采取带领者与申请者对坐的方式，则可能给申请者带来压力。所以我们采取了 U 字形的坐法。两位带领者分别坐在 U 字形下边的两端，一位带领者和一位申请者坐在旁边的两端。这样便消解了带领者与申请者的角色差别。

会谈开始前，应该请申请者填一个调查表。这个调查表一方面是了解组员关于性别暴力的整体状况，另一方面也是为了在小组结束后，与同样的后测表进行对比。

会谈另外一个重要的好处，是可以帮助带领者先行了解未来的可能组员。面谈时，会更多地了解组员的家庭背景、生活经历、个性特点，这些都可以使得带领者在小组活动开始时，已经对每个组员有了初步的了解，更能够理解不同组员的心理和行为表现，这将有助于带领小组。

会谈也是一个双向选择的过程，有些申请者会对小组提出一些问题。认真地回答，有助于他们在确定自己适合这个小组后，更认真地参加这个小组。

会谈时，要给未来的团体成员提供足够信息，包括你做这个小组的理论指导。但要记住一点：不要对成员承诺任何你无法做到的事情。比如，如果有申请者询问参加小组是否确定可以达到自身成长的某个目的，带领者负责任的态度是告诉他：每个人都不一样，个人成长与个人的参与程度有很大关系，不是带领者可以保证的。

但带领者可以鼓励成员表达他们对团体的需要，并清楚地告诉他们，哪些是可能做到的，哪些是不能做到的。带领者也可以进一步协调成员个人目标和团体目标之间的关系。

在马年小组会谈的时候，有人因为更熟悉带领者方刚的性学家背景，而对这个小组的目标有些迟疑。方刚会解释说，自己还是一位社会性别的学者，而与家庭暴力相关的议题是自己近年来的重要研究领域。

3. 筛选

会谈的意义，在于准确了解此人是否适合参加这个小组。

现在很多小组的带领者都省略了会谈这个环节，或者只是让实习生通过QQ聊天等方式象征性地谈几分钟。有些主题的小组，也许可以省略会谈。但是，对于我们的家庭暴力目击者小组来说，省略这个环节是不适宜的。

只有亲自面谈，带领者才能清楚判断报名者的精神状态，判断他的需求与小组目标是否一致，参与小组的愿意强度，以及是否能够坚持下来等。

会谈时对申请者的选择原则包括：

①有与团体相符的问题需要帮助；

②乐于开放自己，并能保证严守团体成员的秘密；

③排除团体成员共同不乐意交往的那类人。

筛选最重要的依据是团体目标。只要是家庭暴力的目击者，他们通常也会受到来自父母的暴力，我们都欢迎。

不同的团体小组筛选成员的标准不同，可以严格，也可以宽松。目击者小组，我们感觉可以宽松。除了明显有精神疾病的人，团体辅导无法帮助到，不宜吸收之外，即使一般小组带领者比较排斥的自我关注者、游离者等，也可以吸收进来。当然，这对带领者把控的能力又有高要求。带领者要考虑的另一个问题是，你是否愿意这个人在你的小组里？或换言之，你对于能够很好地带领一个包括此人的小组是否有绝对的信心？如果没有，也许这也是一个不接纳他的理由。

但是，有时候，带领者必须考虑接受一些难相处的个体，因为他们很可能恰恰就是最能从团体经历中受益的人。筛选的目的是预防团体对组员产生伤害，以更好地达成小组目标，而不是通过建立一个成员同质的团体让带领者的工作更容易开展。

难相处的个体在团体中，反而可能更有助于组员学习如何与人相处。毕竟，现实生活中就存在难相处的人。难相处者自己在小组中，可能收获更大，能从中领悟到如何与人更好地相处。当然，对于带领者的挑战，也是毋庸置疑的。

小组成员的多样性，对于小组非常重要。特别是价值观不同的人在一起，有助于小组成员了解和自己不一样的价值观。但是，对于有明显自杀倾向、反社会人格、严重精神错乱、高度偏执，以及极端自我中心的个体，小组是不适合的。对于高度防御、极端焦虑、十分害怕与人交往的，应该在个体咨询之后，再考虑加入小组。有些报名者，显然更适合个体咨询，或参加治疗性团体，而目击者小组只是支持、成长性团体。

会谈时，你可能会遇到这样的情况：有报名者会担心小组中有他认识的人，或未来可能在日常生活中认识的人。如果他的担心非常强烈，明确表明只要可能有这样的人就不会参加，那带领者就要慎重考虑了。是不让他参加，还是不让那个可能和他认识的人参加。在马年小组中，曾有来自同一个北京远郊社区的一男一女。女性听说有同一社区的人来，便非常紧张，认为这将影响到她在小组中的分享；带领者和男性讨论，他认为完全没有关系。所以带领者便想，如果要有取舍，将保留男性，因为他更有勇气分享，也因为小组报名者中男性原本就非常少。但当带领者再同那位女性交流后，她改变了主意，她说：如果有来自同一社区的人，只会影响她"讲自己的经历"，并不会影响她参与小组讨论。

报名者的顾虑应该被理解，他们出于自我情况的评估，有这样或那样的顾虑，这很正常，但带领者也应该更加积极地了解他顾虑背后的真实原因，以保密规定、小组纪律，以及小组的特质等内容，向报名者澄清，如果能打消其顾虑，不失为很好的吸纳方式。这些具有较强顾虑的报名者，往往可能更需要帮助，也可能潜藏着更加巨大的心理能量和改变能力。成功的团体辅导小组，将最终打开这类组员的心扉。所以，带领者最后决定同时吸收二人为小组成员，并在小组活动中较多关注那位女性，小组活动后与她保持着邮件交流，最终，她在小组活动的后期，同样打开了心扉，与其他组员有非常好的互动。

猴年小组的申请者中有来自同一个学校的学生，我们特意在发面谈通知时，将他们错开。面谈时又分别问他们，是否在意未来的小组中有同校的学生。这既是对申请者隐私的尊重，也是专业态度的体现，可以增加申请者对带领者的信任。

对于最终被拒绝加入小组的人，应该提供一定的帮助，比如转介、个体咨询、情绪安抚等。

4. 筛选会谈时的问题

会谈时，带领者要问申请人的问题，主要目标在于考核其是否适合参加小组；询问应该以自然、亲和的方式进行，而不应该像一位考官，咄咄逼人。

可以问的问题，包括但不限于：

你为什么要参加这个小组？
你和这个小组的主题有什么关系？
你对小组的期望是什么？
你需要帮助的问题是什么？
你能够坚持全程参加小组吗？
你是否愿意在小组里真诚分享？
你是否能够做到对小组中他人的分享严格保密？
是否有你不愿意与其共处一个小组的人？
关于小组，你还希望了解什么？
你还有什么问题需要了解的吗？

5. 成员组成

对于家庭暴力目击者小组来说，成员显然都应该是家庭暴力的目击者，这是同质性的一面。但是，也会存在一些异质性，比如年龄、性别、职业、受暴类型、自我需求等的考虑。

马年小组招募目击者小组成员时，也有外地人报名，并且表示自己可以坚持参加。但是，带领者觉得这对参加者来说太难了，没有同意。

目击者小组中最好同时有男性和女性，这有助于小组的很多讨论内容，也有助于组员了解不同性别的心理。

有一种看法是，组员尽可能同质。但是，在已经有了"家庭暴力目击者"这个大的"同质"的前提下，组员多一些异质性是好的，比如家暴类型、年龄、职业等。这样有助于大家全面理解家庭暴力及其伤害，也有助于深入讨论，因为不同的视角可能会带来不同的观点，有助于讨论的多样性。当然，组员的异质性强，对带领者是更大的挑战。

关于参加小组的目的，报名的组员可能会有不同的表述。比如，有人讲是希望建立亲密关系，有人讲是要维持更长的关系，有人讲是为了不再恨父母，有人讲……我们的经验是，带领者在筛选组员的时候，不能依报名者的表述便简单判定，因为有些报名者只是没有意识到家庭暴力可能会影响到他的另外一些关系和能力。而小组的目的之一，是帮助组员挖掘出家庭暴力的各种潜在与已见的伤害，去掉伤害，帮助他们成长。

如果组员中能够有不同文化背景的人，甚至不同国家和民族的人，只要语言相通，我们觉得也是一件好事，可以提供更多元化的视角。

也就是说，目击者小组中的异质性，是有利的。但带领者要对不同变量有深入的认识，才能更有效地带领小组。

6. "内行"的组员

报名参加小组的申请者中，一些人可能是心理学的爱好者，他们对团体辅导小组的活动多少有一些了解，甚至有人还曾经参加过其他团体辅导小组。他们可能成为小组中的一种动力，但是何种动力，却需要带领者认真关注、谨慎处置。

内行组员可以给我们许多提示。没有人可以完美无缺地做带领者，总会有这样或那样的问题，我们自己注意不到，内行的组员却可能注意到。鼓励他们把意见给我们，不要沮丧，不要听到组员意见多的时候便担心自己在小组中的权威性。组员愿意把意见和你分享，说明他们信任你。内行的组员，通常更能够包容带领者的不完美。

但带领者也要注意不要让这些内行的组员主导了整个小组的发展，因为有些建议可能本身带有其个人的心理动因和喜恶，也有其经历的不同目的、类型小组的不同特点，带领者要保持冷静。如果组员强调现在的团体与以前团体的不同，告诉他们为什么现在这个团体这样做是有益的。

7. 小组人数

每个小组人数应该在8—12人。有些带领者想帮助到更多的人，恨不得吸收更多的人进入小组，但效果可能是适得其反。这不一定是因为带领者掌控更多组员的能力有限，而是因为太多人在一个小组中会出现团体，比如对隐私的担心，希望更全面的交流，对情感的表述，等等。组员多，在同样的小组活动时间内，每个人可以分享的时间便少了。

所以，建立小组时以12人为上限。人数太少，比如五六人，可能会因为彼此联结过于紧密，不利于疏导和改变；也可能因为成员异质性不够，不容易达成丰富的小组互动。

带领者笔记

马年小组会谈时，我对一位女性组员有些拿不准。她是第六个会谈的。同我前面谈过的五个人都不一样，前面五个人都非常认真，她却给我很轻浮、玩笑地对待这事的感觉。

她坐在沙发上说话的时候，很不认真，感觉思绪很杂乱，谈感情、自己的易变等，显得思考问题的方式非常幼稚。

我和她讨论：是否能够坚持出席。她说："我住得很近。"

但是，感觉她对于小组还是没有足够的向往。

我说："如果坚持不下来，或没有明确的需要，也许不参加为好。"

她说："我觉得也是。"

于是我们便共同决定她不参加小组了。

和她说再见后，她在楼道里东张西望的，我告诉她哪里是电梯，她说："我知道，我第一次来这里，想看看。"

她的问题显然与家暴有关。但她给我的感觉：整个人思绪杂乱，沉浸在自己的世界中，思维略显幼稚、浮躁，个性和前面五个人完全不一样。我担心她同小组的整体文化环境冲突太大，而且无法坚持参加小组。

但是，当天晚上，她又发短信给我，表达了希望加入小组的意向。我也决定接纳她。这是因为，作为一个试验性的小组，不同人的加入，会增加小组的复杂性，对于作为带领者的我来说，也是一个锻炼和成长。多一个人，就多一份挑战。如果都平平淡淡，还有什么意思呢？

小组活动中的经验证明，她确实是最不稳定的那个，挑战欲极强，制造了很多"麻烦"。但是，在小组活动进行到一半之后，她则步入正轨；当小组结束后，她成了收获比较多的那个。

8. 带领者工具箱一：小组招募启事

这里共有三份小组招募启事。第一份是马年小组的招募启示，第二份是猴年小组的第一次招募启示，第三份是猴年小组的第二次招募启示，可以看到内容的变化。

"暴力目击者团体辅导小组"召集成员

在我们的原生家庭中，可能目击了父母间的暴力，或者受过父母暴力的对待，这可能会影响到我们未来的亲密关系。

如果您想正确处理目击或承受暴力带来的心理影响，学习建立和谐的亲密关系，欢迎参加"暴力目击者团体辅导小组"。

如果您觉得自己有暴力倾向，也欢迎报名；如果您的恋人有暴力倾向，也欢迎带 TA 来参加小组。

1. 主办：中国白丝带志愿者网络
2. 时间：2014 年 3—6 月，每周日下午
3. 地点：北京林业大学（北京市海淀区清华东路）
4. 人员：10 人，18—30 岁，面试确定，能够全程参与
5. 费用：免费
6. 内容：团体活动、团体体验
7. 团体领导者：方刚（北京林业大学性与性别研究所所长，副教授）
8. 报名邮箱：isgs2008@163.com
9. 报名截止日期：2014 年 2 月 28 日

第二期"目击家庭暴力者团体辅导小组"召集成员

中国白丝带志愿者网络是致力于终止性别暴力的民间公益组织，由联合国人口基金支持成立，由联合国秘书长"联合起来制止针对妇女暴力运动"男性领导人网络成员方刚博士担任总召集人。

2014 年 3—6 月，我们曾组织了第一期"家庭暴力目击者团体辅导小组"，

曾有 10 名小组成员从中受益。如今，在第一期经验的基础上，第二期开始招员了！

在我们的原生家庭中，可能目击了父母间的暴力，或者受过父母暴力的对待，那种伤害可能持续到今天，并且影响到我们现在的生活。

如果您想正确处理目击或承受暴力带来的心理影响，走出阴影，开始快乐的生活，建立和谐的亲密关系，欢迎参加"原生家庭中目击家庭暴力者团体辅导小组"。

如果您觉得自己有暴力倾向，也欢迎报名；如果您的恋人或伴侣有暴力倾向，也欢迎送 TA 来参加小组。

1. 主办：中国白丝带志愿者网络、北京怀瑞邦咨询服务中心
2. 时间：最早于 2015 年 11 月开始，每周末的一个下午，15—20 周
3. 地点：北京市内（具体待定）
4. 人员：限 10 人，年龄、性别不限，面谈确定，能够保证全程参与。额满为止。
5. 费用：免费
6. 内容：心理咨询、团体活动、团体体验
7. 团体带领者：方刚博士＋另一位女性资深心理咨询师（同时招募中）
8. 报名邮箱：isgs2008@163.com （请在报名邮件中做自我介绍）

"家庭暴力目击者团辅小组"招员了

原生家庭中，你是否目睹过父母或其他家庭成员间的暴力，或受过家庭暴力？这是否给你内心留下创伤？

加入我们，一起成长！

小组目标：

帮助组员深入认识和了解家庭暴力；学习建立良好的亲密关系；学习处理负面情绪；学习人际沟通的技巧；学习控制愤怒；消除暴力阴影，阻断暴力传承，自我成长，建立自信……

小组成员要求：

在原生家庭中目睹过家庭暴力，或者受过家庭暴力；自我感觉对现在的生活造成较严重的负面影响；成年人，现居北京。

团体带领者：

方刚，中国白丝带志愿者网络召集人，联合国秘书长"联合起来制止针对妇女暴力运动"男性领导人网络成员，北京林业大学心理学系副教授，曾带领原生家庭中家暴目击者小组。

丁新华，心理学博士，北京林业大学心理学系教师，拥有丰富的团体辅导理论与实践经验。

李璐，美国圣路易斯华盛顿大学社会工作硕士，曾在美国带领儿童与青少年暴力侵害团体，现任北京大学中国社会工作研究中心项目主任。

小组活动时间：

2016年2月27日起，连续10个周六的全天。

小组活动地点：

北京市海淀区（具体地点另行通知）

费用：

公益活动，全部免费。

报名邮箱：isgs2008@163.com

9. 带领者工具箱二：团辅小组报名表

团体辅导小组报名表

您所填写的信息仅供带领者了解和使用，我们保证不外传给他人。

姓名		性别	
出生年月		电子邮箱	
工作单位或读书学校		手机	
受教育程度			
你与小组主题相关的个人背景	请重点写：1. 相关经历　2. 该经历对你现在的生活有什么影响或困扰			
你希望通过参加小组达到什么目的				
对小组的期望与建议				
你确信自己能够每次坚持出勤吗	1. 会　2. 不知道　3. 不会			

10. 带领者工具箱三：小组调查问卷

下面各项判断句后面的数字，1. 完全符合；2. 几乎完全符合；3. 有些符合；4. 几乎不符合；5. 完全不符合。请选择与你情况相符的打钩。

1. 我可以坦然地谈论家庭暴力的话题	1	2	3	4	5
2. 我了解家庭暴力	1	2	3	4	5
3. 家庭暴力在我内心留下了很深的阴影	1	2	3	4	5
4. 我内心具有潜在的暴力倾向	1	2	3	4	5
5. 我建立亲密关系的能力很强	1	2	3	4	5
6. 我是一个自信的人	1	2	3	4	5
7. 我憎恨施暴者	1	2	3	4	5
8. 我的人际交往能力很高	1	2	3	4	5
9. 我时常感到自卑	1	2	3	4	5
10. 我能够处理好自己的负面情绪	1	2	3	4	5
11. 我能够良好地与人沟通	1	2	3	4	5
12. 我能够控制愤怒	1	2	3	4	5
您的姓名					

第二部分

团体第一阶段：认识暴力

第1次　制定规则、认识家暴形式

> **目标：**
> 1. 初步建立小组团体，促进成员间建立信任，为后续的团体活动打下基础；
> 2. 加深对家庭暴力形式的认识。
>
> **内容：**
> 第一次小组活动属于团体的初始阶段，为了使分散的个人成员结成一个团体，主要活动内容致力于成员间彼此熟悉，学习团体的工作方式，建立起约束团体的规则，探讨对团体的担心和希望，澄清期待，确认个人目标，判断团体是否安全。在第一次小组的后半阶段，引入对家庭暴力的表现形式和特点的讨论与澄清。

环节一　相识

目标：让带领者与小组成员以及小组成员间相互熟悉，介绍小组的背景、带领者的期望等。

材料：小玩偶

建议时间：40分钟

步骤1：带领者自我介绍

带领者自我介绍时的要点是：要说清楚自己带领这个小组的专业背景，增加组员对带领者的信任，这有助于组员更好地投入到小组的活动中。当然，也要实事求是，不能夸大。

要特别注意，除了显示带领者权威性的介绍，还应该有与组员建立亲切感与带领者立场的介绍。

这个阶段，带领者也可以简要介绍小组的背景，包括带领者自己对小组的期望等。这部分不需要对小组性质、目标、内容详细展开，后面还有机会。

特别说明的是，马年小组和猴年小组，都是由中国白丝带志愿者网络发起的，所以在介绍的时候可能会向组员介绍白丝带运动、中国白丝带志愿者网络，也可能会自然地带出其他的国际上的反对性别暴力，包括家庭暴力的运动，带领者需要事先对此有所了解，具体内容参看本环节的链接。

提 示

带领者的自我介绍应该活跃一些，这有助于在小组开始时传达温暖、信任、理解、支持的信息，通过语气、话语内容、神态等确定小组的基调。

不同类型小组的基调可以是不一样的，但是，目击者小组的基调应该是自然的，不特别轻松，但也不特别沉重；支持性的。

这适合围坐一圈，没有桌子，只有椅子，也可以席地而坐。环境放松一些，但最重要的还是领导者个人呈现出来的风格。

链 接

马年小组开场，带领者这样介绍小组：

小组意义：目击与承受家庭暴力的青少年受到长期的负面影响，但是，以往只有关注青少年阶段的团辅活动，没有针对成年后目击者的团辅活动。但目击与受暴的经历直接影响到我们成年后的生活。我们这个小组，也算一个创新。创新就有试验性质，但不是把各位当试验品，而是我们一起努力，找到一个适合我们的方案，并且将来推广出去，能够成为一个样板，帮助更多的人。

成员参与：前面讲了，这是一个开创性的工作，我想各位不仅把自己定义为被帮助的人，还是帮助别人的人，我们一起努力。所以对于小组方案，我们也会请各位提意见。

带领者：带领者不是权威，是你们的一员。带领者不是老师，需要每个人参与。团体辅导就是参与的过程。不是我在"讲课"，而是每个人在参与中体会、感悟，需要一个过程。

个人问题：不要急于解决，可以在小组活动中自然解决，还没有解决的，最后可以单独咨询解释。

步骤 2：组员自我介绍

这个环节只需要每位组员用一句话做自我介绍就可以，不要求一定说为什么来这个小组。由于是第一次小组活动，组员间若显得生疏是很正常的，所以需要带领者使用一些方法鼓励组员发言。例如，以抛接球的方式形成发言顺序。同时，带领者也可以找一些帮助组员记住其他组员名字和特点的方法，及时进行点评，增加欢快的气氛。带领者还可以适当地将组员进行"联结"，增进组员间的情感交流。

提 示

可能有些组员对小组还有顾虑，自我介绍时迟疑是否说出自己的真名和真实身份。带领者应该鼓励组员：走入一个小组，就要相互信任；小组还将制定保密规则；如果有人不说真名和真实身份，对那些说出真名和真实身份的人不公平。也是基于同样的理由，我们也要求在签到表上使用真名。

有的小组成员愿意让别人称呼他的昵称或化名，这是可以的。带领者应该建议这样的组员，在说出真名后，还可以说出喜欢别人称呼自己什么，这不一定是为了回避真实身份，而是可能感到亲切。比如："我喜欢大家平时叫我××。"许多昵称更容易记忆，更突出组员特点，也更显得亲切。

有些人非常不善于记住别人的名字，带领者可以请组员说出自己名字的特点以便于记忆。

带领者自己要在第一次活动之前便记熟所有人的名字，第一次见面时就应该清楚地叫出他们的名字。

带领者笔记

笔者带领的第一个青少年时代目击与承受家暴者小组，是在2014年，即马年；第二个同主题小组进行的2016年是猴年，带领者分别拿一个可爱的马布偶和猴布偶到场。组员介绍环节时，请前面介绍过的组员随意地将手中的布偶抛给另一位组员，接到布偶的那位组员进行自我介绍，然后再抛给别人。

猴年小组中一位组员自我介绍时，提到自己来自内蒙古的某个城市，带领者记得另一位组员在面谈的时候也提到自己来自那个城市，便及时让二人进行"联结"，鼓励他们握一下手，找一找"他乡遇故知""老乡见老乡，两眼泪汪汪"的感觉。

步骤3：寻找你的另一半

材料：彩纸、胶水、硬纸板、剪刀

将彩色纸剪成三角形或正方形，并一分为二。团体成员自由抽取裁好的彩纸，然后让成员找到自己同色并且开头相匹配的另一半。找到后，将色纸贴在硬纸板上，并写上两个人的名字，自由交谈5分钟，互相认识。

彼此做自我介绍，包括：姓名、单位、年龄、兴趣爱好，以及愿意让对方了解的情况，比如参加小组的目的。随后自由交谈。当一方自我介绍时，另一方作为倾听者要全然倾听，通过语言及非语言交流，尽可能多地了解对方。

然后全体围圈而坐，每一对轮流向大家介绍对方，使团体中每个人都能相识。

提示

这部分不强制要求大家介绍参加小组的目的，只是说"愿意让对方了解的情况，比如参加小组的目的"，即给组员自主选择性，让他们感到舒适。

这样做的原因是：一些目击者小组的成员对刚见面便谈论这一话题有禁忌，虽然大家清楚彼此都因为是目击者才来到这里。

带领者笔记

马年小组的第一次活动中,在这个二人小组介绍的环节,有一组已经谈到自己受到的暴力形式了,这是一个开放自己好的开始,所以带领者给予了及时的肯定。当事人讲:"我从来不忌讳说这些,我的同事都知道。"带领者给予及时肯定:"没有人应该为受暴感到羞耻。"这对于小组成员相互信任、敞开心扉,是一个意外的收获。不断地及时肯定小组成员的每一次积极呼应和开放,对较快地凝结小组、增加参与者的信心和信任很重要。

步骤4:真情传递

站成一圈,一人先站中间,他面对的人叫出一个人的名字,他立即跑到那个人的面前。被叫的人马上再叫出另一个人的名字,如果叫不出来,便改由他站到中间来。以此类推,直到大家熟悉。

提示

如果时间有限,或带领者感觉组员熟悉程度较好,"真情传递"也可以作为小组休息后的热身活动使用。

作为一个要进行个人分享的团体,目击者小组成员间的熟悉是必不可少的,这有助于团体气氛的建立,也可以解决大家对其他人的好奇,为日后的小组活动铺好路。所以,在这方面花较多的时间是必需的,笔者觉得,60分钟是需要的。

步骤5:贴出"欣赏墙"

目标:促进小组的凝聚,提升小组成员间的友情;增进小组成员的自信。
材料:大白纸、笔

贴出一张大白纸,写上"欣赏墙",请每位组员写上自己的名字,各占一行。告诉组员:在未来每次小组活动休息时,他们随时可以在小贴纸上写下自己对某位组员的赞赏,贴在那位组员名字的后面。

> **提 示**
>
> "欣赏墙"在每次小组活动时都贴出来,但在"欣赏墙"上赞赏别人,不必做硬性规定,可以是随意的行为。这将有助于组员养成自我欣赏并欣赏他人的习惯,并学习人际表达与反馈。带领者也可以有意地对组员都表达一些赞赏,这有助于小组凝聚力的提升。

链接:反对家庭暴力的社会运动

针对家庭暴力,以及所有针对妇女的暴力,国际上有一些重要的倡导与反暴力运动,带领者应该事先了解,以备在需要的时候自然地介绍。

国际上已有的一些倡导活动有:

1. "白丝带"运动

"白丝带"运动最早起源于加拿大,1989年12月6日,加拿大蒙特利尔一所大学工学院的14名女生被一名年轻男子枪杀,凶手认为妇女和妇女权益运动毁了他的前途。受此悲剧的触动,以迈克·科夫曼博士为首的一群加拿大男性于1991年发起"白丝带"运动。此运动以表示哀悼的白丝带为标志,佩戴白丝带意味着承诺:绝不参与针对妇女的暴力,也不对针对妇女的暴力保持沉默。目前,"白丝带"运动已经由加拿大扩展到全世界很多国家,成为最大的男性反对对妇女暴力的运动,白丝带已成为反对对妇女暴力的通用标志。

在中国,自2001年开始有人倡导"白丝带"运动。2013年,中国白丝带志愿者网络成立,通过咨询辅导、宣传倡导、青少年教育等多样的形式在全国推广男性参与终止性别暴力、促进性别平等的工作。截至2016年4月底,已经在全国拥有900名志愿者,在20多个城市建立了地方服务站。

2. 国际消除对妇女暴力日

"国际消除对妇女暴力日"源自对多米尼加共和国反独裁斗士米拉贝尔三姐妹的纪念,这三姐妹于1960年11月25日被当地秘密警察杀害,激起民众的强烈愤慨,从那以后,她们在自己的祖国成为勇气、尊严和力量的象征。1981年7月,第一届拉丁美洲女权主义大会宣布11月25日为"反暴力日",以纪念米拉贝尔三姐妹的牺牲。1999年12月17日,联合国大会通过决议,将11月25日定为"国际消除对妇女暴力日"。

"消除对妇女暴力日"并不仅针对家庭暴力，而是针对广泛的、各种形式的对妇女的暴力，包括强奸、性骚扰、拐卖等。中国自2001年起开始出现"消除对妇女暴力日"的宣传活动，如今，这个日子已经成为反对对妇女暴力宣传倡导的重要时机。

3. 十六日行动

"消除对妇女暴力十六日"是指从11月25日"国际消除对妇女暴力日"到12月10日"国际人权日"之间的十六天。在这十六天期间，世界各国包括中国的妇女组织会持续开展各种各样的活动，以提高保障妇女人权、反对对妇女暴力的公共意识，并发动更多人特别是年轻人和组员投入到反暴力行动中。

4. 零忍耐运动

零忍耐运动源于一项对妇女暴力认识和态度的调查，它于1992年由英国爱丁堡地方议会妇女委员会倡导发起。零忍耐运动的口号是"永远没有借口！"这意味着任何形式、任何程度的暴力都是不可接受的，都不应该被忍耐。

零忍耐运动重视各种不同形式的针对妇女暴力之间的相互联系，注重针对社会公众开展持续的宣传和教育活动，挑战和暴力相关的社会习俗和成见，并主张积极预防暴力，为遭受暴力的妇女和儿童提供高水平的保护和服务。

如今，零忍耐运动已扩展到英国各地及世界上的很多国家，中国已有许多地方创建了"零家庭暴力社区"，倡导对家暴的零忍耐态度，并探索家庭暴力社区综合干预机制的创建。

5. 战胜暴力日（V-day）运动

英文"V-day"中的"V"具有多种含义，它既代表"Victory over Violence"（战胜暴力），也暗指Valentine（情人节）和Vagina（阴道）。V-day运动源自美国，在从2月14日情人节到3月8日国际妇女节期间展开，其核心内容是上演话剧《阴道独白》，从而提高公众的反暴力觉悟并为反暴力组织募捐。

《阴道独白》是美国作家伊娃·恩斯勒以200多位妇女的采访为依据而创作的话剧，于1998年在纽约正式首演。该剧有两个主题：反对针对妇女和女童的性暴力；挑战传统性别文化，肯定和重建女性主体。如今，此剧至少已被翻译成45种语言，在120个国家上演。《阴道独白》于2002年3月在中国首演，至今已有中国多所大学和中学的组员排演和播放过该剧，它的排练、演出、观看和讨论，已经远不仅是富于魅力的参与式艺术活动，更是所有人共同深思暴力，并进而动员起来共同消除暴力的过程。

环节二　制定团体契约

目标：确定小组成员共同认可的团体契约。
材料：纸、笔、事先准备好的契约初稿
建议时间：30分钟

分成两个小组，讨论一个小组契约。告诉大家：你对小组的期望，你对小组的担心，都要在里面体现出来，讨论并确定后，你就要遵守。

将两个小组的讨论结果分别张贴在黑板上，汇总成一个共同认可的小组契约。

将最后确定的小组契约写在一张纸上，每个成员签名，形成《团体契约书》。

除现场讨论形成契约的方式，还可以是在第一次小组活动之前，带领者拟好规则草稿，发给小组成员讨论、修改、签字。但要认识到，小组自行讨论形成契约的过程，也是组员间促进交流、加深了解、彼此放开的过程，所以这个时间"浪费"一些也是值得的。

小组契约完成后，带领者可以提示组员：契约是严肃的，如果将来小组活动时发现契约有执行不好的时候，会安排一名组员来宣读《团体契约书》，提示大家遵守。

带领者笔记

对于小组契约，很多组员进入之前都是有所期望的，或者在面谈环节就讨论过的。带领马年小组时，事先完全没有草稿，占用的时间便比较多，影响了小组后面的进程。所以，在带领猴年小组时，我便将马年小组形成的契约打印了两份，在猴年小组内分成两个小组进行讨论。

猴年小组讨论契约前，带领者也分享了自己的最大期望：希望大家都成为好朋友，真诚投入，彼此信赖，严格保密。还提到自己的研究生央求了两个月，都没有让她参加，因为她不是家暴目击与承受者。带领者还强调了全勤的重要性：因为如果不是全勤，可能影响你的成长，因为每次我们讨论不同的内容，少一次就可能影响到参加小组的整体效果；也可能对别人构成负面影响，你下次来时，

我们可能也成长了，大家不在一个水平面上对话了；而且别人分享的过程，你缺席，大家可能也不喜欢。这样的铺垫，对于形成小组契约是有帮助的。

链接：马年小组的契约

1. 不无故缺勤，若缺勤需事先告知，以方便大家协调。
2. 不迟到、不早退，迟到者请客。
3. 保密，不对外透露小组成员姓名。对外谈论小组时，抹去可以识别出小组成员身份的信息。
4. 鼓励积极交流，但可以自由决定开放度，分享内容真实。
5. 对他人分享的内容积极反馈，给予充分支持和回应，不批判，不贴标签，不做人身攻击。
6. 活动时间不做与活动无关的事，原则上不接电话。
7. 按时完成小组作业。
8. 鼓励小组成员之间互相尊重、关心、帮助。

2014 年 3 月 9 日

本人已阅读并同意遵守以上规则

（签名）

链接：小组契约参考版本

我自愿参加心理训练小组，在活动期间愿做出如下保证：

1. 我一定准时参加所有小组的活动，因为我的缺席会对整个小组的活动造成影响。
2. 对小组成员在活动中的所言所行我绝对保密，活动外我绝不做任何有损小组成员利益的事。
3. 小组活动时，我对小组成员持信任态度，愿对他们暴露自己，与之分享自己的情感和认识。对他人的表露，我愿提供反馈信息。
4. 小组活动时，我绝不会对他人进行人身攻击。
5. 我一定认真完成家庭作业。
6. 小组活动时，我绝不做与小组活动无关的事，不吃零食，关掉手机。

提 示

关于"保密"

通常情况下,对小组成员分享内容的保密是很重要的,但是,作为一种探索性的小组,其经验必然需要为未来的小组活动服务,比如编写本书这样的指导手册时使用,或在培训团辅师时使用。这种使用是基于公益的,为了学术的目的,更好地促进当事人福祉的。像马年小组和猴年小组,组员均是免费参加的,作为公益事业的受益者,组员也有义务为公益事业做出回报。团辅中的经验属于公益事业的财富,所以应该向组员说明这种情况。

带领者需要向组员承诺:我们的工作经验会应用到未来手册的编写中,可能成为大众看到的。但是,每个人的具体信息,以及可能使别人识别出他的独特性信息,均将被保密。另外,可以在出版前请他们审阅,删除他们不想公布的信息。

关于退出小组

对于封闭式的小组,虽然我们可以在承诺书中要求组员不能退出,但是,仍然可能存在要退出的组员。

如果出现这种情况,最好请他能够分享为什么要退出。这对组员是一个交代,有助于减少一人退出的负面效果。重要的是,在这个分享的过程中,他个人的问题也同样面临讨论和澄清。

关于违反契约

违反契约的处罚,也应该是小组商议的。而且,应该视违反程度的情况区别对待。比如,第一次由带领者提出,第二次大家一起对他做一个"嘘"的动作,或者由违反契约的人负责在下次小组活动时买水果给大家。

契约应该有打印出来的版本,发到组员手中。带领者也可以在未来某次小组活动出现违规者时再发给组员,这样做将有醒示作用。带领者需要重视组员的情绪,但对于破坏规则的组员,应该清楚地告诉他们:你们这样做是不能够被接受的。如果一再这样做,应该被清除出小组。这将有助于小组的顺利进行,也有助于组员个人的成长。

带领者笔记 1

在马年小组，遇到了讨论活动时接电话的问题。有一个人讲必须接，"不接领导电话不是找倒霉吗"？带领者不太理解，进一步询问组员，另一个身为公职人员的组员说："我理解她，因为我们被要求 24 小时保持电话畅通。"在深度讨论这个规则对大家的影响以及应对之后，马年小组的契约中有"原则上不接电话"，而在猴年小组中，因为不存在这样的情况，所以"原则上"三字被删掉了。

在猴年小组的第一次活动时，我们将马年小组的契约打印并发给组员讨论。有组员提出：这些规则都假定组员是"不好的"，应该先肯定组员都是"好的"，所以应该把第八条放到第一条；另外，组员提出，"分享内容真实"不是总能做到，因为存在"事实真实"与"心里感觉真实"的差别，所以，应该改为"分享内容真诚"。这些都在猴年小组的契约中得到了体现。

猴年小组还对马年小组契约中的第三条进行了修改。将"对外谈论小组时，抹去可以识别出小组成员身份的信息"，改为"对外谈论小组时，不能谈论其他组员的信息"。因为有组员提出：你以为"抹掉"了，但可能听者碰巧是非常熟悉你谈论的那位组员的人，他可能便会从你谈的有限的信息中识别出那个人的身份，所以，最可靠的保密要求就是完全不能谈论其他组员。但是，可以谈参加了这样一个小组。

猴年组员还提出：在小组外，带领者若与组员相遇时，带领者不主动与组员打招呼。这是避免在场的其他人知道带领者曾带领这样一个主题的小组，从而推测出组员的身份。

带领者笔记 2

马年小组和猴年小组中，组员们共同的提议是：违反契约的人需要给大家买"好吃的"。因为猴年小组成员中学生居多，带领者特别提议，不需要花太多钱，可以只是象征性的。买水果、糕点等美食分享，活跃了小组气氛，增加了小组凝聚力。

带领者笔记 3

虽然有清楚的规定，但仍然难免会有组员退出的情况发生，这时，应该做好对其他组员的情绪处理。

猴年小组第三次小组活动时便有一位组员因为自述情绪反映过大，要退出小组。带领者试图挽留她，但她去意已决，便没有再坚持挽留。

这位组员离去后，小组继续按着她进来前的话题讨论电影。

带领者注意到组员的流失对小组成员是有冲击的，便及时打断：现在大家是否都在想那位组员离开的事？我们先分享一下大家如何看待她的离开吧……

这是一个及时的话题引领，目的在于处理一位组员离开后大家的情绪反应。否则，即使讨论原定话题，也都心不在焉，可能更影响后面小组的活动。

小组成员围绕着这个组员的离去，表达了各自的看法。这本身有助于小组的凝聚。

环节三 你需要什么、你应该做到什么

目标：澄清和明确团体的功能、目的和内容，以及小组成员的责任。

建议时间：60 分钟

步骤 1：热身——信任圈

大家围成一圈，中间站一人，闭眼，向四面跌倒，大家要扶住他。

步骤 2：带领者介绍团体小组

绝大多数组员可能此前对团体小组的活动没有了解，所以带领者需要向组员做些介绍。这个阶段的介绍与一开始的介绍不同，属于对团体辅导小组这种形式，以及本小组的工作目标和内容较深入的介绍。

小组的性质：

目击者小组兼具成长性团体和治疗性团体的特点。小组是一个工作团体，是为了达到明确的工作目标而组建的。

小组的目标：

在导言部分已经有详细讨论，主要包括：

1. 消除青少年时代目击或受暴所承受的阴影；
2. 阻断暴力传承；
3. 建立自信；
4. 控制愤怒；
5. 建立发展亲密关系的信心与基本能力，如沟通能力；
6. 具备性别平等、反对性别暴力的意识与意愿。

小组活动内容：

带领者向小组成员介绍小组历次活动的主题，并且简单解释何以设置这样的主题。（参看目录）

目击者小组的活动内容主要包括三大板块，分别要解决的问题是：认识家庭暴力及其影响因素；处理过去经历留在内心的阴影；学习树立自信、建立良性人际（亲密）关系的技能。

小组的阶段：

小组将经历不同阶段：初始阶段、过渡阶段、工作阶段、结束阶段。不同阶段有各自的特点，带领者将在进入那个阶段，并且小组发展确实需要的时候向组员介绍。

> **提　示**
>
> 带领者应该将小组目标、历次活动主题打印出来，给每位组员一张。这有助于他们深入理解，也可以作为小组活动之后复习时使用。

带领者笔记

介绍小组活动内容时，要向组员说清楚这中间的逻辑关系，这些内容与组员参加小组的目标之间的关系。这时可能有组员会因某一次的内容不清楚，而试图问清楚。比如带领者在马年小组中介绍"男性气质与暴力"时，便有组员反复问男性气质的定义，讨论"女性同样可以成为施暴者，为什么要专门讨论男性气质与暴力"等。带领者在简单几句话介绍男性气质及与家庭暴力的关系后，不要试图一次解决组员的所有困惑，那是不可能的。带领者可以这样说："非常好的问题，我们在某次活动的时候会讲清楚，今天的任务只是把这些介绍给大家。"在理论解释的时候，尽量使用具体、生动的语言，或者举例子，以便于参与者理解。

步骤3：期望树

带领者事先在一张大纸上画上一棵树，原拟定的小组六个工作目标便可以在树的主干部分列出。此时将这棵"期望树"贴到墙上，请每个组员填写自己参加小组希望达成的个人目标。

每个组员都发一些小便笺，每人写出：自己有哪些问题希望在小组中解决；自己希望从小组中得到什么帮助。写完后可以在小组内轮流分享自己的最后贴到期望树上，可以贴在树冠的位置。

这些个人目标可能包括：相互协助讨论经历；觉察自己复杂的感受；处理与施暴者之间的未完成事件……带领者鼓励每位组员分享自己的个人目标，尤其注意组员补充或增加的个人目标，分享小组可以做到哪些，如何做到。带领者要鼓励组员：为了实现你的目标，要积极地、真诚地投入小组活动中！

提 示

组员并不是都能够自己形成清晰的目标，有些组员来参加小组的目标非常含糊，不要以为每个人都对此清楚。带领者要听每个人所讲，观察他的真实内心，然后帮助他形成合理的期待和目标。组员的含糊想法，可以变成清晰的、可工作的目标。比如，一位组员说："我难以和他人发展亲密关系。"带领者可以和他讨论："在接近哪些人时你感到困难？你做了些什么妨碍你想要的亲密？"界定目标是一个小组过程中持续的过程，其间可能需要不断修订。

当组员列出较多与小组目标不一致的个人目标的时候，带领者要提醒组员：不同小组有自己的目标，小组不可能解决所有问题。但许多时候，一个人某方面心理情况的改善可能带来另外一方面的改善。小组不一定事事如意，不可能每个环节让每个人叫好。每个人的受益与自身的参与度及其特点有关，不要期待参加小组就能改变你整个的生活，更不要期望立即改变。可以决定自己说多少，什么时候说。但是，要鼓励组员：要不断思考，跟踪自己的感受；鼓励每个人参与，检讨团体行为是否有助于实现团体目标；在团体外实践你所学的。

步骤4：小组成员的责任

在明确了小组和个人的目标之后，带领者应该鼓励组员思考：为达到这一目标自己要做出什么努力。这包括：介绍团体辅导小组的工作模式；讨论组员常见担心；分享团辅小组的疗效因子。

工作模式

1. 释放：团体中，成员会深入探求痛苦，正是这些不被承认和表达的痛苦妨碍着他们真正快乐地生活。通过释放和处理这些痛苦的体验，他们开始重新表现出一个快乐的自我，体验到内在的力量。

2. 学习：观察式学习、自我分析式学习、小讲座式学习。

小组成员常见担心

在这里我会被接纳还是被拒绝？

我能恰当地表达自己从而让别人理解我吗？

我真的能说出我的任何感受吗？

这个团体与我在日常生活环境中的互动会有什么不同？

我担心被别人评判，特别是在如果我和他们不一样的情况下。

我担心自己不适合这个团体。

如果我感到恐惧，我可以退出吗？

我会感到有压力，因而必须深入地暴露个人问题和被强迫行动吗？

当老师或父母问起我在团体里分享了些什么时，我该怎么办？

我会不会过多地谈论自己？

我感到受伤害。

如果整个团体攻击我，怎么办？

如果我发现了一些我没有能力处理的个人问题，怎么办？

我担心我会改变，而且那些和我关系亲密的人会不喜欢我的变化。

（Marianne Schneider，Gerald Corey，2010：115）

小组的疗效因子

带领者要告诉小组成员，同样的小组活动，每个人的收获将是不一样的。影响收获大小的有很多因素，其中重要的10个"疗效因子"分别是：

1. 发现并接受过去所不自知或不能接受的某方面自我
2. 能够说出困扰我的事，而不是压抑下来
3. 其他成员诚实地告诉我，他们对我的看法
4. 学习如何表达我的感情
5. 团体让我知道我给别人留下何种印象
6. 对其他成员表达出负面或正面的感情
7. 认识到无论从别人那儿得到多少指导和支持，我终究必须为自己的生活方式负起责任
8. 了解我与人相处的方式
9. 目睹别人能暴露丑事及在团体中冒险却因而获益，这种经验使我也愿做同样的尝试
10. 感觉对团体及其他人更信任

（Irvin Yalom，2010：71-72）

提 示

带领者可以把小组常见担心打印出来，鼓励成员分享和探索这些焦虑，让组员分组讨论：哪个有，哪个没有，如何解决。

团体早期，成员在试水。带领者应该认真倾听，无论是正面的还是负面的表达，鼓励他们充分表达，这是处理他们担心和犹豫的好方法。

带领者笔记

猴年小组介绍疗效因子的时候，带领者也事先打印出来，请每位组员一人念一句，并且在念后分享他们的感受。这比带领者自己念的效果要好。带领者提示

组员：打印件建议一直保存，在小组的进展过程中可以不断拿出来看看。

链　接

带领者工作中，也可以参考下面的"团体的一般目标"与"倾听与回应的注意事项"，或者将它们打印出来，作为小组活动结束后组员自己学习的参考。

团体的一般目标：

觉察个人的人际风格

增强对发展亲密感障碍的觉察

学习如何信任自己和他人

觉察个体所在的文化怎样影响着个人的选择

加强自我觉察，从而提高选择和行动的可能性

挑战和探索某些不再有效的早期决定（最可能在童年发生）

认识到别人有类似的问题和感受

澄清价值观，并决定是否以及怎样调整它们

变得既独立又相互依赖

找到解决问题的更好方法

更加开放、真实地和经过选择的人相处

学习在支持和挑战之间取得平衡

学习如何向他人提出要求

对他人的需要和感受敏感

对他人提供有帮助的反馈

倾听与回应中常犯的错误：

我们都不会对不愿意倾听自己的人坦陈自己，所以学会倾听和回应非常重要。倾听，同时要关注他人的言语和非言语行为。

倾听中常犯错误：

1. 不是聚焦发言者，而是考虑自己下面要说什么；
2. 提出许多封闭式问题，探查无关和细节的信息；
3. 说得太多，听得不够；
4. 乐于给出建议，而不是鼓励发言者自我探索他们内心的矛盾冲突；
5. 只注意人们说出来的显而易见的信息，忽略了他们的非言语表达；
6. 进行选择性倾听，只听自己听到的。

回应中常犯错误：
1. 对别人没有任何回应；
2. 安慰式回应；
3. 不恰当地提问；
4. 告诉他应该怎样；
5. 评判性地回应；
6. 变得防御。

环节四　家庭暴力的表现形式

目标：加深对家庭暴力的形式与特点的认识。
材料：小贴纸、笔、白板
建议时间：50分钟

步骤1：组员头脑风暴

分成两个小组，每组发一叠便利贴纸。小组成员以头脑风暴的方式列举各种各样的家庭暴力的表现形式，每个表现形式写在一张便利帖纸上，列举越多越好。

步骤2：分类

带领者在黑板上写出家庭暴力的几大类型：肢体暴力、精神暴力、性暴力、行为控制、经济控制。

然后，请每个小组派一个代表，一边念小组写在每张贴纸上的家庭暴力的表现形式，一边由大家判断它应该被归属到上述五个大类别哪个之下。如果有不同观点，便进行讨论，直到可以达成共识，将它贴到某个大项的下面。

其间，带领者可以针对一些暴力形式进行点评，点评的过程就是介绍的过程。

最后，带领者引导大家反思：还有哪些没有列举出来的暴力形式，一起列举出来。

提 示

"环节四"安排在第一次小组活动中,是反复考虑的结果。通常的小组第一次活动,到前三个环节就结束了。但是,因为没有涉及"正题",很多组员可能会感到不满意。所以虽然时间很紧,还是考虑纳入这个关于家庭暴力的环节。带领者可以根据实际情况,删减前面的活动,或者延长小组活动时间。列举家庭暴力表现形式的环节,应该在第一次完成。否则,如果只是前面的相识过程,没有涉及实质内容,成员便会觉得活动有些"空",影响他们的参与热情。

具体到列举的内容,带领者会发现,每个小组都会有一些特别的事例被提出。这需要带领者对家庭暴力的概念有清楚的把握,以便及时做出判断和回应。列举的过程不是简单"头脑风暴"活动,将每位成员所说的都记下来,而是需要团体带领者来筛选、修正团体成员所列举的不当例子。团体带领者应该要随时针对成员所列举的施虐行为加以说明,或是请成员对所说的提供更具体的例子。

有一些暴力形式,既包括精神暴力,又具有行为控制的特点,可能将它贴到两组的中间。如"关小黑屋"。

链　接

家庭暴力的表现形式（表格中很多内容来自马年小组和猴年小组组员的列举）

肢体暴力	精神暴力	性暴力	行为控制	经济控制
打耳光、拳打脚踢； 抢夺； 嘴咬、捏掐； 挤压、捆住； 拉扯头发、拖拉； 使用武器； 坐在伴侣身上； 罚跪、吐口水； 拧耳朵、掰手指、掐脖子； 用烟头烫、用针扎； 不许吃饭、睡觉	逼近对方、吼叫、批评、指责、审问、威胁、恐吓、挥动武器； 当着对方的面虐待小孩； 污辱或虐待对方的朋友、亲戚； 虐待对方的宠物； 毁坏对方珍爱的物品、摔东西； 威胁对方，无论口头威胁，还是动作威胁； 揭伤疤、抱怨、诽谤； 忽视、冷漠、暗讽； 驱赶、抛弃； 强迫孩子做他做不到的事（爬到山顶，否则不许吃喝）； 自虐、自残； 窃取隐私信息（违背孩子意愿地偷看日记、信件、手机记录、聊天记录等）； 不许表达感情（不许哭）； 公共场合羞辱； 到孩子学校、伴侣单位吵架； 同性恋身份"被出柜"	强奸； 带有羞辱性的性对待，以性为手段羞辱对方，比如强迫对方观看自己和别人进行性行为，将对方脱光衣服展示等； 拒绝与伴侣过性生活（对此有不同情况，后面会讨论）	监视对方； 限制对方的社交活动； 限制对方的交友； 破坏对方的车子； 藏起对方的车钥匙； 把对方锁在屋子里； 把对方绑起来； 不准对方使用电话； 不让对方进家； 关禁闭、关小黑屋	剥夺对方所应有的保持正常生活所需的经济来源

带领者笔记

贴到了黑板上在马年小组列举了暴力的表现形式之后，带领者将那些纸条分类贴到了黑板上。其实，这工作应该让小组成员自己做。他们的讨论会更自然深入，如果不理解也更好发出自己的声音。带领者以为都理解了，他们未必理解；带领者的分类，未必是他们心中原有的分类。猴年小组便改正了。

马年小组中，一位组员写"拉壮丁"。带领者问是何意，组员解释：比如父母吵架，要让孩子选边站，支持一方，必须选择。带领者和大家一起讨论，决定使用更准确的"强迫站队，感情敲诈"。

马年小组和猴年小组，都有组员提出"情感操纵，道德绑架"。马年组员的解读是：强调你和他特别亲密、特别好，不给你自己空间，一切都要不分彼此。猴年组员的解读是：要求孩子听父母的话，要求孩子孝顺。可见，马年小组是从伴侣关系的角度定义的，猴年小组是从父母和孩子的关系角度定义的。这些都需要通过组员对现实的具体化来进一步澄清。

步骤3：保险箱

材料：带锁的盒子，或无锁的盒子和胶带

考虑到组员在列举家庭暴力的表现形式时，可能会唤起一些创伤的记忆，有一些情绪的反应，不能置之不理，但时间和进程又都决定无法在第一次活动时深入解决。所以这里加入一个包扎性处理的技术，即"保险箱"。

带领者准备一个带锁的箱子，称为保险箱。如果实在找不到带锁的盒子，也可以用胶带代替锁，用后粘上封死。

带领者在此时充分表达对组员各种思绪的理解，解释说本次会期没有办法涉及这些内容。但是："我准备了一个保险箱，现在给每人发一张纸，每个人可以把自己的思绪写在这张纸上，不给任何人看，直接放到箱子里。然后我会锁上箱子，再给它贴上封条，放到柜子上。钥匙则会交给一位组员。这样，没有大家的同意，我们便无法打开这个箱子。我们今后的小组活动时，还会不断处理各种问题，我相信每个人的问题都会在这个过程中解决。最后一次活动，大家再一起打开箱子，看一看还有哪些问题没有解决。"

要记得最后一次活动时打开保险箱。

提 示

目击者列举家暴现象，许多会是自己的经验，被触动以及唤起一些创伤体验很是难免。

在小组快结束时，成员有受冲击、被触动、出情绪等状况，无论结构式还是非结构式都可能出现。非结构的小组则跟着成员状况浮动，应及时地在小组中处理。但作为一个结构小组框架明确，较难随着小组成员波动而跟进。有人可能会急于分享自己的经历，有人可能会想表述自己的情绪。但是，这些都没有足够的时间处理。作为一个刚刚开始的小组，也不适于过于深入。

但出现上述情况时，也不能置之不理，建议带领者对于出现情绪波动的组员进行简单的包扎性处理。包扎性处理，大致意思是不深下去，就当时情绪状态，以抚慰、支持回应为主，注意正常化而不是问题化。带领者可以提示组员：我们已经触及伤口，处理伤口的过程可能会有点疼，但是只有将伤口彻底消炎才能愈合，疼痛是暂时的。

心理包扎鼓励当事人适当地宣泄悲伤，小组成员要及时分担，承担社会支持系统的责任。带领者要鼓励当事人接纳自己的情绪，忧伤、焦虑、愤怒等负面感受是正常反应，不要压抑自己的情绪；心理包扎的过程中还可以进行普遍性分享，当一名组员说出自己的创伤体验时，他人也有类似回应，这样会让成员感到不是自己一个人这样，普遍性出现，当事人会缓解很多，甚至有特别的感悟，不把问题看得那么严重。

带领者要特别注意，此阶段避免对个体进行深入探究。带领者只需要引导团体接纳和普遍性分享，成员可能会更有力量往下走。

此外，包扎性处理还可以采取阻断的方式。即快结束时觉得成员情绪还在涌动，对个别成员可适当抚慰性示意其停住；用一些共情性语言描述自己感受到大家的痛苦，并且能体会到大家在生活中的此时此刻非常需要即刻的支持但又孤单无援。

对于创伤体验，从存在主义视角看，痛苦是生活的一部分，触及痛苦并不一定要赶走它，而是与之相处；从人本主义视角看，相信成员有力量自己去应对。

> 带领者想确保每个组员很舒服地离开的想法是错误的。如果组员离开时感觉每件事情都结束得很好，那么他们在随后的一周内很可能不会利用多少时间思考在团体中提出来的内容。但是，留下思考空间和不安的情绪，不等于对这些情绪不做处理，任由其发展。要进行引导、教育，再让其回去思考。所以带领者应该注意时间，小组快结束时，注意包扎性回应成员，以免成员情绪涌出。
>
> 如有觉得触及后反应严重需要个别跟进干预者，可在小组结束后留下他做个别处理。

带领者笔记

在马年小组列举家暴形式的环节结束时，带领者明显感到一些小组成员回忆起太多的创伤，感到不舒服、受冲击，等等。带领者当时这样总结：刚才大家一起列举了家庭暴力的多种表现形式，我相信当大家做这样的列举，以及一起分享的时候，心里并不好受。这过程中我们一定想到了自己的一些不愉快的经历，甚至有组员可能发现自己承受过的暴力，以前没有觉察；或者自己也是施暴者，以前也不自知。我感受到一些组员的痛苦，并且能体会到大家在生活中的此时此刻非常需要即刻的支持，但同时又有孤立无援的感觉，因为大家知道，我们今天的小组活动已经结束了。正因为如此我们要继续在小组中去面对和壮大自己。我相信各位会有力量去面对和保护自己，相信大家有力量自己去应对。另外，我想告诉大家的是，你的经历与感受，并不是你独有的，而是具有普遍性的。同时，我们要相信，痛苦是生活的一部分，触及痛苦并不一定要赶走它，而是与之相处。让我们带着这样的感觉先回到生活中，下次聚会我们再共同面对。

环节五　小组结束

目标：总结、梳理本次活动的收获，布置作业。

建议时间：20分钟

带领者回顾与总结本次活动的主要内容；然后邀请小组成员进行个人总结，填写4F单，具体的操作步骤是，将一张A4纸对折成四个部分，在四个方格内分别表示：（1）FACTS（所看到的、听到的、做的）；（2）FEELINGS（感受）；（3）FINDINGS（发现、感悟）；（4）FUTURES（进一步的应用和行动）。这四个部分的英文缩写都是F，所以简称为4F单，有助于及时地整理小组经验和收获。给每位组员一张纸，制作4F单，分别在相应的部分进行简要的填写。填写完之后，大家分享自己的4F单，谈谈自己参加这次活动的感受与收获。

布置作业。

作业

针对下面的问题写个电子邮件，发给带领者。
1. 你今天的收获；
2. 你喜欢的内容，不喜欢的内容，为什么；
3. 你感觉小组气氛如何，在小组里你是否舒服；如果不舒服，因为什么？
4. 对于大家列举的暴力形式，你有哪些想具体说明的，或补充的？
5. 你对小组的意见与建议。

> **提示**
>
> 每次小组活动结束时都要布置作业，作业的目的是帮助组员消化本次小组活动中学习到的内容，或为下次小组活动做准备。
>
> 作业的形式通常有两种：日志和行动。本次小组的作业便属于日志类型，投入写日志的意义是帮助组员梳理、成长；行动，则需要大家将小组学习到的内容运用到现实生活中，后面将有这类的作业设计。

带领者笔记

在马年小组和猴年小组中，带领者都要求组员在小组结束三天后再将作业发给带领者，这是方便他们沉淀；如果有组员在小组结束后急不可耐地有话要说，也可以先写出来，但三天后再看一遍，按当时的想法修改后发给带领者。不过，不论怎样要在第二次小组活动开始前两天发给带领者，这方便带领者阅读，并且在必要时有针对性地调整第二次的活动。

> **提示：第一次小组活动中，带领者注意事项**
>
> **信任组员**
>
> 带领者不能在开始工作之前就假设强制参加者一定缺乏动机、一定阻抗、一定不积极参与。这可能影响带领者的表现，从而对组员产生消极影响，真的会降低他们的参与热情。
>
> 带领者要着重处理的，是参与者在一开始时可能有的对带领者的不信任。
>
> 小组初始，因为此时成员往往不清楚什么行为是被期待的，会有焦虑。带领者承担得多一些，要教导成员如何成为团体一分子，并且达到自己参与的目标。初始阶段，领导者的讲授往往能够促进团体发展。随着小组的深入，带领者应该鼓励成员越来越多地承担责任。
>
> **观察互动风格**
>
> 在第一次小组活动时，带领者要拿出足够的精力观察成员间的互动风格。有人喜欢控制别人，有人从来不说话……这些注意到了，带领者就可以有所作为。否则，任由不同的组员按自己的方式行事，小组进展会受影响。
>
> 带领小组的经验越丰富，对内容的把握越充分，越有可能把精力拿出来观察组员的互动。
>
> **彼此关注**
>
> 小组坐成圆圈的好处是每个人都可以看到其他每个人。发言的时候，带领者要环顾四周，保证与每个人的视线交流。带领者不要聚焦同一个人太长时间，要让大家都有平等的发言机会，平等地受到关注的机会。
>
> 如果一个组员说话时一直看带领者，带领者要提示他，要看大家。必要时，可以清晰地告诉小组成员，我们每个人说话时都要面对大家；如果你盯着我看，我环视大家，那便是提醒你要看大家；发言者的目光要和其他人交流，因为大家都会对你的发言感兴趣。

> 带领者环视众人，还可以发现谁要说话，可以看到其他人的反应。带领者应该鼓励每个成员发言，特别是要鼓励那些从来没有发言的组员，目的就是使每个人在小组的第一次活动时都不感到孤立，真正参与进来。
>
> **反思**
>
> 每次小组结束，带领者都要反思自己这次活动做得如何。回想每一个环节，甚至每一个细节，反省自己哪里做得不好，哪里做得好，哪里需要改进。对于困惑的、不知道如何处理的地方，及时请教督导。
>
> 如果有多位带领者，则应该真诚地提出彼此的不足，以便下次改进。

带领者笔记

1. 当小组有多位带领者的时候，带领者应该坐在彼此能够看到对方的地方。猴年小组有三位带领者，当小组成员围坐一圈时，三位带领者坐成了一个等边三角形，三条边中的组员人数大体相当。这既是为了带领者之间方便相互用眼神沟通、提示，也有助于与组员更亲近，避免产生隔离感。

2. 猴年小组的10名组员中只有一名男性，他对自己的"性别孤立"有压力，担心别人无法理解他。带领者及时和他分享：个体差异大于群体差异，两个男人或两个女人间的差异，事实上大于男性和女性整体的差异；我也是男性，不用担心没有人理解你。在小组活动中，带领者也格外关注这位男性组员；小组结束后，带领者发微信问候他的感受。

3. 马年小组中，有一个组员在第一次小组活动时，一直鼓着腮帮子吹气。带领者视之为焦虑的表现。在休息的时候，带领者与她讨论这个问题："你是否焦虑？"这位组员回答："没有呀。"带领者说："但我看到你一直在吹气。"组员说："因为我牙疼很多天了。"这件事提示我们：不要急于评论非言语行为，要等小组逐渐深入，组员的行为模式更清晰后，再判断。

带领者工具箱

小组签到表

姓名	第1次	第2次	第3次	第4次	第5次

附录：马年小组第一次小组作业摘抄

组员1：

我今天在小组感觉很好，也很开心认识很多新朋友，主要认识有两点：

1. 原来家庭暴力的范围那么广泛。我之前狭隘地认为暴力就是肢体上暴力，精神上也只知道"冷暴力"这个词，没有想到还有控制性暴力或者别的。

2. 意识到自己有的时候也是无意识施暴者，比如指责，比如不说话，比如抱怨。以前没有反思过这个问题，我以后会注意这个问题，善待周围的人。

对于接下来的活动，我很期待，每个主题都是我希望了解的，充满好奇和欣喜。

暂时没有发现什么需要改进的，有想法，我会随时和您电邮沟通。

另：方老师带领方法灵活而民主，随时依实际情况改变规则，很开放，人也随和，是我很欣赏的风格。

组员2：

喜欢和大家聊天、做游戏，但实在不喜欢讨论暴力方面的问题（老师别生气，确实是这样感觉的）。我不知道为什么有些人可以毫无障碍地思考什么是家庭暴力，可以将自己的想法若无其事、轻轻松松地说出口。今天讨论的各种词汇对他们来说难道只是一些词汇，没有任何意义吗？真的遇见这些事的人会如此轻松地讨论这些内容吗？

当小组成员叫我也说出几个词汇的时候，我压根就不愿意去想这些问题，也无法思考这些问题，心情非常不好。

组员3：

小组的整体气氛很好，我希望可以继续保持下去。我也知道，需要做出改变的是我自己。

小组的整个活动，我个人觉得很好，用游戏让初步的相识变得更有趣一些，个人的自我介绍还可以更有特点些，比如，用一句话来表达自己的个性或者思想。

但我还是更喜欢那个列举暴力形式的部分，甚至我觉得昨天我们这部分做得还不够，我在想为何我们不继续深入认识呢？

虽然这些年我一直在翻旧账，以解脱早年经历给现在带来的制约，但是当黑板上贴满了大家列出的家暴标签，我仿佛又一次打开了心中那道关着往事的门。门里面是一片昏暗的迷雾，就像我梦中少时的家，总是阴暗、凌乱、恐怖的。如果不小心把手放在胸口睡去，醒来的前一刻的梦魇总是黑暗中无法打开灯，无法发声，无法动弹……

虽然我无数次地打开那道门，依然无法全然地看清楚一切。

组员4：

表面大胆、聒噪，内心却有着一双我还没有全然摆脱的严厉的眼睛，它经常让我躲闪陌生人的眼睛，让我语无伦次，所以我给很多刚开始接触的人留下的感觉并不好。但相识多年的朋友却看到我原来是一只脆弱的小猫。

我的收获就是我在做一件让我直接面对灵魂的事情。我喜欢赤裸裸地面对他人和自己的灵魂，我不太喜欢琐碎和表面化的事情，所以我不需要每一次都有什么具体的收获，也不需要活动结束的时候一定达到什么目的，和这些朋友一同度过这些时光就是报偿。

至于气氛我是否喜欢，我如实回答：其实我的本质是一个包容性很强的人，我没有那么矫情，我觉得没有什么问题。而且不一定非要让每一个人都很满意和舒服，也可能别人让我不舒服的地方，恰好让我看到自己让别人不舒服的地方，看到自己强烈的表达欲和自我中心的地方。这个活动不是为了让大家你侬我侬、互诉衷肠、倾倒苦水，而是为了让大家直面心灵的疮疤、直面事实的真相、直面冷酷的事实。

我痛恨暴力，极端抗拒被控制。但是显得有点偏执、狂乱和不理性，还有些幼稚，内心仍然被自卑所困扰。但是我并不要求这一切都改变，看到这一切就足够了。也许有一天我改变了，也许到离开人世的那天我都没有改变，那又怎样！

组员5：

我最深刻的体会就是大家对"家庭暴力"的认识，我觉得非常全面、非常深刻。分组讨论家庭暴力的定义时，我本以为肢体暴力会被先提及，没想到第一个被提出的是"辱骂"，这令我有点惊喜。随着交流的深入，我发现大家普遍认为精神暴力和行为控制的伤害更大，也更隐蔽。在这一点上我和其他成员很有共识，听到他们提出的观点，我感到喜出望外，有一种"找到了组织"的感觉。

当我看到那些家暴的小条条之后，多少还是有一点不舒服的，像碰到了轻微的电流。因为有很多东西是我亲身经历过的，所以我心中的记忆有一点被触动。不过总体上还好，仍能承受这种内心的波动。

关于小组成员间的熟悉与信任问题，我觉得团体活动有一些帮助，尤其是第一次就直奔家暴主题，让大家有种"一条心"的感觉。不过我相信只有大家越来越多地表露个人经历和观点之后，这种信任才能更好地建立，我已经做好了准备。

组员6：

既然是有关家暴的活动，第一次就提及我觉得是很对的，不然就没意义了。但是我也没想到自己会反应那么大。从我觉得自己应该算是抑郁症好了之后，我其实一直有种恐慌，就是抑郁症复发。我实在是没有力气再回到当年那个状态了。家里的事情是个遮得严严实实、遮掩了很久很久的伤口。我以为已经被抛掉的过去。但列举家暴形式的时候，我意识到其实我错了。我当时花了很大力气稳定情绪，实际上我已经咬嘴唇掉泪了。那一瞬间我恐慌得要命，以为真的要被带回去了。

但结束之后我该干什么干什么，约了一个大学同学吃饭聊天，计划以后的事情，觉得也没什么大问题。我觉得治疗这种东西不撕开原来的伤口肯定不行。不过我之前估计的严重性不够。我一直觉得自己现在过得挺好的。但感觉我就一直逃避现实的感觉。

组员 7：

第一次活动给我的感受是，理论性偏强，体验性以及感受分享和支持偏少，如果能够一边讲理论一边分享体验和感受，我觉得效果更好。

组员 8：

在参加小组活动前，我带着很多疑问走进小组；在参与的过程中，我会有更多的思考，尤其在讨论的时候，可以感受到自己的防御，站在中立的角度去论述观点。我想可能是自己还没有准备好，所以会一点一点地逐渐打开自己。最大的收获是对"家庭暴力"这个词的内涵和外延有了更准确的认识，同时开始慢慢面对自己埋藏的伤痛，进一步引发现实生活的思考。

组员 9：

小组气氛总体感觉比较舒服，大家各抒己见，有时候也是对自己思路的一个点拨，从不同维度表达看法。有些时候会感觉不太舒服，因为彼此不太熟悉，谈论趋于表面化。

组员 10：

小组整体比较和谐，大家现在还处于了解阶段，不是特别能放得开。小组的凝聚力还是有待进一步考察。收获在于既了解了一些知识方面的东西，也接触到了不同的人。试图重新审视曾经的一些经历，用不同的视角去解读。对于问题还是要去面对而不是逃避。我觉得自己一直的目标是发现自我，找到自己心中一直不愿意正视的东西，学会处理亲密关系，更加坚定与相信。

第 2 次　认清家暴实质、了解男性气质

> **目标：**
> 1. 认识到家庭暴力侵犯的是人权，并打破对家庭暴力的误解；
> 2. 了解支配性男性气质与家庭暴力的关系；
> 3. 了解家庭暴力对孩子的影响。
>
> **内容：**
> 1. 阐述人权的概念，从人权的角度去理解家庭暴力；
> 2. 学习男性气质理论，认识到支配性男性气质在暴力中的意义；
> 3. 针对家庭暴力的常见误解展开讨论，树立正确的观念；
> 4. 由自身出发，思考家庭暴力对孩子的伤害。

环节一　回顾

目标：通过对上一次会期的回顾，联结小组内容；及时回应组员的困惑或误解。

建议时间：10分钟

第二次会期的开始，带领者可以早一点到，了解组员对第一次会期的反应，回答大家的问题。当然，我们更鼓励在这之前便通过邮件完成这项工作了。但是，对于邮件中普遍反映出来的问题，也要在下一次会期开始时统一解答。因

为，可能是很多组员都有这样的困惑，而没有在邮件中提出来。

带领者笔记

马年小组第二次活动开始时，带领者先讲了三点：

1. 谢谢大家的作业，许多人特别真诚地思考和分享。这让大家有收获，我也有收获。我知道大家在想什么。

2. 大家不用太着急。有人说自己关注"关系"，到后面的小组活动时会涉及，小组前面涉及的内容与你关注的"关系"都有关系。

3. 有组员对我的活动提出一些意见，这对我帮助非常大，我也给自己请了一个督导。他会帮助我发现我自己没有发现的一些问题，请大家放心。

4. 上一次最后结束得有一些快，有些组员感到一些压力出不来，我想说的是，我们需要一个挑战自己的过程，第一，接受所有的经历都是生命的一部分，是生命的财富；第二，相信大家都可以勇敢地面对，不回避。

环节二　人权与伴侣间的性人权

目标：认识到家庭暴力的本质是对人权的侵犯，对人权理论有所了解。

建议时间：30分钟

步骤1：回顾家庭暴力的五大类型，提出有争议的"拒绝与伴侣做爱"

回顾上一次的内容，请组员对"拒绝与伴侣做爱"是否属于家庭暴力进行讨论。在家庭暴力的研究界，这也是有争议的。

组员观点呈现，通常认为属于家庭暴力的，会讲道"夫妻之间有做爱的义务"，而反对视之为暴力的，会提到性欲的降低、性能力的差异，甚至多年伴侣在一起的"审美疲劳"等。

带领者可以引导组员进一步讨论：如果拒绝与伴侣做爱是家庭暴力，那么强迫不想做爱的伴侣做爱，是不是暴力呢？通常大家都会认为后者是暴力。但这与前者不是有矛盾了吗？

步骤2：带领者引出人权和性人权的概念

人权与生俱来、生而平等、不可剥夺、不可转让。性人权属于人权的一部分，同样不可剥夺、不可转让。因此，每个人都有权利决定是不是做爱。即使是夫妻之间，也不能因为伴侣关系，而剥夺了另一个决定自己身体行为的权利。

同时要区分人权与普通权利的差异。人权与生俱来，不需要承担义务；普通权利是角色权，具有某一角色才拥有某种权利，权利与义务相匹配。如果认为"夫妻有相互做爱的义务"，那就等于把性交看成了夫妻间的角色权。如果性是角色权，义务与权利是对等的，伴侣也就有权强迫不想做爱的对方做爱了，而多数人视之为婚内强奸。我们认为性是人权，也就会主张伴侣有拒绝做爱的权利，这不是家庭暴力；而强迫伴侣做爱，才是家庭暴力。

讨论的过程中可以举例讨论，比如同性恋者，父母要求同性恋者接受扭转治疗是不是家暴？这部分需要着重讨论中国传统文化和性人权理论的关系。前者可能更涉及中国家庭文化中的秩序问题，包括"父慈子孝"的伦理等。总之要在现实例子中讨论而不是只讲理论。

提 示

关于人权的理念，是目击者小组要分享清楚的，不能回避的。这部分的讨论，组员通常会举出各种例子，就中国目前公众受教育情况、多数不理解性人权进行论争；有些组员可能还会引出人权与道德、伦理、个人价值观之间关系的议题，还可能涉及婚外性关系。这就需要带领者对性人权、性道德、性伦理、性法律、价值观之间的关系，有比较深入的了解，才能够在讨论时基于正确的理念，进行引导。

我们的一些相关态度是，至少在性的领域，从来就不存在所有人都公认的伦理和道德。判断一个人的性行为或某种性现象时，不应该以多数人的伦理和道德作为标准，因为在私事上，将多数人认可的标准强加给少数人，本身就是不道德的；我们应该以人权为标准。

人权是上位的，伦理和道德是下位的；符合人权的伦理和道德是真伦理和真道德，违反人权的，就是假伦理和伪道德。法律也一样。违反人权的法律便是不好的法律。对于婚外性关系，也应该以性人权，而非性道德的标准来认识。

> **带领者笔记**
>
> 马年小组和猴年小组中，均有组员提出：有些人将拒绝做爱作为控制伴侣的手段，这是否算家暴。带领者可以引导大家讨论达成共识：以惩罚伴侣为目的拒绝做爱，属于家庭暴力；不以惩罚对方为目的，基于个人情况而拒绝做爱，是个人选择，不是家庭暴力。
>
> 带领者可以让组员自己思考——碰到对方不想做爱，或者对方想做自己不想做，怎么办？当然可以有一个底线，就是逼迫是不可以的。

步骤3：引导组员从人权角度去认识家庭暴力

带领者将小组对性人权的讨论拓展到对家庭暴力的讨论，深入认识家庭暴力对人权的侵犯。

> **带领者笔记1**
>
> 猴年小组在讨论的时候，组员们针对家长的监护权是否侵犯孩子的人权，成为家庭暴力展开了争论。有组员认为，孩子小，无法对自己负责，不知道什么是正确的，家长有责任和义务对孩子的健康、安全、身心成长负责，所以监护权的行使，是可以剥夺孩子的人权的。但是，也有组员提出，许多家长正是借口"为孩子好"，而对孩子施加家庭暴力的，包括精神暴力、行为控制等。
>
> 带领者讲解：未成年人也有人权，青少年的人权同样不可剥夺、不可转让。不能借口监护权剥夺未成年人的人权。监护权如何与人权相协调，确实是需要考虑的。带领者引导组员将讨论聚焦到"禁止孩子玩电脑游戏"这件事上，在什么程度与方式上的禁止是侵犯了人权，什么情况下则没有侵犯人权，而只是监护权的体现。带领者格外强调了"赋权"的重要性。小组成员意识到，家长应该通过言传身教来引导孩子处理好游戏和身心健康的关系，而不应该使用精神暴力，更不应该使用行为控制的方式，给孩子带来精神伤害。我们要相信未成年人有能力做出对自己有益的选择，如果他们没有做出这样的选择，就是成年人没有认真地赋权。赋权不是放弃监护权让未成年人随便做什么，而是先增加未成年人做出有益选择的能力，家长真为孩子好，就应该进行增能、赋权。

带领者笔记 2

猴年小组中，有组员谈到自己幼年受过性骚扰，那之后想起性就觉得非常恶心、厌恶。带领者告诉她：你遇到的，不是性的全部也不是性的真相。性骚扰、性侵犯只是与性有关的事物中非常小的一部分。

同时，带领者知道这位组员正在谈恋爱，也提示她：你的这种感受，应该让你的男友了解和理解，免得在你们的交往中提出不适合你的要求，影响你们的关系，也进一步加深你对性的负面认识。

环节三 走出误区，认识家暴真相

目标：打破对家庭暴力的常见迷思，了解家庭暴力的特点和规律，以及男性气质与家庭暴力的关系。

所需材料：海报纸、胶带、马克笔

建议时间：60分钟

步骤 1：热身

请组员选取一件自己的物品（轻便的不怕摔的物品为宜），起立围成一圈。每个人左手持物，然后两手在胸前交叉，将自己左手中的物品递给自己右边的人，同时用右手接住左边组员的物品。接着将自己右手上的物品换至自己左手上，重复以上动作。带领者可慢速进行几次，然后加快速度，也可换方向传递。

步骤 2：各抒己见，做出判断

带领者事先在每张海报纸上写上一条对于家庭暴力的常见的认识误区，但并不说明这些态度是错误的。将海报纸分散贴在团辅室不同方位的墙上，请组员们在每张纸上简要写下自己的判断，包括引申的想法。并注意预留几张空白海报纸，组员也可以写下自己对家庭暴力的一些判定。

步骤3：小组集体澄清误区，认识真相

带领者可带领组员对所列误区依次展开讨论，也可互相穿插着讨论，因为有些内容会有重合与交叉。讨论中会有不同观点的交锋，带领者要引导不同的观点到正确的态度上。

讨论中还会涉及家庭暴力的特点、规则，男性气质与家庭暴力的关系等议题，均可以自然地导入。参看本环节后面的链接。

误区1：家庭暴力是私事和隐私

有了前面关于人权的认识，多数组员均可以认识到家庭暴力是人权问题，不是私事。但是，会有组员坚持认为这是隐私，不应该轻易让别人知道。

带领者应该有的态度是，家庭暴力是对人权的侵犯，所以不是"私事"，社会、公权力应该，也必须进行干涉；但是，在处理家庭暴力问题的时候，要考虑到非施暴者的利益，即受暴者和暴力目击者的利益，要格外警惕，不要造成对他们的二次伤害。受暴者和暴力目击者有权利决定何时、以何种方式对暴力行为做出反抗。很多受暴者在与施暴者的长期相处中掌握了生存和自我保护的独特策略，他/她们比其他人更清楚怎样做才对自己和家人最有利。他/她们一方面承担着对家人特别是子女的责任，另一方面努力与施暴者协商、周旋和抗争，其坚忍顽强理应获得敬重。受暴者有权做出他/她们自己的决定，而助人者有义务尊重他们的选择。助人者必须看到受暴者的主体性和能动性，谨防代替受暴者做决定。但是，在这个过程中，社会，包括舆论、执法者、公众，有义务赋权给受暴者，帮助他们认清家庭暴力的实质，清楚保护自己、反抗暴力是非常重要的。赋权给受暴者，是重中之重。

对避免给受暴者带来"二次伤害"的强调，是非常重要的，也将影响到小组的凝聚力。

当然，这样的讨论未必能够达成共识，或达到"完美"，因为许多情况是非常复杂的，涉及公权力可以介入多深。比如，国家是否可以剥夺有施暴情况的监护人的监护权？受暴者可以做决定，孩子可以吗？事实上国外社工实践，对剥夺监护人的监护权这方面也有很多反思，中国也要这样吗？怎样的情况下、多大程度下应该尊重受暴者？受家庭性侵的未成年女孩有权不要去政府救助机构吗？这些问题不可能在这个小组活动中穷尽，带领者只需要让组员形成"家暴是侵犯

人权的，应该受到公权力干涉；但公权力干涉时要尽量避免给受暴者带来二次伤害"便可以了。

误区2：施暴者是因为"失控"才打人

带领者可以采取"站队游戏"的方式，请所有组员分别就上述观点按"支持"、"反对"、"说不清"的态度站三队。带领者应该选择站到人数最少的一队，特别是当只有一人属于那一队时，以免使其感觉太孤单。

站队后，带领者请各方分别说出自己的观点，再请反对方进行反驳，在讨论到一定阶段后，带领者可以让大家"重新站队"。对于在"重新站队"中改变观点的组员，带领者请他说明为什么改变观点。

通常，不同队列的人大致的观点如下：

支持：当时脑子一时冲动，什么也顾不上了；正在气头上，脑子空了；已经成为一种习惯了；失去理智、没办法了……

反对：在外人面前不会打；为什么只打伴侣和孩子，不打别人；结婚前怎么没打；人都是有理智、能控制的……

说不清：要看什么情况而定；有时无法控制，有时还是可以控制的……

带领者需要提出：在谈到施暴者失去理性地殴打伴侣时，很多人会说，"他可能有精神病或心理障碍"、"他无法控制自己"、"他的压力太大"，等等。其实，施暴者中真正"有病"的只是极少数，他们当中的绝大多数对自己的行为是有控制能力和选择理性的，他们不会在公共场所对别人施暴，更不敢向给他压力的客户或上司施暴，而只是向比他们更弱、难以反抗的伴侣和孩子发泄。至于有人认为是醉酒施暴，带领者应该引导组员认识到：施暴者是借酒撒疯，有些人甚至是打人时才去喝酒，为自己施暴准备借口。由此可见，酗酒、"有病"、"有压力"等都是施暴的借口。如果你认为不能控制，其实是在放弃自我控制的努力或者在给自己的暴力行为找借口；如果你认为有可能控制，你就会想办法控制，最终还是可以达到自我控制的。

总之，在发生暴力之前及过程中，只要你想这样做，是可以自我控制的。

带领者可以在此环节揭示出：施暴者的目的是实现对受暴者的控制。

讨论中涉及的时候，带领者可以自然地导入家庭暴力的特点与真相，这部分参看此环节后面的链接。

带领者笔记

猴年小组中，有组员提出施暴者为什么要进行控制，以及有一些施暴者通过施暴获得自尊的问题。这是小组计划在后面的男性气质与暴力环节进行讨论的。带领者此时做简单的介绍，并且说明：将在后面的小组活动中深入讨论。

误区3：受暴者自己也有错

对于这个话题，同样可能有不同的观点。带领者请大家站在施暴者的立场上，列举"受暴者的错"。请一位组员站到前面，将大家列举的写到黑板上。列举之后，带领者和大家一起逐条分析：这是否真是受暴者的错？

通常的结论都是：不是！

施暴者用来指责受暴者的"过错"，往往是以不平等的性别规范和权力控制欲界定的，例如不顺从、争执、没有服侍好家人、自主外出娱乐、交往，等等。这些根本就不是"过错"，更不能成为施暴的理由。退一步说，即使受暴者真的做了错事，也仍然拥有完整的人权，任何人都无权用暴力对其进行惩戒。

带领者可以提示，假使受暴者"改"了一个施暴者声称的"错误"，你一定会发现，施暴者还会找到新的"错误"来施暴。所以，"受暴者自己也有错"不过是借口而已。

"谴责受暴者"是对受暴者的极大不公。许多受暴者经过长时间的被虐待后开始把暴力合理化，这包含了她/他认为自己是对暴力有责任的。有时受暴的一方甚至付出了巨大的努力来安抚施暴者。

我们应该建立清晰的是非标准，即暴力就是错，暴力没有理由，杜绝从受暴者身上去寻找暴力原因、为暴力开脱的思维。一句话：对暴力"零容忍"！

但另一方面，这里需要补充的一个特殊的情况是：有心理学研究认为，存在易受暴人格。比如有人结婚三次碰到三个对她家暴的，她反复找的就是那样的人。这样的女性很可能是受原生家庭影响的结果，也有可能是她的性别观念影响，真的需要心理帮助。这样讲不是说谴责受暴者，而是受暴者也需要成长。有些受暴者本身也有施暴的行为和倾向。

带领者笔记1

猴年小组的一个特点是，里面有多位具有心理学背景的组员。带领者在小组开始前便在思考这可能对小组的影响。这种影响在讨论"受暴者也有错"的时候呈现出来了。受传统心理学的影响，一些组员认为：受暴者确实可能有错，比如"过分的唠叨"。带领者请其他组员发表对"过分的唠叨"的看法。有组员支持这是激怒施暴者的一个原因，但也有组员指出：即使如此，也不应该施暴。反对的一方则说：过分的唠叨就是一种精神暴力。

带领者和组员分享自己接触受暴妇女的一些经验，很多受暴妇女仅仅是因为自己说的话永远不被听到，她们希望伴侣可以听到自己的话，不再忽视自己，而不断地说，就成了"过分的唠叨"。所以，有时"唠叨"是女性对于被忽视的一种自我反抗。我们应该注意到为什么女性的声音不被听到，而不应该责怪她们"说得太多"。

总之，受暴者是不应该受到谴责的。带领者在这里强调了社会性别意识的重要性。

带领者笔记 2

猴年小组中，有一位组员数次责怪受暴者没有能力，强调受暴者如果有自救意识、有能力就会避免受暴，等等。带领者认为这对受暴者是苛责，但这位组员不同意。这位组员说："在我的心理疗愈过程中，我感觉增强自我效能感对缓解自我价值感低、没有安全感，是很有帮助的。在我的身上，这样做的作用是当我在面对过去生活经验的重复，比如有人在和我的交往中对我进行剥削，我不会很紧张，也不会有反向认同和对此行为合理化，合理化是我没有疗愈之前面对自己的侵害和剥削最常用的防御方式。我知道怎么使我摆脱这样的处境，这种效能感让我不会再陷入强迫性的重复和对自己不利的防御中。"

这些体验是重要的，但这位组员仍然是在传统心理学的个人层面谈论受暴者的成长，而忽视了家庭暴力受害者在社会和环境层面的处境。

家庭结构、日常生活的社会交往圈及其所处的社会文化背景，都对受暴者的个人成长形成影响，也对她日后的受暴处境有着非常重要的作用。我们在谈阻止家庭暴力的时候，如果仅仅落脚于受暴者的个人成长，甚至认为是她个人成长不够（不够坚强、不够有本事、不够努力）造成的，这无疑是对他们的二次伤害——事实上，这就和他们自己内化的"受暴合理性"是一样的——因为自己做得不够好而受到暴力。这种单向的个人取向，反而容易造成受暴者进一步的自我谴责和能力低下。在对受暴者进行赋权和增能取向的帮助时，重要的是，首先，让受暴者摆脱"自我谴责"，同时，要相信自己有能力也有不受暴的权利。其次，从她所处的家庭和社会小环境着手处理，帮助她摆脱困境——实际上在现实案例中，很多受暴者都非常努力地想要改变现状，她们做了很多努力和自我拯救，但是因为各种原因没能改变。所以通过外力介入帮助她们摆脱那个受暴的环境、阻断暴力再次发生的外在因素就非常重要，公权力是否能很好地阻断和提供救济就很重要。再次，就是要对受暴者在社会资源配给，包括个人心理的、文化的以及社会的能力上给予提高和帮助，使她们能够脱离原来的受暴环境继续生存下去甚至活得更好——比如，给她们工作、培训、探视孩子的机会，让她们能够经济独立，等等。最后，就是要着手改变滋生暴力的环境和文化，包括惩罚，对施暴者的改变，以及对这个暴力环境的改变，这就是更加深层次的改变。所以这些都是营造一个反对家庭暴力的社会环境的重要方面，实际上在案例中我们看到，受暴者一直在自己提升自信和勇气，但是社会支持远远不够，所以最后走投无路只好以暴制暴。

误区4：受暴者不愿离开暴力关系，说明这是一个愿打一个愿挨

这个话题也可能在讨论"受暴者自己也有错"的时候便涉及，有的组员可能会说，受暴者容忍暴力，就是他们的错。带领者可以请不同意见的组员发表各自的看法。

带领者应该有的立场是，受暴者不离开暴力关系有很多理由，不离开并不意味着他们不想离开，或他们喜欢受暴，而是因为离开可能会带来更大的困难和风险，而不离开是他们的现实选择。有许多受暴者曾多次尝试离开，但是，很少有人在没有外界支持的情况下做到这一点，如果他们的人身安全没有保障，或者不能获得基本的生存和发展条件，或者不能为社会所容的话，他们就不得不放弃。不体察受暴者是如何孤立无援，而简单地责备他们没有志气是不公平的，这种责备会打击受暴者的自信，导致他们更深地陷入暴力境地。

带领者笔记

在猴年小组中，有组员提出：每个人都可以自主选择，毕竟有人做了自主选择，那些没有做自主选择的人显然要对后果负责。带领者引导组员思考：在社会性别意识规范将女性建构成"温柔顺从"的"贤妻良母"之时，女人到底有多少选项呢？处于受暴地位的女性，她是否有足够的能力走出来呢？我们不能因为少数女人，很可能是精英女性的自主性强，就责备多数处于性别文化压迫下的女性自主性不强。必须要注意到女性自主性被建构的过程，要挖掘她们的自主性，首先要对女性赋权。

有组员问：如何对受暴者赋权？带领者解释：认识到家庭暴力的真相，不再对施暴者持幻想，了解相关法律政策，制订安全计划，寻求开始新的生活的可能……事实上，我们的小组也是一个赋权的小组。在这类问题上，不仅要具体问题具体分析，而且要深入情境地进行分析。

也是在这个环节，猴年小组中一位有心理学背景的组员提出：有的受暴者可能是"强迫性重复"。她解释说：受暴者在幼年时可能承受过父亲的暴力，结婚之后便总"挤兑老公"，包括用言语刺激老公，直到老公对她施暴，她才变老实了。所以，受暴"是她自己找的"，"受暴的时候她才有安全感"。带领者请组员对此发表看法，因为支持这一看法的声音一边倒，带领者不得不及时破解：这位组员的思维有典型的精神分析取向，但从家庭暴力的传承性的特点来看，情况可能是另一回事。幼年处于暴力家庭中，学习了暴力的亲密关系模式，包括家庭中沟通、交流的模式，比如抱怨、牢骚，而不是良性的沟通。在她走入自己的婚姻之后，她必然把这些错误的交流方式也带入了婚姻中，在和老公沟通的时候使用抱怨、牢骚、指责等非良性的沟通方式。这只是她唯一了解的亲密关系模式而已，她不会别的沟通方式。绝不能因此理解为她是有意要"激怒"老公打她。老公施暴后，她承受，不再说话，这也同样是原生家庭中亲密关系模式的复制，而不是什么"受暴的时候才感到安全"。同样一个结果，用那位组员的解释，这位女性是"自己找打"，而用带领者的解释，她是原生家庭中家庭暴力的受害者，又是现在婚姻中家庭暴力的受害者。

误区5：施暴者咎由自取，不值得同情

这可能是非常有争议的一个话题，组员通常会持肯定态度。

带领者引导讨论，呈现不同观点。

带领者可以提出，施暴者既是家庭暴力的加害者，在一定意义上也可能是家庭暴力的受害者。他们对性别关系的错误看法、不良情绪和暴力行为，是文化塑造的结果，是支配性男性气质塑造的结果，其个人应该为暴力承担责任，但同时他们也需要帮助。

施暴者也是受害者,他们享受亲密关系的机会和能力丧失了。没有人娶个老婆回家就是为了打着方便的;也没有人生个孩子是为了打骂的;每个人都向往幸福快乐的生活。应该引导施暴者反思自己与伴侣的权力关系,反思暴力对自己和家人的伤害,学习如何建立亲密关系,促使他们自发地改变观念和行为,而不是简单地批判他们。

关于支配性男性气质,可以在这部分多加讨论。

链接:男性气质与家庭暴力

家庭暴力与传统的性别角色规范和性别权力关系有密切的关系。文化鼓励男性追求"阳刚"、"勇猛",并允许和怂恿他们用暴力证明自己的地位和解决问题,与此相应,文化认为女性的价值低于男性,并应当服从男性的支配。这种文化实际默许男性对女性施暴,当一个大男子主义思想强烈的男性认为妻子或女友没有忠实履行女性的屈从义务时,他就"有权"对她施行暴力。

男性暴力和男性气质之间是有相互关联的。常见的一种论述中,简单地将男性气质等同于暴力的支持因素。如有的学者提出:暴力可以被认为是创造自己性别资本(gendered capital)的一种方式。不同的暴力行为对于不同的社会背景的人来说是一种实践男性气质的合适资源,暴力行为可以表现出一些男性特征,如坚韧、敢于面对危险。有学者提出了"男性气质焦虑"的概念,指男性在面对自己的男性角色面临瓦解的时候产生的情绪。当面对男性气质焦虑的时候,当事人会组织或重新组织他的认知、行为及记忆来支持其理想男性气质。在这种焦虑中,当事人的道德推理能力和对受害者的同情心都可能被存在性恐惧所压倒,这也是其可以无自责地实施暴力的原因之一。

但不同趋势的男性气质与暴力的关系是不一样的。男性气质的学术研究早已经指出,男性气质不是僵死一块的,而是具有差异的。影响男性气质的因素可分为许多种层次,包括性倾向的、阶级的、年龄的、种族的,等等,它们共同参与了男性气质的建构。因此,男性气质是多样的,而不是单一的。

暴力是建构刚性/支配趋势男性气质的重要途径,或者说,刚性/支配趋势男性气质为暴力的实施提供支持。

任何男性气质都是具体情境中的实践过程,而非僵死的状态;都是一种变化中的趋势,而不是静止的类型。刚性/支配趋势男性气质在强调男性强者形象时,还要求男性勇敢、粗犷，凌驾于女人之上。当男人无法通过事业成功及其他方式做到这一点的时候，他实际上被父权文化贬损为"不像一个男人"了。家庭暴力本质上是为了维持"硬汉"形象的一种表现，实施家庭暴力的男人潜意识深处埋藏着对"不像一个男人"的深深恐惧，他以暴力来显示自己的强者形象，从而使女人蒙受伤害。

因为职场失意，如下岗、无法晋升、被领导训斥等，都可能带来针对自身缺少刚性/支配趋势男性气质的"男性气质焦虑"，也都可能转而向伴侣和孩子施以暴力，在施暴的过程中展示其刚性/支配趋势男性气质的一面，以解决其男性气质焦虑。但是，柔性/从属趋势的男性气质、柔性/关系均衡趋势的男性气质等，都不需要通过暴力来获得。

在同性伴侣关系中，也存在家庭暴力，这里不能用简单的"男性"控制"女性"来进行解释，但值得注意的是，同性伴侣之间也同样可能存在上述的结构性的人际权力关系，因而存在暴力。（方刚，2015：95—103）

提 示

因为不同的小组人员情况的差异，上述五个误区的讨论，需要的时间可能不一样。带领者根据自己对小组成员的了解，以及现场的互动情况，自由地把握时间，决定进退。

除以上针对家庭暴力的误区外，还有一些普遍存在于公众，甚至性别学界、反暴力界的误区。但在暴力目击者小组中，这些误区通常不存在。我们还是在此列举四个，组织者可以结合自己小组的情况，决定是否进行讨论，这样的误区如：

女性对男性施暴的情况很少，所以不需要关注男性受暴者；

所有夫妻都会经历家暴，它只是家庭中临时的小吵小闹；

家庭暴力主要发生在落后地区和没文化的人身上；

丈夫打妻子不对，但父母打孩子可以理解。

链接1：家庭暴力的特点

普遍性 家庭暴力广泛存在于所有的地区、国家、文化、种族、阶级、阶层中，在同一个国家中，无论是在城市还是在乡村，无论教育程度和社会地位高低，从事何种职业，都可能发生家庭暴力。

隐蔽性 家庭暴力发生在家庭成员之间和家庭空间内部，外界往往不容易察觉，而受暴者往往因各种原因而不愿暴露。"打是疼，骂是爱"、"家丑不可外扬"、"清官难断家务事"等传统观念和干预支持系统的不力，导致人们漠视家庭暴力问题，并使受暴者难以寻求救助，更进一步加深了家庭暴力的隐蔽性。城市的家庭暴力可能比农村更隐蔽，教育程度和社会地位越高，不等于家庭暴力现象就少，反而可能更隐蔽。

习得性 施暴并非天生本能，而是男性在社会化的过程中学会的控制他人并维持权力的行为方式，不平等的社会性别制度潜在地教化和允许男人使用暴力对待自己的伴侣，对已发生的暴力的纵容更进一步助长暴力的倾向。

链接2：家庭暴力的特殊规律

反复持续 家庭暴力往往不是一次性的，施暴者一般不会主动停止暴力，一旦暴力发生而又没有得到有效的干预，那么它就非常可能再次上演，并越来越严重。

周期循环 在配偶或伴侣之间，家庭暴力往往以周期性循环的方式持续和加重。

首先，经过关系紧张和矛盾的积累，家庭暴力由具体事件引发，此时，施暴者使用暴力控制情境，给受暴者造成身心或性的伤害。

当情境得到控制后，施暴者可能感到后悔，并通过检讨、道歉、写保证书、送礼物等口头或实际行动请求原谅。此时，受暴者一般会原谅施暴者，并反思自己的"过错"，双方言归于好，甚至找回"蜜月"般的感觉。

但是，随着时间的推移，矛盾再次出现，关系逐渐紧张，暴力将再次爆发，并进入下一个循环：愤怒积蓄、暴力发生、道歉原谅、和好平静，而周期的间隔会逐渐缩短，程度也会越来越严重。

高度容忍很多受暴者对家庭暴力表现出很强的容忍力，他们会一次次地忍受暴力，原谅施暴者，不愿离开对方，在警察面前替对方求情使其免于处罚等，这都是家庭暴力受暴者区别于其他暴力受害者的表现。究其原因，除了受害者仍对施暴者有感情或幻想之外，大多数女性受害者普遍面临不利的社会处境，包括经济地位的脆弱、对离婚妇女的偏见、子女照顾的沉重负担等，这些都导致受害者没有足够的勇气和能力摆脱暴力。

习得性无助 习得性无助是指受暴者因长期受暴而导致的无助状态。在无数次受暴之后，受暴者"认识"到自己无力阻止伴侣的暴力，而且没有人能帮助自己，甚至认为一切都是自己的错。在这种心理状态下，受害者变得越来越被动，越来越压抑，自我能动力越来越低下，也就越来越难以摆脱暴力。

但是，这并不表示受暴者就心甘情愿地生活在暴力之下，当她们实在忍无可忍时，可能会采取激烈的行动，自伤、自杀甚至企图杀死施暴者，以他们自己的方式终止暴力，即"以暴制暴"。

带领者笔记

马年小组在这个环节的讨论时，出现了一个叉头。一位组员（暂称为A）说：对于父母的施暴，我发现可以通过回击他们，即也通过施暴达到我的目的。她说："我发现愤怒的力量是无穷的，当我通过吼叫表达我的愤怒之时，他们就知道该怎么对待我了，再也不会过线了。"说这话时，这位组员脸上洋溢着得意的表情。她的话音刚落，组员间的讨论便开始了。

B："当你回击时，没有胆怯吗？我自己有时想回击，会颤抖。"

A："我也会颤抖，但只要坚定地回击了，就解决了。"

C："我事后会有一些自责和愧疚。"

A："我有时也会有，但这是管用的手段，自责和愧疚都是因为我们太心软，我们以前太体谅他们。"

C："是的，我们都太体谅父母，太体谅施暴者了，所以他们才会对我们施暴。我们还击，他们就不敢了。"

B："对的。如果我们不还击，他们就会一直欺负我们。像我妹妹，她从小就还击父母，对父母发脾气，父母便都让着她，而我从小乖，听父母话，他们就专门欺负我。"

D："弱肉强食，当我们转弱为强，他们就不敢施暴了。"

带领者觉得自己必须插话了："但是，这是以暴制暴，真的能够达到目的吗？"

A："我发现以暴制暴是最有效地阻止暴力的手段！"

带领者慢慢引导大家思考："你是否想过，通过暴力还击，得到了什么？又失去了什么？"

A："得到了安宁，他们不再欺负我了。"

带领者："那么，是否失去了和家人可能建立和谐关系的机会呢？自己内心是否也受伤呢？"

E："我们的内心也感到哀伤……"

F："对亲人关系的破坏之外，还有其他许多伤害。比如，我们传承了暴力，当我们以其人之道，还治其人之身的时候，我们学会了暴力。"

带领者："不要以为我们只会对施暴者这样做，在未来的亲密关系中，我们也一定会对别人这样做。这是一种行为模式。于是，我们也成了自己最憎恨的施暴者，我们与未来家人的关系也被改变了。这显然都不是我们愿意看到的吧。"

A："那又能怎么样？我们有什么别的办法？"

E："同样是对父母表达你的不满，有两种方式：一种是愤怒地谴责，一种是平静地告知……"

A：立即打断："我试图和他们沟通交流过，但是根本不管用！"

F："沟通与交流一定是有用的，如果失败，那就是没有找到正确的沟通和交流方式。"

A、B、C："什么是正确的沟通方式？"

带领者："我们后面的小组活动会专门学习沟通和交流。这里我只想说：有些父母看起来确实是难以沟通的，毕竟他们在自己的价值观和行为方式中生活了几十年，不是非专业人士的子女用几句话可以改变的。但是，这仍然不是我们学习暴力、传承暴力的借口。以暴制暴也侵犯了人权，即使是施暴者也有人权，也不应该被侵犯。我们不能去做自己憎恨别人做的事。以暴制暴，对方当时可能退缩了，但这只是因为他们被吓住了，不是因为真的理解自己不应该施暴了。他们过后会还击，暴力可能升级，最终可能是我们自己失去更多。"

环节四 家庭暴力对孩子的伤害

目标：认识到家庭暴力对孩子可能造成的伤害。

所需材料：白板、记号笔
建议时间：40分钟

步骤1：热身

所有人站成一圈，按摩前面一人的肩、背，再转过来，帮后面的人按摩。

步骤2：家暴对孩子的伤害

家庭暴力对孩子的伤害，可能体现为伴侣间暴力中孩子作为目击者所受到的伤害；也可能体现为父母对孩子的暴力伤害。通常，这两种暴力是相伴而行的。带领者请大家结合自己的经历，列举家庭暴力可能带给孩子的伤害，同时请一名组员写在黑板上。

无论是受到父母的暴力对待，还是目睹父母间的暴力，孩子都会受到非常严重的负面影响。历史上有个著名的医生叫阿维林纳，他对动物的生存环境做过一个实验。他把两只小羊同样喂养，其中一只放在离狼笼子很近的地方，由于经常恐惧，这只小羊逐渐消瘦，身体衰弱，不久即死了；而另一只因为放在比较安静的地方，没有狼的恐吓，它健康地生存下来了。

父母对子女的暴力仍被很多人认为是正常的、可以理解的，对针对儿童的家庭暴力的实质、危害性，社会还认识得比较模糊，也严重缺乏相应的干预措施。暴力不但严重影响儿童的健康成长，还会造成暴力的代际传承，儿童期处于高度暴力环境的人，长大后较容易成为施暴者和受暴者。

需要强调的是，家庭暴力可能造成青少年出现一些"问题行为"，但这些行为是青少年在父母暴力的环境下，用以生存和保护自己的方法。不应该因为青少年出现这些"问题行为"，而说他是"坏小孩"。问题行为并不是暴力，它通常是对施暴行为做出的反应。

另外，我们也要看到，家庭暴力中的青少年的一些问题，不一定都是家暴带来的，很多其他因素也一样会导致这些问题。所以，家暴家庭中的青少年并不是孤立的。别人可以面对，我们也一样可以面对，不必因为自己生于家庭暴力的家庭中而感到自卑，我们的命运掌握在自己手中。

链 接

家庭暴力可能对孩子造成的伤害

恐惧	仇恨	学习障碍
受到创伤	失去金钱或收入	逃学
睡眠障碍	羞辱、受伤的感受	过度追求成就
饮食障碍	羞愧	忧郁
紧张不安	自责	难以用适当的方式表达愤怒
没有安全感	想自杀	出现退化行为
语言障碍	情感淡漠	否定自己的能力和价值感
出现暴力行为	怀有恶意、想要报复	难以建立亲密关系
打父母	尖酸刻薄	缺少信任感
和其他儿童相处困难	逃家	……
自卑、低自尊	对酒精或毒品感兴趣	

带领者笔记 1

马年小组中，列举家庭暴力对青少年的影响时，组员呈现出来的内容五花八门，完全超出带领者原来准备的材料。带领者担心漏掉一两个重要的方面，便多次看团辅方案中准备的材料。这不仅影响到了带领者全情投入讨论，而且也给组员一些不好的感觉。那次小组的活动反馈中，有两个人都向带领者提意见：不要看材料。这给我们的教训是，带领者一定要充分准备，对小组活动时的材料烂熟于心，现场自由掌控，不仅是活动流程要烂熟于心，讨论中可能涉及的材料也一样要铭记心中。

猴年小组中，小组成员列举家暴对孩子可能造成的伤害时，都显得非常冷静、抽离。仿佛列举出来的伤害与自己无关，完全看不出个人的感受。小组活动后，三位带领者进行了讨论：也许应该提示大家，结合自身的经历来列举这些伤害。但过了几天再反思时，便意识到：带领者可能是将这种情况与马年小组在第一次活动时，组员的高度自我暴露，潜意识地做了对比，因此带领者自己出现了焦虑情绪。事实上，应该给组员更多时间决定何时自我暴露，以及暴露的程度。小组活动的内容已经触动了他们的心灵，带领者不必过于焦虑。

带领者笔记 2

马年小组列举家暴的伤害时，一些组员也列举出一些正面的影响，如受暴者"善解人意"、"包容、接纳"等。带领者提示：这并不能简单地说是家庭暴力的正面影响，而是受暴者对家庭暴力进行反思后成长的结果。

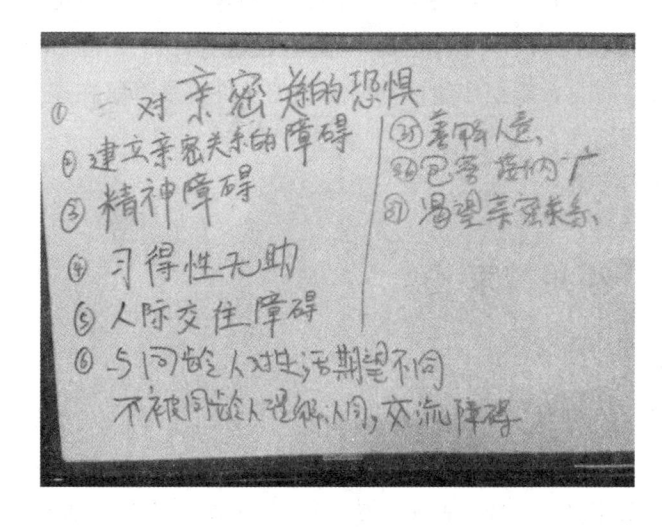

马年小组列举之一

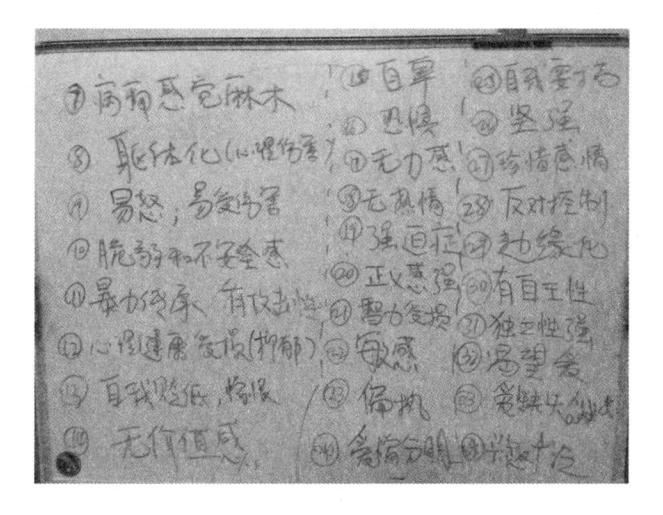

马年小组列举之二

步骤3：催眠

若小组中出现或带领者觉察到组员有强烈的情绪波动，需要在本次活动结束前对这些情绪做些处理。带领者要强调这个小组就是要帮助大家一起走出来，但因为时间关系我们没有办法解决每个人的具体问题；一些组员可能也没有准备好和大家分享、讨论个人的问题。但是不希望大家把负面的情绪带出这个房间，影响到你的正常生活。希望把小组活动时触及的负性感受都留在这里，生活里的每一天都是新的开始。

所以，我们来做一个催眠活动……

环节五　小组结束

目标：总结、梳理本次活动的收获，布置作业。

建议时间：10分钟

带领者总结本次活动的内容；每人用一句话分享本次活动的收获；布置作业。

作业

1. 今天的议题带给你的新认识：更新、丰富了哪些关于家庭暴力的知识？
2. 今天议题带给你自己的反省：对自己的家庭及经历事件的新认识。
3. 今天议题带给你的改变：你决定做什么行动或改变？如果没有，写"没有"就可以。
4. 你最喜欢今天的哪个环节，最不喜欢哪个环节，为什么？
5. 任何你想说的其他话题。

带领者笔记

在带领马年小组时，带领者每次在小组结束后都会发电子邮件给组员，帮助大家梳理当次的活动收获。下面是在第二次活动后，带领者写给组员的信：

各位好：辛苦了！

为方便大家继续延伸思考，将今天的活动内容整理给大家：

1. 我们讨论"道德"和"人权"，并以人权视角思考"拒绝与伴侣做爱"、伴侣出轨的话题，鼓励大家呈现不同的观点，并且分享讨论。我们最终认识到：家庭暴力侵犯的是人权。

2. 我们讨论：家暴是私事吗？是外人不应该涉及的隐私吗？我们的结论是：不是私事，但应该尊重受暴者的隐私和选择处理问题的方式。

3. 我们讨论：暴力行为是施暴者的"行为失控"，或施暴者"有病"吗？我们的结论是：不是，暴力是控制手段。

4. 在上述话题时，我们牵涉到应该如何"回应暴力"的问题。有人提出"应该以暴制暴吗"？有人提出"回避施暴者"（父母），也有人认为这是无奈的选择，等等。我们的结论：以暴制暴无法带来真正幸福和谐的亲密关系，以暴制暴也侵犯了施暴者的人权。我们提到可以有不同的交往方式、沟通方式，后面的小组活动会进一步分享这个。

5. 我们讨论了"多数受暴者也有错吗"？结论是否定的；我们还认为，施暴者也是应该被关注和帮助的。

6. 我们列举了青少年时代的家庭暴力会给成年后的我们留下什么影响。我们的结论：没有什么后果是只属于家庭暴力目击者的，这些问题都非常普遍，比家暴受害人这些问题更严重的问题也普遍存在于社会生活中，受暴者仍然可以去掉这些阴影，建立和谐的亲密关系。

本周大家的作业中包括：……（从略）

带领者笔记
关于兴奋

马年小组的第一次小组活动后，大家都非常兴奋，一直在邮件和 QQ 群中进行交流。但这种兴奋并不会一直保持。到了第二次活动结束之后，带领者明显能感到组员不再那么兴奋了，有人因为不再兴奋而失落，有的组员可能有焦虑的表现。

所以，带领者要在适当的时候告诉小组成员：第一次之所以很兴奋，是因为大家刚开始，包括相识的活动等。后面会逐渐进入到平缓的状态。让组员有这样的心理准备和理解是重要的，避免他们陷入因为同第一次对比而产生的失望中。失望的情绪会影响小组的正常运行。何时做这提示，需要带领者自己把握。我们的经验是，应该在第二次结束时说这个。

话多的组员

马年小组中，在第二次活动开始时，有一名组员便非常多话。带领者判断，这只是因为她对那天讨论的家庭暴力的误区有深入的思考和了解，所以不仅能够主导讨论，而且能够提出更深的问题。带领者当时需要不断拉回话题，但也意识到，她的"话多"也非常有价值，重要的是引导好。于是，带领者在小组活动后给她写信，和她解释小组活动应该把时间留给所有组员，请她理解带领者以后可能会适时打断她。

猴年小组中，有一位组员在带领者提出问题后，总是抢先回答。她是具有心理学背景的，而且显然对家暴问题有很多思考。带领者现场便笑着打断她："把发言的机会留给别人吧。"之所以现场打断，不担心影响她的情绪，是她不同于马年小组的那位组员，她是"专业性"很强的组员，完全能够理解带领者的用心。

组员话多，可能有不同的原因。比如，习惯多言、炫耀自己、控制欲，甚至紧张。通常情况，大家都不会有恶意。

有心理学背景的组员

猴年小组报名者中，超过三分之一的人都有不同程度的心理学背景：心理咨询师、心理学专业硕士研究生。这让带领者在小组开始前有些焦虑，不知道这对小组意味着什么。

小组开始后，组员的这种"专业性"对小组的影响逐步体现出来。好的方面是：组员对带领者的意图领会清楚，讨论容易进行；熟悉团体辅导活动的组员的参与，有助于许多环节进展顺利。负面的影响是：专业性可能反而带来隔离和阻抗。有的组员时不时地用自己的专业知识审视自己和小组成员，进行评价，这并不利于成员之间关系的建立和共同成长；有的组员带着传统心理学对于家庭暴力的一些不准确的看法进入小组，在讨论时可能非常强烈地坚守自己的知识体系。但从另一方面看这些并不都是坏事，带领者可以通过让他们更多参与和投入，来鼓励他们放下隔离；而小组本来就是要帮助组员成长的，不能因为要挑战的东西多而感到沮丧。带领者此时及时地与组员分享社会性别的理念，并且鼓励组员接纳不同于自己原有学科的知识，甚至在必要时挑战原有学科的知识。

附录：马年小组、猴年小组作业摘抄

组员1：

之前没有认真思考过暴力相关的知识，今天都是新知识。心中有了人权和道德的区别，对我的价值观也有触动，以后侵犯我人权的我会坚决抵制，侵犯我道德感的我会接纳。以前认为受暴者也是有过错的，因为她的默许、不反抗、不舍弃关系都是造成暴力的原因。以前有限保留以暴制暴的方式，因为发现对付极端的人，以暴制暴也可以有限使用。今天这些观念有了改变。

讨论列举环节都喜欢，不喜欢的是对性暴力过多讨论。原因是我没有受到过这方面的暴力，觉得对自己没有帮助。其实是自私啦！

（带领者评点：也许是性污名在内心的影响。）

组员2：

这次当我回忆起父母之间的战争，以及自己所受的暴力对待时，相比于上一次，我平静和淡定一些。而我也逐渐地认识到这是一种社会问题，因为涉及对最基本的人性的践踏。过去我之所以很少提起是因为太多的人为家庭暴力辩护，总有一些不清楚自身权益的人试图说服我，说那些伤害也是一种爱，每当碰上这样的论调时我会用我的辩论狠狠地把他们拍在地上，但自己也很生气、无数痛苦的回忆在脑海中翻滚煎熬。为了避免这一风险，我倾向于小心地藏起自己的心事。现在我已经不再把这些当作自己一家的事情了，而是倾向于发出我的声音。

组员3：

我以前是支持以暴制暴的，但您说的一句话对我触动很大："难道有错就可以用暴力的方式来对待他/她吗？"以后，遇到我认为应该以暴制暴的情况，我会多体谅和尊重对方，或者慢慢建立"有没有比暴力更好的办法来解决"的思维模式。

组员4：

以暴制暴只是一种无奈之下的选择，是没有学习到正确的处理方式下的一种相对幼稚的方式，更好的还是要引导大家进行有效的交流与沟通。我觉得，一定要清楚地表达自己的边界在哪里，告诉对方自己受暴后的感受，特别是对于有爱存在的家庭成员之间，首先要表达"我是爱你的，我相信你也是爱我的"这个爱的观点，然后再告诉对方自己不舒服的感受，一遍遍地告诉对方，对方是能体会到你的，这个需要过程。

组员5：

以前我总觉得我是人群中比较另类的一个，和大家交流后，我才发现我并不孤单。我很能理解他们的感受。我希望我和他们以后的生活会越来越好。

组员6：

我非常喜欢"站队"的那个环节，不同观点的人轮流发表观点，我觉得这种交流氛围棒极了。尤其是我发现，虽然乍看之下大家的观点有很大出入（也许是某些概念过于空泛或者是描述不够详细所致），但随着交流的深入，发现在深层次的认识上大家比较一致，很有共鸣。

组员7：

希望以后每次聚会主题能更核心和深入。上次小组成员引出的讨论话题很多，您要费很大劲把大家拉回主题上来。好的地方是我们对很多问题有广度的认识，有待提高的地方是希望深度上能有所延伸。但这样的结果是时间限制所致，不是老师您的失误。如果能兼顾广度和深度，就完美了。

组员8：

每个环节都是必要的学习部分，但每个环节都有不喜欢的地方，这个不喜欢不是环节本身，而是当中夹杂了太多与题无关的讨论，以至于拖延了计划好的时间和扰乱老师思路漏掉了某个重要话题，一些成员有时候感觉有些"失控"，我们是不是需要补充一些规定，限制这些无关的游离？还有，这些让人不舒服的游离，是否与家暴（传承）、目击、控制欲等有关呢？

组员9：

我印象比较深的是"家暴的本质是为了控制"。仔细回想一下，父母间发生矛盾的本质原因确实就是因为母亲的行为不符合父亲的安排，没有按照他的安排做他规定的饭，他不让母亲参加以前同学的聚会，母亲买的橘子不符合他心意，做的饭软了、硬了、咸了、淡了，母亲早晨不舒服不想吃早饭但是父亲做好了所以不吃不行，基本上都是控制欲在作祟，仿佛世界就得围着他转，做的事情都得按照他的安排。

组员10：

本次小组活动中，我对家庭暴力、人权有了深入的认识，也认识到我所经历的家庭暴力并不是特例。我从来没有仔细考虑过自己和他人的人权，习惯了被规训，也同样地规训他人，造成了我很长时间的心态失衡。而对于家庭暴力，我想我是受暴者也是施暴者，幼年承受，而后施予。我尝试跟父母改善关系，和父亲能友好相处，和母亲却不能，她拒绝交流，我也习惯了许多年来的相处方式。初次见面没有特别地说自己的事情，是想着自己的事情可能太微末而不值得讨论，但我觉得讨论是有意义的，我会尝试在以后的讨论中和大家分享。

组员11：

喜欢讨论的环节，大家就主题进行讨论，其实是一个反思的过程，直面伤痛，虽然不能做到完全打开，但就如剥洋葱一样，逐渐打开自己。

组员12：

对昨天的小组活动，我最有感触的地方是"多元化的男性气质"。

作为一个男性，从我个人来讲，虽然我很崇尚一些非常阳刚的男性特质，例如运动、格斗、勇猛无畏和绅士担当的精神等，但我有时也会选择一些传统意义上被认为有些娘娘腔的特质，比如说我喜欢香水，偶尔会关注护肤，而且我很喜欢孩子和猫。我从来都不会感到尊严上有所受损，我生活和交往圈子也并没有对我表现出排斥现象，因为这一切都是基于我自由的选择，活出了我的精彩。我觉得一个文明的社会是对多元化有更多的包容的，各种追求和崇尚不会互相迫害，在遵守共同规则和不伤害他人的前提下，每个人都能按照自己喜欢的方式生活，最好还能找到志同道合的玩伴。

我中学时代，文科班、理科班都待过，本身的特质就比较丰富。我的男性同学中也有一些自我认同为女性的人，虽然我和他们之间不是像我和其他多数男生之间的那种哥们儿义气，但我从不排斥她们。我觉得她们也蛮有意思，一样可以做朋友。

所以我对"多元化的男性气质"非常认同，男人本来就是多面的，男人也可以决定要秀哪一面。西装革履、叱咤风云的男人很潇洒，光着屁股下厨做饭的男人一样也很性感。

昨天听了很多人的故事，虽然我的成长经历和他们大不一样，我有着不错的社会归属感，但是我也因为一些男性的性别特点而受到过母亲的攻击，受到过来自年长女性的伤害，我也曾经因为自卑和缺乏交往技巧而被孤立过。所以我很清楚因为性别和性格特质而被人歧视和贬低的滋味，感同身受，我不愿这样的事情再次发生。

祝愿有越来越多的人支持白丝带运动。

第三部分
团体第二阶段：走出阴影

第 3 次　体验与联结

> **目标：**
> 1. 开始全面地直面家暴经历，认清并分享自己的情绪体验；
> 2. 联结内在资源，挖掘自身支持的力量。
>
> **内容：**
> 通过"为家暴命名"，将家暴外化；通过"大树的冥想"，寻找内在资源。

带领者引导语：

经过前两次的学习和互动，大家已经彼此熟悉了，团体的信任感逐渐建立起来了，这时可以进入到更深入的内容了。这个新开始的阶段将是面对过去的创伤并进行疗愈的重要阶段。在此特别强调的是，只有在安全的环境下，才能够慢慢地打开伤口，并进行小心翼翼地处理与转化工作。本模块的总体设计思路，是在安全的小组氛围中，在联结到每个人内在资源和力量的前提下，对过去经历所造成的伤痛进行疗愈。

环节一　团队建设

目标：暖场，建立团队凝聚力。

建议用时：20 分钟

游戏——"信任圈"

1. 大家围成一个大圈，站得相对紧凑些。一个成员站在中间，闭上双眼，双腿并立，全身可朝任何一个方向慢慢倒下，其他成员要用双手托住他。然后把他轻轻地推向其他方向，由其他方向的成员托住。圈外的成员要齐心协力、全力托住，避免圈内的组员跌倒在地，圈内的成员则可随意倒下。

2. 每个成员都站在圈内体验一次该过程。

3. 结束后，大组一起分享和讨论。

分享和讨论的话题有：（1）当你站在中间往下倒时有什么体验？（2）当你站在外面保护的时候有什么体验？（3）作为站在中间的人，你在什么情况下才愿意把自己交出去？（4）作为外围保护的人，能做些什么才能让中间的人信任我们，把自己交出去？（5）这个活动对我们小组的建设有什么启示？

提 示

由于小组此时还处于团体过渡阶段，团体的信任感和凝聚力尚在形成中，此活动为身体接触类活动，选择此活动一方面可以起到破冰和暖场的作用，另一方面也希望起到增强团队凝聚力的目的。

活动后分享和讨论环节是比较重要的，可允许成员自由表达，也可按上面提示的问题进行。带领者在讨论中要注意引导，只有齐心协力、全然关注和支持每个成员，才能共同营造出一个安全的、信任的小组氛围，也只有每个人信任团体、信任自己，有勇气开放和尝试，才能有新的收获。

带领者笔记

猴年小组在这个环节时，有几个组员一开始便表现出胆怯、不愿意参与。一位带领者就先站在中间做示范。有一个组员站在中间的时候，表现出高度的信赖，带领者问她：你不担心别人接不住你吗？她说：不担心，相信你们会接住我。带领者问表现出胆怯的组员：你担心接不住她吗？这位一直非常努力认真接其他人的组员说：我不断对自己说一定要接住！带领者说：所以，你也应该相信其他组员……

环节二　为家暴命名

目标：将家暴和个人分离，将家暴"外化"。
所需材料：白纸
建议时间：90分钟

步骤1：每个组员描述个人的家暴情况，并给自己经历的家暴起一个名字

带领者和组员分享：长期以来，家暴的阴影可能一直存在于我们内心，困扰着我们，我们很容易把这些问题内化到自己心中，成为自身的一部分，使我们反而无法客观地观察它、超越它。我们今天试着将其"外化"，即把这个问题用具体形象的物体或形象来表征，让自己与该问题适当拉开距离，进而帮我们更好地觉察它、识别它，不被其所困，找到更好的资源和能量来处理它。所谓当局者迷，旁观者清，今天邀请大家试着用第三者的更中立和全面的视角来了解家暴与我们的关系。

家暴名称力求精简生动，例如："疯狂的保姆""一堵推不倒的墙""无处不在的绑匪""不讲道理的强盗"等。想不出名字的组员可以在其他组员或带领者的启发或提示下找到一个合适的名字。

步骤2：思考和"家暴名字"之间的关系

让组员思考自己和"家暴名字"之间的关系，例如：一个组员给自己的家暴起的名字是"疯狂的保姆"，那就需要他去想一想他自己和"疯狂的保姆"之间的关系是什么。主要从两个方面进行思考：一是"×××"（家暴名称）对于自己的影响有哪些，例如，无助、容易动怒、没有界限感等；二是自己对于"×××"的应对措施有哪些，例如，无助的时候找朋友不再感到无助；生气的时候暂时离开，不再生气；我坚守了自己的界限，让"×××"没有影响到我等。

步骤3：写出关系

将白纸从中间画条线，一边的标题写上："×××"对我的影响，另一边的标题写上：我对"×××"的影响。并在标题下面按序号分别列出影响。

步骤4：分享

请组员逐一分享：自己给家暴起的名称，家暴对自己的影响以及自己对家暴的影响。

带领者提示组员，分享的时候，尽可能用比较客观的第三方的视角来观察和描述我和家暴的相互关系与影响。结束时，组员可分享自己做这个活动的感受和收获，也可对其他组员的发言进行回馈。

> **提示**
>
> 法国社会学家涂尔干首先提出"内化"这个概念，它指人通过认知将外部事物转化为内部思维的过程，其主要含义是指社会意识向个人意识的转化。在叙事心理治疗的语言下是指个人按照文化中的支配故事框架建构和诠释自己的生活的过程，也就是充满问题的自我叙事形成的过程。内化的家暴叙事将家庭暴力作为自我叙事的主体进行叙述，在这种叙述中家暴是不可言说的，经历家暴者不能够分化父母家暴和自己的关系。"外化"在叙事治疗中是指将人和问题相分离，问题独立于人而存在，因此变得可以言说。外化的家暴叙事将家暴与自我叙事相分离，在这种叙事中，经历家暴者分化了父母之间的家庭暴力，使家暴变得可以言说。家暴不再成为经历家暴者的生活中心，而是在人和家暴之间产生了空间，通过这种叙事扩展了关于家暴的叙事空间，从而使得"家暴"可以解构和重构。在外化的过程中，当事人更易将自己从当时的情境和情绪中抽离出来，得以更加理性全面地看待具体的"家暴"情节。
>
> 以上提示为内化这一概念和技术的理论渊源，在实际带组时带领者可用步骤1的说明带领即可，强调对家暴进行外化，可使家暴和自己有一定的分离，更清晰地看到家暴对自己的影响，以及自己可以对家暴做些什么，增加对家暴的控制感。

根据第一个小组的经验，此次活动的时候一些组员已经急于表述自己的经历和情绪。经历了前面几次活动时的包扎式处理，这时也应该有所放开涉及了。即这个时候应该让大家情绪有所宣泄。所以本次活动安排出较多时间，围绕着个人经历进行表述。开放式的交流是非常重要的。经常有团体成员提到：表达并分享各种观点，是参加团体最大的收获。

团体中，需要注意利用团体资源处理成员的情绪，而不是仅仅靠带领者。应该促进成员接纳性分享，支持性回应，包括基于建议和自我分享等。在开放式交流中，共同的体验会呈现出来，而这对成员有很大帮助。这会让成员产生归属感，而这种归属感是过渡阶段稳定团体非常需要的。组员经常有机会听到和自己相似的担忧，这是一种"替代学习"的方式。

在开放式的交流中，组员相互给予意见，这便仿佛在真实情境中尝试新技巧和行为之前，可以先在一个支持性的环境中练习，这将极大提升组员在生活中实践的能力。在开放式交流中得到团体中多数成员的反馈，而团体对一个人的反馈，要比一个人对一个人的反馈，来得更有影响。

当然，开放式讨论这个环节非常考验带领者。带领者需要敏锐、及时地对组员的陈述做出反应，给予适当的引导。

带领者还要把控谈话的主题与节奏，重要的是要牢记：分享和开放是团体的目标之一，如果带领者或任何成员控制了团体，那么这个目标便无法实现。

目击者小组的组员会有不少压抑的东西，一个较为共同的地方是：缺少社会支持，只能自己承受，压抑的就更多了。这些东西需要先有一个包容、抱持的出口，所以如让这些出来，自由地出来，引导团体接纳和普遍性分享，成员可能会更有力量往下走。

如果给予较多的时间和机会让那些被压抑的感受释放出来，本身便是一个处理，会有缓下来的效果，同时给予保证和希望："照顾好自己，会更有力量，我们团体的目标就是去面对和改变，我们能做到。"不过，关键在成员情绪的倾诉和支持性反馈。人们在谈论重要的事情时，不容易感到舒服。我们需要忍受冒险时的焦虑和不舒服，只有通过冒险，团队才能形成安全的氛围。

带领者笔记 1

猴年小组中，组员给家暴起的名字有"狂犬疫苗""发疯的魔鬼""绝望的女孩""恐怖的怪兽""脆弱的家长""无望的黑夜""疯狂的鼓槌"等。通过这些命名可以看到，家暴给个体带来的负面影响，因为这些命名使用的词语都是负面的，而且带有很强的情绪色彩。组员的命名可以大致分为两类，一类是聚焦在施暴者一方，感觉施暴者像发疯的魔鬼、恐怖的怪兽，甚至比喻成像患了狂犬病一样疯狂，既表现出了家暴行为的暴虐性和疯狂性，同时也投射出对施暴者的强烈愤怒。另一类命名则更聚焦在受暴者一方，长期处于家暴情形下又无法摆脱时的那份绝望、无奈，比如"无望的黑夜""绝望的女孩"等。这个外化活动让我们清晰地看到家暴对个体造成的负面影响有多大和多深。

"绝望的女孩"故事中，离异的父亲与女儿一起生活，只要女儿让他不满意，他就会离家出走，留下十几岁的女儿自己体验着绝望，觉得是自己做错了什么。带领者表示理解女孩子的感受，但也提示：现在已是成年人了，可以认识到自己当时没有做错什么了。

由于这个活动是邀请组员在小组内第一次比较详细地袒露自己经历的家暴情形及对自身的影响，这些分享对于深化小组主题，促进小组信任氛围具有十分重要的意义。因此，带领者需要针对每一位组员的开放和勇气给予及时的肯定和反馈。同时也要注意多运用带领团体的"联结技术"，在总结时可以让大家看到这些命名在某些方面反映一些相似的体验，比如疯狂、不可理喻等，从而很好地激发出团体咨询中"相似性"这一疗效因子。

在分享应对措施时，有组员提到"选择学习心理学""来参加小组""更加努力学习"等。带领者可回馈大家：能在如此恶劣的家庭环境下存活下来，实属不易，大家都有很顽强的生命力，也在积极寻找和应用适合自身的应对方法。目前听到的应对方法运用比较多的是躲避、自责，积极的如寻求支持、学习积极地应对则有待大家进一步的学习和拓展。

带领者笔记 2

当一个小组成员开始分享个人经历后，非常重要的是，带领者要保证小组给予这个组员足够多的回应，千万不要转到别的话题上。猴年小组中，在一位组员讲完自己少年的经历时，另一位组员便急于介绍"别人的一段经历"，被带领者打断了。

因为，如果前面的组员得不到足够的回应与支持，会感到被无视，甚至会受到伤害。只有给她足够多的回应，她才会感到被帮助，也有助于别人回应。

带领者笔记3

猴年小组分享时，有一个组员强调了自己一想到家庭暴力，便会有恐惧感。她的情绪表现很激烈。带领者问：谁还有这样的恐惧感？多数组员都举手，带领者自己也举手。

带领者让那位组员看大家：很多人都和你一样有恐惧感，和你一样感到孤独。

那么，有恐惧，怎么消除？

有组员建议：能够讲出来，这就是一个意识化的过程，是整理和表达。这本身就是疗救的过程。

带领者笔记4

马年小组的一次活动中，出现过组员讲完自己的困扰之后，其他组员急于给建议的情况。带领者应该做的是：鼓励大家先讲自己听到这些困扰后的感受，不要急于讲建议，更不要急于评价。如果小组中有成员急于要建议，带领者比较好的处理方式，也不一定是简单的阻止，而是可以通过提问"哎，我想问问你，你为什么好像很快要给他建议呢？"——这里就可以一并帮助建议者认识到自己提建议背后的潜意识和需要解决的问题，也许是一个共情的经验，也许是一份支持，也许是一次自我探索……

常见的错误是在参与者有机会充分体验冲突或者某些痛苦感受之前，就给他们支持。当人们正面临一次危机，正在冒险探索令人恐惧的领域，尝试建设性的改变却没有把握，以及正在努力摆脱旧的、有局限性的模式时，支持是恰当的。

> **提 示**
>
> 这一阶段小组活动的重点在于家暴对个人的影响与转化，因此每次小组活动内在都具有很强的连贯性。为了不打断小组内的情绪和动力连贯性，该阶段（包括后面几次）的小组活动在休息后无须刻意增加热身活动。当然，带领者可以根据组员的状态自行调整。

环节三 联结内在资源、关爱受伤空间

目标：识别内在资源空间（内在父母），去除对受伤的内在空间（内在小孩）的认同；

联结自身的内在资源去关爱自己内在受伤的部分，给予自己支持和关爱。

建议时间：60 分钟

活动：大树的冥想

1. 带领者告诉组员：我们现在要做一个想象练习。我们每个人的内心都存在力量、信心和关爱的部分，也有无力、受伤、脆弱的部分。我们把每个人内心中感觉有力量、有资源、有关爱和有信心的部分称为内在资源空间，而把内心中感觉到受伤的、委屈的、无力的或无助的部分称为内在受伤空间。为了更形象地表征，我们把内在资源空间比喻为内在父母，而把内在受伤空间比喻为内在小孩。这里特别强调一点是，此处所指的内在父母并不是我们内化在我们心中的真实父母，而指的就是我们内心中有爱的、有资源的部分。因为当说到父母或孩子的时候，大家比较容易能想象拥抱的场景，这样在做内心中自我悦纳的工作时就比较容易在想象练习中实现。对于我们小组来说，内在小孩更多指在家暴经历影响下的负面感受与反应。做此练习的用意，是让大家感受一下，我们都可以用自己的内在父母去关爱、支持自己的内在小孩。

2. 带领者按以下引导语带领组员做想象练习。结束后大家一起分享与交流，自己做这个想象练习的体验和感受。

舒适地坐好、坐直，放平双臂和双腿，不要交叉……闭上眼睛……

把注意力集中在你的呼吸上……只是呼吸……完全与你的身体同在……让你的想法走开……

舒适地呼吸，感觉空气从你鼻孔流入你的肺部……吸入，吐出……让呼吸加深……

在你放松并进入到你内在舒适安全的空间时，感觉你身体的节奏在变慢……

现在，你看到大自然中一个美丽安宁的地方……

绿意葱茏，阳光明媚，有很多树……很大很漂亮的树……

你选择其中一棵树，一棵美丽粗壮的树，有着干净的可以让你靠近的树干……（你可以看到这样一棵树吗）

你可以走近，抚摸这棵树，感觉它的力量……花些时间感觉这棵树的充满力量的存在……（你可以感觉到吗）

现在，你转过身，背靠在这棵树上……

呼吸，感觉与这棵树的联结……

你感觉后背几乎与树干融为一体……你就像是在树里，与树合二为一……

坚实地扎根于大地，温暖、有力、关爱的存在……

你处在安全的空间，完全的可靠放心……

在你呼吸时，你可以感觉到树根在往大地深处蔓延……吸气时，你感觉到大地的能量进入你的身体，给你注入生命活力……吐气时，你把能量发送回大地……（10秒钟）

你也可以感觉到树枝、枝叶繁茂，伸向天空……

吸入太阳的光芒……

吸气时，你可以感觉到光亮照射下来，进入你的整个身心……

保持与天空和大地相联结的呼吸……（10秒钟）

呼吸，感受，打开这个力量，内化这个存在……

你是这个存在，

你在安宁和谐中，

与大地联结，与天空联结，

你是知道"一切都很美好"的存在……

不论你的身体感觉到怎样的不舒服，不论你的头脑中出现怎样的想法，让它们在那里……你在这个存在中，坚实地扎根于你的内心力量与信心中……知道"一切都很美好"……

现在，你保持在这个存在中，

你看到在你面前，有个和你小时一样的小孩形象……那是你自己的内在小孩……背负着所有伤心痛苦的那一部分……

注意看看他是什么样子……是开心……还是不开心……

也许在你的身体里、胃里，你可以感觉到他的情绪，

他携带着你过去所有的记忆……

也许他总是得不到需要的关注……

不论你现在感觉到什么，都属于这个孩子……你的孩子……

他需要你的关心照顾……他需要你的爱，你在场，而你在那里……

叫你心爱的孩子进入到你的怀抱……

拥抱他，把他贴在你的心上……

告诉你的孩子，你可以感觉到他的感觉，

不论他经历什么，你都和他在一起……

你可以吸入这些感受，不论是怎样的感受，

这些只是能量……你可以吸入并进行转化……

把所有的感受吸入到内心……

告诉你的内在小孩，你在那里……

告诉他你会一直在那里……

只要感觉到痛苦、害怕、缺少爱……

只要他感觉到伤痛，你就会在那里和他一起感受……

并吸入到内心……（10秒钟）

花些时间让你的内在小孩进入到你的快乐信心中……

用笑声和舞蹈庆祝这个相聚……（10—15秒钟）

当你准备好……深呼吸几次，

吸入在你周围散发的阳光，呼出到你整个的存在……

疗愈……信任……平和……关爱……（10秒钟）

按照你自己的节奏，准备回到这里，精神振作，充满信心……

（米杉，2013a：333—336）

提示

这是一个对大多数人都适用的练习，使用前一般要对内在父母和内在小孩概念予以适当的介绍。内在资源空间（内在父母）和内在受伤空间（内在小孩）是比利时心理治疗师米杉在其创立的本性治疗这一心理治疗流派中所使用的核心术语，成为我们设计家暴团体活动的一个重要理论概念和基础。本单元及后面多个单元都设计了相关活动，让组员能有意识地识别这两种不同的内心空间或状态，并尽量能稳定在内在父母状态，这也是我们家暴团体辅导的目标所在。

本活动是一个内在的积极想象练习，有些组员可能没有做过类似的练习，有可能会打瞌睡或睡着，这时要提醒大家眼睛可以微闭，身体坐直，尽量保持清醒状态。另外建议不要放在午后做，避免出现个别组员睡着的情况。带领者可以将这个练习制成录音文件，发给组员，回去反复听。经常做此练习，可以帮助我们更好地进行内在疗愈工作。

带领者笔记1

猴年小组中，带领者分享：本次练习我们用大树来代表你的内在父母，当你体会到树的生命力时，就是你与自己内在的生命力相联结的时刻。在你小时候经历家庭暴力的冲击时，也许那时最大的愿望是有人能保护自己、支持自己，但很多情况下这个需求是无法得到满足的。现在你已经长大，面对你内心那个受伤的孩子，你可以温柔地陪伴他，给他关爱和支持，可以自己疗愈自己，这其实是在做很重要的心理重建和转化工作，非常了不起。

有组员提出："我感到自己一个人在草坪上，背靠树坐着，但我却无法感受到自己是那棵树，我无法进入它，这很难……"带领者回应说：是的，也许还不太习惯这样一种练习方式，需要慢慢练习才能找到感觉。你也可以想一个让你更有关爱的人或场景，比如我就经常想象初升的太阳冉冉升起的感觉，那就很容易让我进入平和、宁静的状态里。枝繁叶茂的大树是生命力的充分体现，自己有时也会去抱一抱大树，感受一下大树传给我的力量。你可以找到更适合自己的表征和方式。重要的是，要学会识别自己的这两个空间。一个空间有无尽的资源，一个空间是受伤。要用自己关爱的部分去拥抱接纳受伤的部分，只有两者相遇，才会有最有效的疗愈。像前面进行的"外化"活动中，大家那些对家暴的积极应对，便是内在父母所做的反应，不放弃，寻找并学习建设性的方式来应对。

带领者笔记 2

在猴年小组中，一位组员分享：当说到树时，我便想到去祖母家，她家门口有一棵很茂盛的树。祖母虽然已经去世了，但想到祖母仍会觉得很温暖。我那时想对父母说：不管发生过什么，我还是爱你们的。带领者在分享时提示：祖母的爱就是你内在资源空间（内在父母）的化身，她虽然去世了，但她给你带来的关爱和支持仍然在祝福你，给你力量。

一位组员说：想到了小时候父亲骑车带着我，特别美好的画面。带领者提醒说，你想到的父亲关爱和温暖的那部分品质，这就是你内在父母的表征。特别提醒注意的是，此处的内在父母并不是心中父母的形象，也许当你想起自己真实的父母时，你并不会有温暖和关爱的感受，相反确实有不舒服的感受，这是很有可能的。任何联结到温暖、关爱、有力量、信息的时候，就是你处于自身的内在父母状态的时候，也许父母的某些时刻或某些品质也会让你联结到内在父母，但不是等同的。很有爱的朋友或伴侣，美好的大自然景色、美妙的音乐等都可以成为内在父母的具体体现。

一位组员提到自己对日本作家村上春树作为一名跑步者的喜爱，觉得他很了不起，带给自己很大的力量。带领者回应，运动也是很容易让我们进入内在父母状态的一种方法。一般来说，每周运动三次，每次至少 30 分钟的持续运动可以分泌多巴胺，让人产生幸福感。

环节四　小组结束

建议时间：10 分钟

小组结束前，带领者请每人说一句话，分享今天在小组中的感受。这既是为了个人的梳理，也是为了小组成员的集体感。如果有时间，还可以进行 4F 的活动，或者将之作为作业的一部分。

小组活动结束前一句话的感受分享，是每次小组活动结束时要有的一个仪式。

作业

1. 本周活动，你的个人体验、感悟与收获是什么？
2. 你对带领者及练习活动有什么反馈与建议？
3. 找时间去抱一棵大树或者听大树的想象录音，体会全身心处于内在父母的感受和状态。

附录：猴年小组作业摘抄

我觉得这次活动收获对我来讲是有里程碑意义的。之前也做过类似的成长小组，但是代入感从来没有那么强。丁老师本身的声音便很让人放松，那棵树的比喻也是连接了小时候的那棵对我来讲意义非凡的树，那几乎是我最为美好、快乐的童年时光的缩影。具体来讲，首先我自己开始深入地和过去的自己对话，感受当时还是个小女孩时的害怕、恐惧、怕被抛弃感，那种没有安全感和缺乏被保护、被理解、被呵护的感觉；我也开始慢慢暗示自己我已经不再是那么一个无助的、没有能力的小女孩。我已经成长为一棵可以吸收阳光和雨露，散发芬芳和力量的小树了。我相信自己开始和过去的自己和解，可以不再那么耿耿于怀。我可以看到那个一直在深夜街道上徘徊寻找妈妈和姐姐却找不到，而一直不愿意对我回头的小姑娘，终于对我回过头来冲我笑，只是因为那句"抱抱那个曾经的自己"。我也看到了那个在大树下抬头仰望树和蓝天却带有那个年龄的懵懂和疑惑的小女孩，当我和她告别时，她回过头来看我，带着一点倔强和不知从何而来的坚强。我多想蹲下身来抱抱她，告诉她，她很棒。我对她那么不舍而又充满着怜惜，她只是一个四五岁的小女孩，是一个晚上怕黑到睡不着只能跑到客厅里听钟表"滴答滴答"的声音入睡的小女孩。可我也从她身上看到了力量。我特别深刻地感觉到在这个冥想的过程中的每句话都特别深深地打动我，好像说出了甚至升华了我的心声，又在一定的时候给了我很大的力量和鼓励。我也特别感谢李老师的那句"感动"以及在我谈论这个话题时她默默地流泪。我相信，在某一时刻我们是相通的。就像我一直觉得我的姥姥离开了我，其实在很多时候我还是可以感受到她一直在我身边，在我最孤独无助的时候给我启迪和力量。那种血脉相通相连的感觉是难以向外人道的。

第 4 次　觉察与疗愈

> **目标：**
>   进一步深入觉察自身的力量，开始自我疗愈。
> **内容：**
>   通过身体雕塑的形式，进行内在父母与内在小孩的觉察练习，并在此基础上通过绘画表达情绪和寻找解决之道，逐渐开始自我疗愈的过程。

环节一　内在父母与内在小孩的觉察练习

目标：联结自身因家暴经历而受到影响的部分，看到自己受伤的部分；联结个人最有力量、最自信的部分，看到自己的力量。

建议时间：50分钟

步骤1：热身——模仿秀

大家围成一圈，每人做一个动作，越有创意越好，大家跟着模仿三遍。

> **提 示**
>
> 该热身活动属于身体类的活动，需要组员能够放开自己，而小组进行到此，可以期望组员间相互的熟悉度有所加深，并且这样的肢体暖身和组员互动，可以为下一个身体雕塑活动做铺垫和准备。

步骤2：雕塑博物馆

第一步：围成一圈，1，2，1，2……报数，喊1的站到内圈，喊2的站到外圈，两两配对。

第二步：塑造内在受伤部分（内在小孩）。

1号组员先做雕塑家，2号组员为黏土，大家一起来完成一个作品。

> **提 示**
>
> 本活动采用身体雕塑的形式让家暴目击者把自己受到伤害的部分即内在受伤小孩部分呈现出来，帮助组员对这个部分有更多的体验和觉察。活动中会让一个组员来呈现另一个组员内在受伤的部分，主要用意在于在一定程度上让组员与其受伤的部分拉开一定的距离，不把自己完全认同为受伤的内在小孩。
>
> 当个体受到威胁的时候，一般会有三种常见的反应：逃跑、攻击和僵住。一般来说，受伤内在小孩的身体雕塑多呈现出防御的姿势，因为害怕，要保护自己，就想躲起来或藏起来，如抱头、低头、两臂交叉、缩成一团，把头埋在膝盖里等，体验较多的是恐惧和害怕。有些组员可能雕塑的内在受伤部分是两手叉腰、很生气的姿态，这反映的是其战斗与攻击的反应模式。
>
> 创作并参观内在小孩雕塑的过程，其实是一个让组员对自己内心因为家暴而受伤的部分有联结和觉察的过程，尤其是在参观其他组员雕塑的过程中，他们也可能看到"不是我一个人遭受家庭暴力，恐惧、愤怒也不是我一个人独有的体验"，从而体会到团体辅导中相似性与普遍性的疗愈作用。

1号组员可以回想一下当自己目睹或经受家庭暴力时，惯有的内心感受、应对反应，用一个身体雕塑来表达。2号组员此时为黏土，不说话，听从1号组员的安排，完成表情、姿态的创作，保持该姿态，体会作为该雕塑的感受。

雕塑完成后，1号组员集中到内圈，然后一起参观这个雕塑博物馆。每位创作者介绍自己的雕塑作品，为什么要这样雕塑，想要表达什么样的感受和心情。同时也可邀请2号组员反馈一直保持该姿态的内心体验。

此后，1号组员、2号组员调换，2号组员为雕塑家，1号组员为黏土，2号组员完成自己在暴力情景下的受伤的内在小孩的创作，重复上述过程。

第三步：塑造有力量的自我（内在父母）。

1号组员做雕塑家，2号组员为黏土，1号组员找到自己最有力量、关爱和自信的状态，用一个身体雕塑来表达。2号组员不说话，听从1号组员的安排，完成表情、姿态的创作，保持该姿态，体会作为该雕塑的感受。

> **提　示**
>
> 一个人内心中充满力量和关爱的部分，我们称之为内在有资源的空间，此处把它形象地比喻为内在父母，与内在小孩相呼应。这里需要注意的是，书中所说的内在父母并不是我们内化的真实的父母印象或特点，而是充满关爱的接纳自身、感觉安全有力、富有信心的积极状态或体验。每个人都不同程度地体验并处于内在父母状态，但存在很大的个体差异。
>
> 本活动环节不是在雕塑完组员受伤的部分就结束了，如果在此停下来，虽然让组员看到了自己内在受伤的部分，但有可能会让组员体会到无助、无力的感受。因此，我们还设计了让组员对自己有信心、有力量的部分进行雕塑的环节。设计这个环节的主要目的在于让组员看到受伤只是自己的一部分，同时自己还拥有"有力量"和"有信心"的部分，这才是真正的自我。这也是组员希望达成的自信有力量的状态，其实这个状态一直就在个人的内心，我们要探索如何能够与它更好地联结上，稳定在这个状态上面。

雕塑完成后，1号组员集中到内圈，然后一起参观这个雕塑博物馆，每位创作者介绍自己的雕塑作品，为什么要这样雕塑，想要表达什么样的感受和心情。

同时也可邀请2号反馈自己一直保持该姿态的内心体验。

然后，1号组员、2号组员调换，2号组员为雕塑家，1号组员为黏土，2号组员完成自己最有力量、关爱和自信状态的身体雕塑创作，重复上述过程。

带领者提示组员：观察他人的雕塑，是一个学习的过程。看别人的内在有力量的状态是什么样子的，我们是否可以做到。

第四步：组员们回到座位，一起分享在此过程中自己的体验、感悟和学习。

提 示

组员一起讨论与分享时，注意引导组员看到受伤的内在空间只是自己的一部分，不是真正的自我，要与受伤的这个部分逐渐去除认同。大家真正渴望成为的是充满自信、关爱和有力量的那个样子，它就在每个人的内心，我们需要更多、更有意识地与其联结。

带领者笔记1

这里介绍一些猴年小组做这个环节时完成的一些"雕塑"，供本书使用者参考。

内在小孩：

组员1：双手托腮，微笑，作可爱状。

雕塑家的解读：可爱就不会被打了。

雕塑的反馈：在讨好，内心感觉好累。

组员2：蹲在地上。

雕塑家的解读：自己小时候父母经常在夜里吵架，以为自己睡着了，其实自己醒着。想听，不敢让他们发现，就这样蹲在门口，听从门缝传来的声音，一动不敢动，一个姿势有时保持两三个小时。

雕塑的反馈：感觉很弱、很累。

组员3：蹲在地上。

雕塑家的解读：受伤，心太痛，没有力量站起来。

雕塑的反馈：无力，无法改变一切。

组员4：双手抓头，瞪大双眼，张嘴吼叫的样子。

雕塑家的解读：抓狂，愤怒，想回击。

雕塑的反馈：想同样有力地回击，不知道对不对，但想保护自己。

内在父母：

组员5：将顶灯视为太阳，仰面迎接阳光，张开双臂，非常陶醉的样子。

雕塑家的解读：享受阳光。

雕塑的反馈：享受。

组员6：探身去拥抱的样子。

雕塑家的解读：内在父母去拥抱孩子，永远无条件地支持内在小孩。

雕塑的反馈：内在小孩也要拥入内在父母的怀抱，不是内在父母自己伸出双手就可以。

组员7：张开双臂，微笑，直立，作圣母状。

雕塑家的解读：内在父母站在那里就可以了，什么也不用做，就是力量。

雕塑的反馈：感觉自己很柔美，很有包容感。

带领者笔记2

在猴年小组中，有学员说：表达内在小孩时，"紧缩"的力量有多大，在表现内在父母时，伸展的力量就有多大。带领者回应说：是的，负性的能量可以转化为正性的能量，我们每个人都可以找到自己内在的力量，绽放自己的生活之花。

在猴年小组中，有组员注意到，男性雕塑内在父母时，表现出的是力量，如一位男性将自己的内在父母雕塑成自信、直立、大胆前行的样子；女性雕塑内在父母时，表现出的是包容与爱，如一位女性将自己的内在父母雕塑成圣母玛丽亚的样子，张开双臂拥抱他人。组员们分享：阳刚是一种力量，阴柔也是一种力量，包容、温柔都是力量。

环节二　解决之道

目标： 体验并通过绘画表达家暴经历给自己带来的情绪困扰，针对该困扰，探寻自我潜意识提供的解决思路。

所需材料： 油画棒、不同颜色的A4纸

建议时间： 110分钟

步骤1：引导组员进入冥想——家暴带给你的情绪困扰

请组员找一个舒服的姿势坐好，闭上眼睛，深呼吸，让自己的身心安定下来。然后请大家回想自己所目睹或经历的家暴情景，感受一下这段经历给你造成的冲击以及带来的不良影响是什么？害怕、担心、不安全……感受与体会这些情绪和影响。

想一想：这段经历给你带来的情绪困扰，如果用一个画面、意象或情景来表征的话，看看它是什么？你不需要太多的思考，可以等待这个图像慢慢地浮现在你的面前，抽象的或者具象的都可以。

> **提 示**
>
> 带领者在此步骤时要特别注意引导，可留出3—5分钟，让组员有充分的时间去回想和感受，确保组员回想并进入感受后再开始画画。

步骤2：绘画

请组员睁开眼睛，每人拿一张彩纸和一盒油画棒，在纸上画出家暴对自己造成的主要情绪困扰。画完后，给自己的这幅画起一个名字，写在画的背面。

> **提 示**
>
> 由于本活动主要是运用绘画这一活动载体，可能有些组员会说自己不会画画、画得不好等。所以在画画开始前，带领者需要澄清一下：不管画得好与坏，都没有关系，我们只是通过画画来表达自己，所以无所谓好与坏，我们也不会对你的画技做任何评价，请大家放心、大胆画即可。这样才能让组员更自信、自在地拿起画笔，表达自我。

步骤3：再次冥想——如何转化情绪困扰

请组员再次闭上眼睛，体会家暴给自己造成的困惑；然后针对如何转化家暴给自己带来的情绪困扰，看潜意识会给自己什么样的指引，请大家静静感受潜意识的智慧。

步骤4：解决之道

组员睁开眼睛，每人选一张彩纸和油画棒，以解决之道为主题再画一幅画。画完后可以给第二幅画再取一个名字。

这阶段带领者可以引导：每个人内在都拥有丰富的资源，有无尽的智慧，我们的潜意识会知道什么是最适合自己的解决之道，答案就在我们心中，方法也在我们手中。请让自己的心静下来，看看会有什么样的画面呈现在你的脑海中。如果你已经看到，就画出来。如果还没有出现，也没关系，可以等一等，也可以拿起画笔随意涂画，慢慢就会画出来。

> **提　示**
>
> 如果有组员先画完，其他组员还没有画完，带领者可以提示说：请先画完的组员仔细地端详一下自己的画作，看有什么感受和发现。每个组员都画完后，就可以一起分享和讨论了。

步骤5：分享

大家一起来分享画作。先轮流分享第一幅画，也就是家暴给自己带来的最大困扰。每个人把自己的画展示给大家，然后解读自己的画，画的是什么？想表达什么样的情绪和感受？自己画完后有什么觉察？其他组员听完后有什么感受和体验想反馈给分享者的？

然后分享第二幅画，自己画的是什么？想到了什么样的转化方法？其他组员又有什么样的启示和思考？

最后可进行自由分享与交流。

> **提示**
>
> 绘画属于艺术性表达治疗的一种典型形式，是潜意识的自由表达。通过绘画去表达家暴经历给自己带来的情绪困扰，可以让该困扰自由地宣泄与表达出来，具有一定的疗愈作用。
>
> 根据人本主义疗法，我们相信每个人都有解决自己问题的资源和潜能。由于家暴经历给每个人带来的影响是不一样的，所以每个人需要自己探索自己的困惑，找到更适合自己的解决方案。本环节设计的"解决之道"绘画，用意就是让组员找到潜意识所提供给自己的方法。
>
> 在每个组员进行画作分享时，提醒组员多分享与反馈自己的感受与体验以及自己的观察，不要停留在画作的理性分析上面。注意画作所传递的情绪感受，尤其是在第二幅画的反馈中，注意引导组员看到积极的要素，比如颜色、线条、寓意等。一般来说，由于一幅画是表达情绪困扰，另一幅画是表达解决之道，两幅画之间会有内在联系。
>
> 带领者还要意识到：在很多小组活动涉及潜意识的环节中，组员表现出强烈情绪的可能性很大，比如一边画一边哭；或者在分享中，随着带领者的提问，组员哭泣、压抑、愤怒，甚至相互指责等。虽然在马年小组和猴年小组中都没有出现这种情况，但是，带领者仍然应该做好准备。

带领者笔记1

与上一次小组的"为家暴命名"活动一样，在这个活动中，也要注意到小组每个组员对自己的家暴经历的接受和疗愈的进度是不一样的。在猴年小组中，就出现了有组员在绘画家暴带来的影响之画时自然地也画出了"解决之道"。碰到这种情况时，带领者不要觉得组员没有遵照活动进程，一方面要注意到这可能是因为组员在参加小组前已进行了不少自我疗愈的积极方式，另一方面也要注意到这也是组员的潜意识里的智慧。

在猴年小组中，组员 A 的"解决之道"画的是一只幼小的手，抓着三条线中的一条。他解释：那三条线是铁栅栏。他说：我一直在努力拉开这栅栏，但是拉不开；自己一直很用力，很累，但一直在坚持着。这位组员一直在为自己的问题进行个体咨询，已经一年多了，他对解决自己问题的意念很执着。小组讨论时，有组员鼓励他：从另一个角度来看，坚持要解决自己的问题，总有一天会解决的……也有组员说：也许你可以放开，不要过于执着，"放下"与"放弃"是不一样的；也许一旦放开，栅栏就会垮掉……带领者引导说，不同的人有不同的解读，这可以帮我们发现更多的视角和可能性。

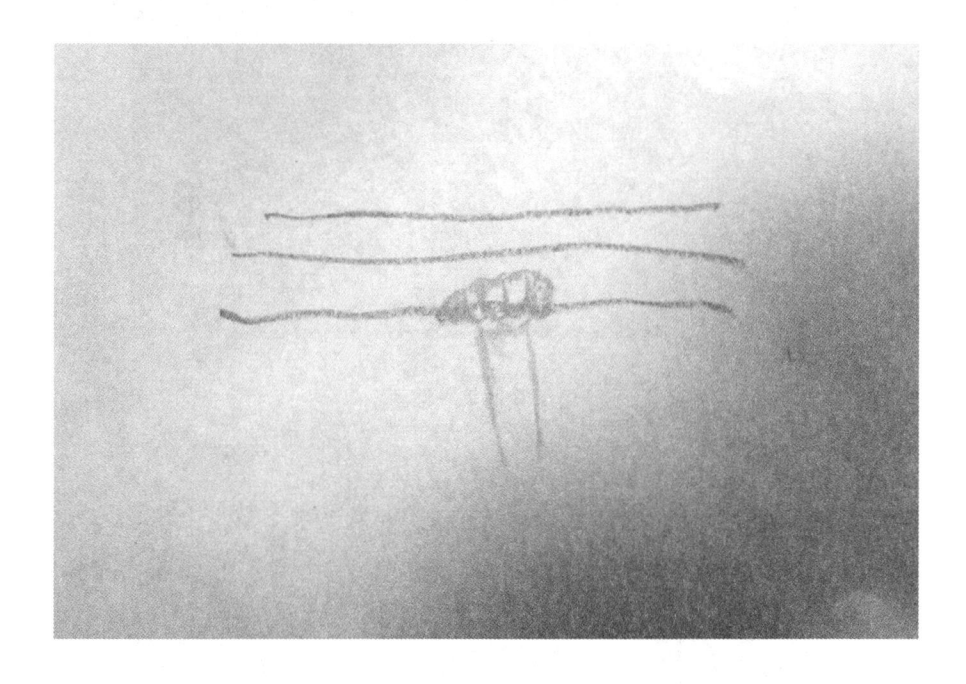

组员 A 的画

猴年小组中，组员 B 在第一幅画中，描绘的是漆黑的夜晚，她独自坐在漆黑的大海边，一个人，很孤单。但是，海中仍然有一个灯塔，她说那是绝望中的希望，总会有信念引导自己坚持着。而在"解决之道"的画中，她画的是灿烂的阳光下，一棵大树旁，一对情侣在草地上开心、幸福的样子，旁边还有一条小狗。这位组员说，她希望自己可以和未来的老公过着开心幸福的生活，那棵大树是她原来的家庭，可以长得很好，做她的后盾。如果未来可以找到这样充满爱的家庭，她可以放下对原生家庭的恨。带领者注意到大树上的几处伤痕，分享自己的感受：树上的疤痕，象征着我们曾经经历的创伤，但大树依然在成长。还有组员注意到画中的男人耳朵很大，分析说：也许你希望未来的伴侣善于倾听你的声音，包容你。而那条小狗，被组员解读为忠诚的象征。

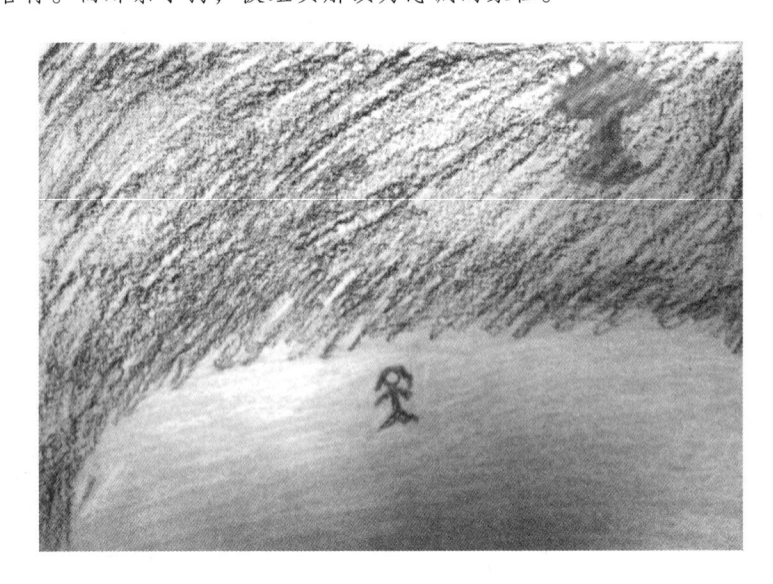

组员 B 的第一幅画

组员 B 的第二幅画

组员 C 给自己的第一幅画起名为《节》。她记忆中一个节日的傍晚，外面放着灿烂的烟花，母亲呵斥她，要求她必须背下一篇文章再睡觉。她是站在书桌左边的那个象形小人，而右面的墙壁上还留着几道抓痕，她说不清那是什么，只知道是伤痛的记忆。而在"解决之道"中，她画了一个广场，一些人在那里自由、开心地玩着。她说小时候，妈妈不让她去这儿去那儿，还吓唬她。她希望自己长大后，可以开心、自由地去自己想去的地方。

组员 C 的第一幅画——《节》

组员 C 的第二幅画

下面这幅画的作者在让画第一幅画的时候，便同时也画出了"解决之道"。虽然这时她并不知道要画第二幅画。她说，开始画的时候，她画的是漆黑的森林，那仿佛是她幼年的心灵。后来，她画上了一只兔子，那是她现在正在饲养的兔子。每天，她带着兔子奔跑。有一天，跟在兔子后面跑的时候，她忽然很感动：自己还活着，活到了今天；生活真美好，幸好自己还活着；那么多人需要她，兔子也需要她。分享时，她说：自己终于长大了，可以保护别人了，兔子带着我，找到了一朵花……她给自己的画起名为《丛林中的兔子和花》。带领者分享说：我看到那些花的时候，就看到了活力……

丛林中的兔子和花

组员 D 认为，自己的这两幅画的意境一目了然。第一幅画中，风吹雨打，还没有开的花就过早地枯萎了；第二幅画中，阳光灿烂，黑土地非常肥沃，向日葵茁壮成长着。她自己是那棵大向日葵，旁边的小向日葵是她的孩子，她们的根紧握在地下。她说这就是生命的家园，还有一位园丁，精心地照料着。她特意分享说：太阳中的十字，与她现在的信仰有关。

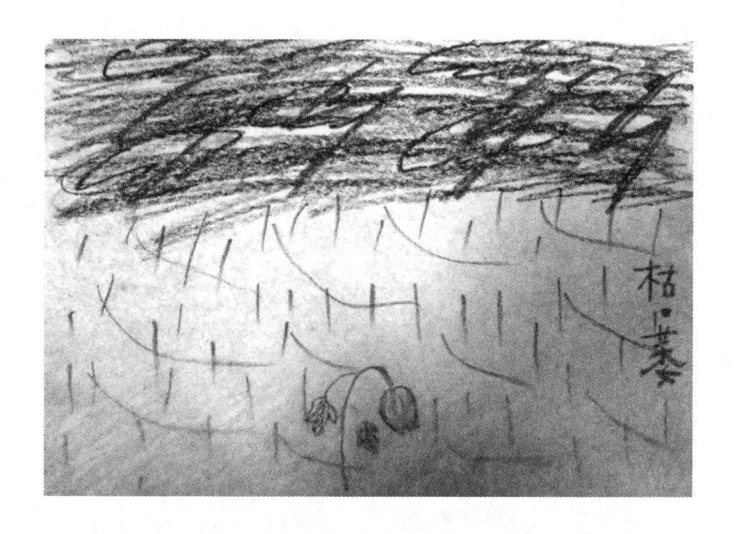

组员 D 的第一幅画

组员 D 的第二幅画

组员 E 在第一幅画中画了一对吵架的情侣，画者自述自己与男友几乎每天都在吵架，女生身后的几个用白色笔画的男人头像是她以前的男友，也都吵架，分手。"我经常失去，又渴望得到爱。我从来不知道好的相处模式是什么样的"。而在"解决之道"中，她画了一个很帅的女性，自信地笑着，旁边写着"会思考、冷静"，她说自己想成为独立的人，能够控制情绪，而不是被情绪控制。带领者注意到第二幅画的短发，显示出一些"男性气质"，可能是画者希望自己能够"像男人"一样"强大"，而高跟鞋、短裙等，又凸显着传统的女性的气质。可以看到社会性别刻板印象对作者的影响，带领者提示说：其实女性也可以很强大，也不一定穿高跟鞋就意味着"美"。

组员 E 的第一幅画

组员 E 的第二幅画

📝 **带领者笔记 2**

对画作分享和讨论时，带领者需要注意的是，先让画者展示、介绍画作，自己想表达什么。然后大家给予反馈，比如你对哪个方面比较感兴趣或关注，你的感受是什么？画的意义是很丰富的，所以它没有单一的解读答案。带领者要关注画作的颜色、构图、主题等，特别要关注画作里比较有资源性的要素，比如明亮的色彩、大树等，那就是画者自身资源的体现。就比如前面提及的抓着三条线的画作，画中紧紧抓住的力量还是蛮大的，说明很有力量。这样积极引导的目的也在于让组员能联结到自身有资源的状态中，具有很强的疗愈性。

环节三 小组结束

目标：结束今天的觉察与疗愈活动，总结、梳理本次活动的感受和收获。
建议时间：20分钟

带领者总结本次活动的内容，可以根据时间决定是否请小组成员写作4F总结，或者只请每人用一句话分享本次活动最大的收获。

作业

1. 这次活动你的收获与感悟，以及任何想对带领者反馈的话。
2. 请体验本次活动中所雕塑的你的内在父母（即信心、力量、关爱的空间）的姿势，全身心感受那种状态，保持3—5分钟。可根据自己的时间，体验至少三次。
3. 请挑选你所经历的印象深刻的一次有关家暴的经历，写下当时发生的详细情形，重点描述你当时的感受、想法及反应等，尤其是那时的你心中的期待和渴望，最想对爸妈说什么？（提示：请尽量做到全然聆听、陪伴的内在小孩，如果在写的过程中或写完情绪起伏比较大的话，允许这个情绪自然流露，最后试着用你的内在父母来陪伴和支持自己。）

附录：猴年小组作业摘抄

组员1：

在今天的交流中了解到自己，也了解其他的家庭，收获了很多。同时，我也找到了我在一般情况下比较冷漠的原因：是不太愿意相信别人及与别人建立关系。而我也发现自己也多多少少继承了现实中父母不好的言行，而以前没有注意到。希望可以找到解决的方法。

体验内在父母的过程中感觉有些不习惯，在无意识的时候又会回到原来的状态。但是在改变的过程中，可以感觉到自己的状态在向好的方向发展。

描绘内在小孩比较容易，寻找内在父母比较困难。感觉最好的是画画的环节，在画《丛林中的兔子和花》的时候，感觉是有人握着我的手画出来的，虽然色调有点昏暗，但是很温暖，很有力，很有希望，找到了自己想要的东西的感觉。黑暗的丛林里，有我喜欢的兔子，它带着我找到了丛林里开在湖边的花朵。这让我想起了爱丽丝梦游仙境里的兔子先生，一个对自己潜意识探索的引导者。

组员2：

这次活动我们做了人体雕塑、绘画，感觉很新奇，尤其在绘画过程中感觉到自己被一种不知名的力量所驱使，和大家的相处很愉快。丁新华老师的声音很适合催眠，过程也很愉快，这一次没有欣赏墙，很想写给队友。

我的内在小孩是静静地站着一动不动的，眼神里有着无奈和接受，站久了会有点麻，我觉得是一种"钝感力"，孩子对于父母所施予的，都是全盘接受的，后来才渐渐意识到自己在受害。我的内在父母是张开怀抱、身体前倾，时刻准备着要为孩子做点什么的，摆着姿势感觉有点累，我觉得是自己对自己的补偿，抱着"把我从来没有得到过的爱与尊重给予你"的心态。

第5次　表达与转化

> **目标：**
> 　1. 联结内在资源空间，学会自我关爱；
> 　2. 面对过去经历给自己带来的伤痛，进行表达和宣泄。
>
> **内容：**
> 　　利用空椅子对话技术引导组员宣泄内在情绪，也从他人的对话过程中得到启发。
>
> **特别提示：**
> 　　"表达与转化"是小组的重要工作内容，其中我们主要使用"空椅子"技术。虽然在本方案中我们只列出了两次活动，但两次活动通常最多只能完成针对4—6位组员的工作，带领者应该根据组员人数和分享情况，增加这部分的小组活动次数。以10人小组为例，"表达与转化"进行4—5次是一个比较充分的准备。而且一次活动中尽可能帮助到更多的组员，以免有组员情绪刚调动起来小组活动就结束了，所以这部分建议安排全天的小组活动。

环节一　联结关爱

目标：联结内在关爱的资源。

建议时间：40分钟

步骤1：热身——趣味报数

大家围成一个小圈，低着头看着圈中心，然后每个人开始随机报数，从1开始，报到20为止。如果有两个人同时报数，则需要从1开始重新报数，另外也需要注意不能按固定的顺序报。该活动可以培养团队的信任感和默契度。

步骤2：

第一步：每人发一张白纸，回想一下在自己的生命中体会到被关爱和支持的特别时刻。是什么时候？在哪里？发生了什么？你的感受是什么？

带领者提示组员："联结关爱"的环节，强调的是自己内心充满关爱和支持的那种体验和感受，不一定特指某个具体的人，最重要的是你能联结到被关爱和支持的感受。

第二步：逐个分享自己感受到爱的时刻。

第三步：大家一起做个想象练习，角色扮演刚才分享的事件中对自己很关爱的那个人，进一步体验内心有关爱的资源空间。

具体的指导语如下：请大家闭上眼睛，你的眼前是刚才分享的对你很关爱的那个人，你看看他/她长什么样子，穿什么衣服，脸上是什么样的神情？想象他/她正关爱地看着你，你能够感受到他/她的关爱和支持，心中充满了温暖。现在你走近他/她，慢慢地和他/她合二为一，你就是他/她，你能感受到内心涌出的关爱和支持，你是一个充满了关爱的存在。

> **提示**
>
> 每个人都具有自身的资源和力量，每个人都曾体验过成功、自信，每个人的内心都有关爱，这些力量、信心、关爱等积极的资源和体验，我们称之为内在资源空间，而感到痛苦、伤心、难过，背负着过往经历与痛苦的那一部分，我们称之为内在受伤空间，简称为内在受伤的小孩。内在受伤的小孩渴望爱和认可，而最有疗愈的爱和认可则来源于自己。所以了解自我、接纳自我、关爱自我是疗愈自己的根本之道。而这些都来自我们对自身内在资源空间的识别和

认同，去除对内在受伤小孩的认同，找到真正的自我。因此，我们设计的第一个活动就是联结内在资源空间，体验被关爱的感受，为组员后面能敞开受伤空间做必要的准备。

在这个过程中，不可避免的，有人会触及内心痛苦的记忆，由一开始描述的被关爱和支持的时刻，变成诉说被暴力的时刻，尤其是父母不能给予最基本的支持和关爱时。这个时候，带领者首先要对组员的这种反应表示肯定和理解，由于太渴望爱了，却不能从最爱的父母那里得到，自然会有很大的愤怒和委屈。同时也要指出，本活动的目的是希望大家能找到那种被关爱和支持的体验，这对我们找到自身的力量和信心是非常有帮助的。带领者要比较确定地指出，我们都曾有过被关爱的时刻，但是由于后来痛苦的体验增多了，把这种爱的体验都给压抑下去了，现在我们需要有意识地把它们寻找回来，成为自我疗愈的源泉。这里要特别指出带领团体比较有效的一个技术是肯定技术，当组员有任何的想法、感受表达出来后，带领者的第一反应是要肯定对方，相信他说的话有他自己的理解和道理，肯定他行为背后的深层动机，对他愿意在小组里开放表示感谢。当组员被及时肯定后，他才感觉到被看到、被理解，双方才能建立起比较好的信任关系，为以后的沟通打下很好的基础。

带领者笔记

这个分享活动并没有要求一定是回忆自己在家庭中被关爱和支持的时刻，但在猴年小组中，只有一位组员回忆的是家庭以外的温暖时刻。这位组员分享的是自己当天坐出租车来小组时，司机让她感到的温暖：怕她迟到，尽量赶路；手机支付宝故障，替她付车费……一位带领者听到后有些担心：别人都能够从家庭中找到温暖，唯独她无法找到温暖的记忆，这个活动是否会成为对她的伤害？这位带领者当时很想回应她，给她支持，却不知道该说什么。

三位带领者在休息时交流，认为带领者在这时可以使用"此时此刻技术"，即直接说出自己当下最真实的感受："看到其他组员回忆起家庭中的温暖，但自己无法回忆起家庭中的温暖，我担心这会让你的感觉非常不好。想帮助你，却不知道该做什么。"当带领者这样说的时候，便已经达到了支持、关注那位组员的目的。而且，可能还会引发其他组员的反馈，最终给予那位组员适当的支持。

猴年小组中，还有一位组员回忆起的感动时刻是：她得了重病住院，父母轮番陪伴她。她问爸爸："我是不是要死了？"爸爸否认，并且俯身拥抱她。那段时间，父母不再对她大嚷大叫，对她非常疼爱。

但她立即说到，病好回家后不久，家中的"战争"气氛又恢复了。继而谈到姐姐，姐姐对她施暴时，她会告诉父母，父母会责骂姐姐，姐姐就更加怨恨她。"在姐姐看来，是我夺走了父母对她的爱。但我平时也感受不到父母的爱"。

带领者引导她：是否想过，姐姐也是家庭暴力的受害者？她的身上体现了父母暴力的传承性，她既是受暴者，又是施暴者。你所承受过的，姐姐可能都加倍地承受过？

组员回复："对我来说，姐姐是施暴方，我无法去理解她。"

虽然姐姐作为受暴者所受的伤害显而易见，但这里，带领者确实不需要急于让这位组员去理解姐姐。组员可以经由表达自己开始，自己充分表达了，才能去看到别人。她与姐姐、与父母关系的和解，显然还需要一个过程。带领者可以提醒这位组员：我理解你对姐姐的不理解，不需要急于去理解她。但也许哪一天，你可以站到她的位置去多想一些。理解姐姐不只是为了她，也是为了帮助自己……

环节二　空椅子对话

目标：安全地宣泄和释放情绪。

所需材料：空椅子

建议时间：120分钟

"空椅子对话"是本次活动的主要内容。具体的操作步骤为：将两把椅子放在小组的中间，面对面摆放，组员轮流坐到其中一把椅子上，假想另一把椅子是自己的父亲或母亲，如果父母均对其施暴，也可以在其对面加放一把椅子。请组员说出所有想对父母说的话，尤其是不满、怨恨，宣泄情绪。随后再请组员坐在对面的空椅子上，想象自己是父母，听到孩子这样说后给予自然回应。作为自己和扮演父母的对话过程可以往复进行几轮，直到完成比较充分的对话为止。

一位组员成为空椅子主角的时候，其他组员可以认真旁观、思考，如果有触动自己的地方，也可以参与到空椅子的表演中，比如扮演主角的父母，或者在主角扮演自己父母的时候，扮演主角，或者扮演其他相关人，或者更多组员参与表演，表演不同人物，等等。重要的是，一个人表演的时候，不是与其他人无关的，所有人都可能被组员的表演触动，出现共情，或思考自己的情况，甚至出现"舞台"上下的互动；而且，所有人都将被邀请参与到表演结束后的讨论中。

空椅子对话结束后，带领者先请倾诉者分享自己在做该活动时的感受，然后再请组员之间进行回馈与分享。当一位组员表演结束坐回原来的座位之后，带领者或邻近的组员，可以用拍肩等动作表示出对他/她的肯定与支持。

带领者应该根据现场情况、空椅子对话的呈现内容，决定是逐一倾诉之后分享，还是几个人倾诉之后分享，比较适宜的是一个组员做完后大家集中给予反馈。

带领者应该安排出足够的时间，确保每位组员都有进行空椅子对话的机会。可能有的组员还希望能够体验两次，这可能是其成长的过程，应该给予尊重。

在这本团辅手册中，我们安排了两次以"空椅子"为主的小组活动。但在现实的操作中，可以小组人数的差异，以及每个组员占用的时间等，灵活安排。

组员扮演自己，对父母诉说时的引导语举例：

在组员开始对话之前，带领者可以先让组员先讲述一下："回忆一件你最难以忘怀的与家暴有关的事件，当时你有多大，都有谁，在哪里，发生了什么？"

如果组员能够进入的话，就可以让他直接对着空椅子，也就是与想象中的父母进行诉说。可以让组员自由诉说，诉说的重点主要在于表达组员在那个情境下的感受是什么？有什么想法？你是如何应对的？你那时最大的渴望是什么？最希望父母怎么说或怎么做？你最想对父母说什么……如果这些内容组员能自由表达出来，就无须引导和介入，如果组员谈的事件细节或无关信息太多，则带领者可及时介入，重点询问上述问题。

组员在扮演自己之后，坐到对面父母的位置上，开始扮演自己的父母，此时的引导语举例：

"做一个深呼吸，此时你是×××（组员的名字）的妈妈或爸爸，对面坐着×××，当你听到他/她刚才的话时，你想对他/她回应些什么？"

如果组员不太能进入父母的角色时，可以再适当做些引导，把刚才孩子说的话做个简要的重复，主要有事件、孩子的感受、想法、渴望和期待，然后再邀请父母做回应。

组员再回来扮演自己时的引导语举例：

"做一个深呼吸，此时你是×××，刚才听了父母的回应，你有什么感受？你想说些什么？"

如果组员不太有感觉的话，可以把刚才父母说的话做个简要的重复，然后再请组员做回应。

空椅子对话结束阶段的引导语举例：

"深呼吸……慢慢地平静下来……"

请倾诉者回到大组里，表达自己的感受时的引导语举例：

"非常感谢你的勇敢、开放和投入。"

"刚才这个过程，你有什么感受？有什么新的发现或领悟吗？有什么想和大家分享的吗？"

小组回馈分享阶段的引导语举例：

"在这个组员对话的过程中，大家有什么感受？欢迎分享。分享的过程也是相互支持的过程，发现倾诉者与自己相似的地方，或者自己从对话过程中受到的启发……"

提 示

空椅子是心理剧中经常使用的一种技术。

空椅子技术包括如下形式：

倾诉宣泄：一张椅子放在主角对面，让他把自己想说却没有对某人说出的话（假设这椅子便是某人）说出来。指导者或另一个有类似问题的人可以坐在主角旁边，起支持作用。

自我对话：自我存在冲突的两个部分展开对话。主角在两把椅子中来回转换，分别扮演自己不同的两部分，进行对话。这技术包含了一些角色转换的技巧。

"他人"对话式：自己和自己想对话的人，面对面。主角在两把椅子上展开对话，从而可以站在别人的角度考虑问题，理解别人。引导主角全身心投入对话情境，特别是在"扮演"他人时，应该要求主角用第一人称说话，并且尽量去模仿"他人"的声音和动作，这样才能体验深入，领悟深刻。（邓旭阳等，2009：59）

运用空椅技术之前，小组应该已经建立起充分的信任，小组的气氛非常和谐。空椅子技术时，要留出充分的时间，让组员充分呈现，并且对可能呈现出来的伤痛再度进行处理。小组活动中，还可以应用其他形式的心理剧。但这需要带领者有充分的经验积累，能够很好地掌控局面。

心理剧中的"主角"从导演（带领者）、观众（其他组员）处都得到接纳，这将大大增加心理剧的效果。带领者在心理剧的过程中应该及时、适当地引导，并且做出积极的回应，表达支持性的信息。

团体成员应该给表演者支持性回应。分享是团体宣泄和整合的时间，不是对事件的反馈和令人气馁的分析，而是鼓励认同。组员可以主动或被邀请与主角分享他们个人的情况，即自己生活中与主角的故事相似的方面。每位成员参与的要点都是认同，每个人找出他或她是如何与主角相似的。观众的接纳和投入是团体进程的产物，观众应该反馈和分享他们在此过程中的触动，如对刚刚发生的演出的感受、想法，以及对自我的启发。

带领者回应语举例："我看到了你的坚持、坚强，很感动，看到你很不容易……"

组员回应举例："看到你表演时，我很难受，很心疼你……我觉得我们有很多共同之处，也让我想起我的类似的体验……"

心理剧开始前，带领者要做好情绪铺垫，引导组员进入情境，则能够最大限度地激发组员投入表演。但是，仍然有人可能内心没有准备好进行这样的对话，或无法进入状态，但基于"群体压力"，轮到自己的时候又不好意思不上去表演。带领者应该敏锐地观察到这一点，对于确实没有准备好的组员，可以允许他在未来准备好的时候，于任何一次小组活动中特意安排出一些时间，或者延长小组活动时间，帮助其完成这个心理剧的表演。

有组员可能会担心：我有勇气这样对父母说话吗？面对真实的父母，我说不出来这些怎么办？还有的组员可能会想：自己表演中做回应的父母，是自己真实的父母吗？带领者可以告诉组员：先不用管现实中的情况，当我们内心调整好之后，我们再去面对现实。

心理剧可能带来宣泄与对问题的洞察，但很少导致即刻和持久的改变。组员需要在日常生活中，逐渐巩固在心理剧中所学到的东西。

带领者笔记 1

在马年小组中，带领者在小组成员已经建立了非常亲密的关系之后，才使用空椅子技术的。带领者自我暴露，第一个进行了倾诉宣泄。整个活动效果非常好，几乎所有组员都投入进来。

在猴年小组中，带领者首先询问小组中一直非常活跃、比较开放的一位组员是否愿意先来尝试。她立即爽快地答应了，而且进入感受非常快。现场气氛被带动起来，后面的组员便很自然地轮流练习了。

带领者笔记 2

猴年小组中，一位组员开始做练习前，邀请男性带领者坐在她对面，扮演她的"父亲"，说只有这样才会更好地进入状态。带领者接受了邀请。组员表演过程中，一直紧握着带领者的手，看着带领者声泪俱下地诉说。带领者因为事先没有准备，所以这时有些犹豫，不确定是否应该做些回应。最终，带领者选择了继续做"道具"，尽可能麻木自己的表情，不与表演者对视。这样选择是因为不确定该组员的父亲应该做何反应，不想让自己的反应，代替了组员心目中真实父亲应该有的反应，从而将决定父亲反应的权利还给表演者。

带领者笔记 3

猴年小组中，一位组员提出自己对空椅子对话操作环节的一些意见。她认为有一位组员在开始做"空椅子"活动时有些勉强，自己没有准备好，但又"不想拖累大家"，才会坐上去。坐上去后没有办法进入状态，感觉很大程度上是比较理性的对话，不像前面几个组员那样发自内心。当这位组员对访结束后，小组对其进行反馈时，别的组员提出感觉她没有进入状态等。这位提出疑义的组员担心这样的回馈可能会让不能进入状态的这位组员感觉被分析或被指责了，但她其实已经很尽力了。带领者回应说：谢谢大家对彼此的关心，如果有人感到不舒服，可以直接说出来，告诉大家"我现在不舒服"。我们要尊重每个人的节奏，对于大家的回馈、分析如果感到不舒服，也请说出来。

📝 **带领者笔记 4**

在猴年小组中,有组员在分享中,由开始时对父母的谴责,慢慢变成了对父母的理解。有组员认识到:家暴只是生活的一部分,还夹杂着许多欢乐。父母间的事,孩子有时真的无能为力,自己站到任何一方的时候,都会受到另一方的反击。这些都是走向和解的过程。

环节三 集体疗愈

目标:体验和感受团体支持,巩固团体凝聚力。
所需材料:轻音乐
建议时间:20 分钟

闭眼听音乐,然后全体成员围圈手拉手,充分体会大家在一起的感觉。想象每个人内在受伤的小孩都站在圈中央,有温暖的阳光照耀着他们,我们一起去呵护、关爱他们。最后慢慢地睁开眼睛,放松地回到小组中来。

📝 **带领者笔记**

猴年小组在这次活动的时候,有一位组员因为近期连着失眠,状态不好,萌生了退出小组的想法。带领者先和她单独谈了一会儿,了解了具体的原因和情况并表示理解,但也表达了希望她能继续留在组里的期望。带领者邀请她到小组内和大家分享。

这位组员说,觉得自己退出对不起大家。带领者说:现在小组已经进入到工作阶段,一两个人的退出不会影响到小组正常进行,你在选择是否退出的时候,只需要对自己负责,不用考虑其他。

这位组员说:感觉小组对自己帮助不大。带领者说:你所讲的"帮助不大"是指哪方面?你的期待是什么?目前来看这个小组有哪些地方你不够满意?如果是没有机会分享和宣泄,其实我们已经给每位组员足够的机会来做这些,如果你觉得没有机会做,那要问一下是为什么?当你决定退出与否的时候,你要判断一下:是因为这个时间有更重要的事情去做吗?还是仅仅不想因为参加小组而可能受到负面情绪的影响，即使不来小组也是躺在床上睡大觉？你自己要做这个理性的判断。

组员不说话，带领者说：今天你既然已经来了，我就建议你今天就留下来，再来感受一下。这位组员表示同意。

带领者请其他组员分享对于这位组员想离去的看法。

一位组员说：我挺理解你想退出，其实我也想过。因为我特别特别忙，压力很大，要放弃很多重要的事情来参加这个小组，而且我觉得到目前为止自己的改变不明显。但是我想，很多事情的影响需要沉淀，现在可能一时展现不出来。我记得自己在小组中第一次发言的时候，是你回应的我，我也希望刚才说的可以支持到你……

另一位组员说：以前没有人能够理解我的感受，现在小组中，我可以和大家说自己的感受，大家也都理解我，我已经很满足了。每次小组活动休息，去吃午餐的时候，我都和大家在一起，我觉得很亲切，很开心。我特别后悔第一次小组活动那天，午餐时我没有和大家一起吃饭……

还有一位组员说：面对过去确实很难，但没有办法，我们总不能一生背负着过去吧？

另一位带领者也分享了自己的经验：一位国际心理治疗大师曾给我做分析，他当时说的话我非常不认同，但是两年后的某一天，我经历过某些事后突然就想到了这位老师的话，忽然间就明白了。所以有时候一些影响是滞后的，不是当下就能显现出来的，我们需要给自己一些时间和耐心。

有组员对于带领者一开始对这位组员说的话提出质疑，认为太冷漠了。男性带领者回应说：我是有意刺激她一下的，我鼓励她对自己负责，不要总将责任抛给别人。如果一个人不能够对自己负责，没有人能够帮到她。但是我在最后，也是挽留她先参加今天的活动，她也同意留下，我的目的达到了。

带领者同时也针对该组员所提到的有失眠情况给予回应，失眠是身体机能失调的一种反应，排除生理因素外，它更多与心理因素有关，比如压力大、负性情绪累积等，都很容易导致失眠，这也恰恰是身体给我们的一个很好的提醒，需要回到内在自我、疗愈自我、发展自我。参加小组后由于内在的压抑情绪被扰动，影响到了睡眠，是正常的，但这也恰恰是我们疗愈过去创伤的很好契机，需要更多的勇气与坚持去面对。

环节四　小组结束

建议时间：10 分钟

带领者请每人说一句话，梳理和分享今天在小组中的感受。

带领者笔记

马年小组和猴年小组都出现的一个情况是：有组员表示参加小组活动对自身冲击太大。

马年小组中，有一位组员写了下面的来信。

我现在就是有一个问题。我一直都有间歇性的情绪低落，几个月一次，但我不知道是不是参加这次活动让我的压力增大了还是怎么了，我最近的状态非常糟糕。有什么解决办法吗？这种团体治疗后的情绪持续低落和无法积极学习工作的事情有可能发生吗？还是只是我最近压力大加上换季再次出现了季节性的情绪波动？就是感觉有点严重。

带领者要清楚，这是团体中较为正常的现象。带领者应该注意正常化小组中出现的一些情况，可以回应她：触碰到这些有些反应是非常正常的，经历的痛苦碰到了，有低落恰恰说明你在面对，可以对大家说说，我们一起面对。

团体中出现此类情况，要根据团体当时的状况看要不要、能不能"深入"。如果情况出现的时候正好可以深入解决这个个体化的问题，则最好，但也要尽量避免变成带领者在对这个成员做"个体咨询"；如果情况出现的时机不适合深入到一个个体的内心，则可以根据团体状况给予一些支持性回应、包扎性处理，特别注意邀请大家给予回应。

作业

1. 本周活动，你的个人体验、感悟与收获是什么？
2. 你对带领者及练习活动的反馈与建议？
3. 体验练习：在你的生命中感觉到被支持和关爱的时刻是什么时候？在哪里？发生了什么？谁给予了你支持和关爱？当你得到支持和关爱时，你的心理感受、想法和反应是什么。可以把本周活动中想到但未列出的那些珍贵时刻都记录下来，并全然体验被支持和关爱的体验。

（有待完善）

附录：猴年小组组员作业摘抄

组员1：

今天的感受跟以往都不太一样。做空椅子对话时，我不断地用手搓额头、捏鼻子，我甚至都没有意识到这一点，是××观察到了，我很感激她对我的体贴。"人这一生，遇到性，遇到爱，都不难，难的是遇到了解"。好像一切都印证了那句"得之我幸，不得我命"，我本来习惯了把这些话深埋心底，从没有想过会像今天这样曝光。早在讲述最感动的场景的时候，我从父亲的怀抱中想到了姐姐的事，几乎不能停止讲述，两次被丁老师提醒。在空椅子对话中，我是第三个上场的，前面组员的倾诉将我带进了那个空间。我一股脑儿地把这些讲了出来。

妈妈的不容易、她生下我、她照顾我、她伤害我、我伤害她，好多个瞬间就这样充满了我的心。我在自己的角度，也是一直在试图理解我妈妈，我遭受的苦难其实算不得什么，也不能说她没有错，但我选择了原谅和包容。我说道："如果有来生，你来当我的女儿，我会把我不曾得到的爱与尊重都给你。我想要给你没有错位的爱。不是一顿打、一次游玩，而是包容接纳你生命的全部。"我还说道，想要在爸爸抛下妈妈的时候成为她的依靠，想要承担家里的家务，想要她健康快乐，看到我结婚，看到我孩子长大，但我知道她其实并不图什么，只希望我平安喜乐，岁月静好。

我深深地为自己的年幼无知感到愧疚，但发生的，无法挽回。我生怕她有一天就这样在一切没有厘清、没有得到多少回报的时候就这样永远离开我的生命。我怕家里出事，而目前的我，唯一能做的似乎就只有做好自己。对自我的治愈，或许这本身就是对我母亲的救赎。

我想起的被支持和关爱的瞬间是：小时候父亲和我一起玩耍，父亲的拥抱，父亲的背，父亲给我夹菜，甚至是他的责备也让我感觉"活着真好"。跟妈妈有关的是，生病时床前出于关爱的责备，粗糙而温暖的手掌……写到这里我才发现其实有很多温暖被我忽略了。

组员 2：

本周的活动在前半部分感受生活中那些爱的瞬间的时候，感觉真的很好，回忆起了很多事情，和母亲快乐的相处时光，好像只要生活中没有父亲的日子都是很愉快的。有很多回忆都是存在脑袋里，但是很碎片化，突然想起来了好多小细节，原来还有这么多温暖的事情，但都被生活遗忘了。

对于空椅子，我感觉对自己帮助还是挺大的，感觉突然轻松了很多，就像老师说的，有排毒的效果。

组员 3：

这次的小组首先是回忆一件自己感到被支持、被关爱的事情，并在冥想中将自己和那种温暖融为一体，使自己也变成一个温暖的人。我分享的是小组活动之前，我打车的一位温暖的司机，让我整天的心情都很不错。我生活中受到的温暖很多，都是一些十分细微的事。这些温暖虽小，但永远不会消失。在我的理解中，有时候温暖就是这样，很小不容易被察觉，若是把它放大，就可能失去了原有的温度。

在进行空椅子环节的时候，我发现自己内心是有很多情绪的，但是平时一直压抑在心里，一直没有得到关注。但是在空椅子上会想到很多想说的话，把情绪发泄出来的时候，自己也轻松了许多。也感受到了其他组员的内心，自己的情绪也会被传染。

在这次活动中，我最真切的感受是：虽然以前可能不太理解对每个人都温暖的人，但现在体会到了受到温暖以及付出温暖的快乐，感觉对人温暖、给人关爱是一件非常值得去做的事情。在这几天我也经常试着去关爱别人，收到的结果还不错。

组员 4：

这周主要进行了空椅子活动，不得不说在自己进行过程中没有投入进去，除了自己的防备之外，我觉得还有很重要的一点就是大家常讲的"家丑不可外扬"。所以我很难真正敞开心扉去分享家里的一些事情。可能现在还没有足够的勇气和力量去面对、去坦诚相待。就像老师讲的，在别人分享的时候，我很有触动，在冥想的时候也经常泪流满面。但真的进入到空椅子环节的时候，我并没有说内心深处的感受，只是"用脑子在讲话"。我觉得这是一个过程吧，我起码现在没有办法跳出这个认知。

组员5：

空椅子带给我最大的触动。让我知道除了逃避、压抑和那些没用的心理暗示，这才是伤痛的处理方式。最强烈的感情需要最强烈的宣泄。我那天的状态大概就是这样。过了这么多天，回忆起来还是感受到那时的颤抖和激动。就像长期被掩盖的暗流、被压抑的伤痛，彻底地掀开来，看到了那个受伤的我最原本的样子，最脆弱的面目，最破裂的家庭。

我当时为什么会问大家这叫不叫事儿？可能这么长时间以来，从来没有人把发生在我身上的事儿当成过事儿。那种不被理解、不能得到安慰的状态，才是我痛苦的根源。我真的有很多感谢大家的地方，虽然我现在边写边哭，但是我真的很庆幸，让眼泪可以没有顾忌。

第6次　表达与转化（续）

> **目标：**
> 1. 联结内在资源空间，学会自我关爱；
> 2. 面对过去经历给自己带来的伤痛，进行表达和宣泄。
>
> **内容：**
> 　　利用空椅子对话技术引导组员宣泄内在情绪，也从他人的对话过程中得到启发。

环节一　回馈作业

目标：提升团队的凝聚力，了解一周的情况，分享作业。

建议时间：50分钟

步骤1：热身——看不见的球

围成一圈，一个组员手中假装抱着一个看不见的球，把这个球扔给其他的一位组员，同时嘴里伴有一个象声词，比如"哗"。接球的组员做一个接球的动作，同时也模仿这个象声词。接到球的组员再把球扔给其他组员，发出另外一个象声词。其他依次类推。

做完几轮扔球及发象声词的活动后，可把象声词转化成一个情绪的词，比如生气、高兴等，大家随机假装扔球、接球及情绪词语接龙。

> **提 示**
>
> 在转化为情绪词的时候，有些组员会使用负面情绪的词汇。为避免全是负面情绪词汇，带领者可以有意选用正面情绪的词汇。带领者也可以提示大家：当我们使用正面情绪词汇的时候，我们便会比较开心，而如果一直使用负面情绪的词汇，长期自我暗示，情绪就会更差。

步骤2：回馈作业

针对作业的情况给予具体反馈，尤其是关注已经做了空椅子活动的成员的作业及感受。

带领者笔记1

猴年小组中，好几位组员在作业中会谈到开始做一些噩梦，比如被追赶等，有恐惧、愤怒等，还有一个组员提到睡眠不太好。这些是正常的。

由于小组工作逐渐深入，会谈及与家暴有关的经历和感受，被压在潜意识层面的负面情绪被勾起，组员经历的内心情绪扰动会比较大。梦是潜意识的反映，内部的情绪波动自然反映到梦里面，可以把这个情况和组员做解释。梦的增多恰恰也反映了我们的小组工作正在深入，带领者可以对组员的梦做适当的解读。比如，猴年小组中，一位组员做了一个梦：家里着火了，她在屋外，妈妈在屋里，她想冲进去把妈妈拉出来……这时梦醒了。在小组活动中，组员自我分析说，她是想把妈妈从婚姻的火坑中救出来。带领者分析说，梦是潜意识的表达，可以有多重的解读，有一种可能的解读是内心发生了变化，"火"可能代表着愤怒的情绪，梦境提示要做自我的拯救，从情绪的火海里冲出来。这说明因为参加小组，触及过去事件给自身造成的影响和情绪，潜意识反映出内在正在经历着很大的情绪扰动。

由于小组时间有限，不可能为组员在组内做详细的解读，可以与做梦的组员通过邮件或面谈做一些更为详细的指导。

带领者笔记2

猴年小组中，一位组员在作业中说：上次小组活动"联结关爱"的环节，想到的均与妈妈有关，而想到爸爸便是恨，对爸爸的恨没有弱化。带领者在小组活动时再次强调说："联结关爱"的环节，强调的是自己内心充满关爱和支持的那种体验和感受，不一定特指某个具体的人，最重要的是你能联结到被关爱和被支持的感受。

带领者笔记3

猴年小组的交流中，有小组成员提到：在上一次做了空椅子对话活动之后，给妈妈打了电话，把内心想说的话全对她说了，空椅子的对话转变为现实中的表达，促进了现在与妈妈的沟通。带领者对此给予肯定。

环节二　空椅子对话

目标：安全地宣泄和释放情绪。
所需材料：空椅子
建议时间：120分钟

每位要做空椅子对话的组员，请先讲一件自己最难忘的家庭暴力事件及自己当时的体验。随后再进入空椅子对话环节，具体参见上个单元的操作流程。

> **提　示**
>
> 如果小组活动上来便做空椅子对话，可能没太多感觉，所以在开始的时候要邀请成员先分享一两件最难忘的在自己家里发生的家暴事件，什么时间，在哪里，有谁，发生了什么，自己当时是什么感受等，通过具体的语言表达来进入情景，找到感觉，然后再开始对话。

空椅子对话是一个处理过去的经历对自身影响很有效的技术,通过模拟对话的形式,组员心中积压的各种情绪和想法得以宣泄和释放。比较常见的情绪感受主要是愤怒、委屈和害怕,这些负性情绪能量能够在空椅子技术中得到很好的疏解,打个比方,就好像心理排毒的过程,非常有益于身心健康。

我们经常见到的一种情况是,孩子理智上能够"理解"父母,但情感上却无法忘却和原谅父母造成的伤害,造成这一现象的原因大多是由于孩子经历的负性情绪没有得到充分的关注和表达。当组员能够与过去的创伤情景有充分的接触和对话时,卡住的心理能量才能流动起来,才会有更开放的学习和探索。

另外,由于在这个活动中,组员一方面要充分地表达自己受伤的部分,另一方面组员还要坐到父母的位置上,从父母的角度回应自己,这其实也帮组员有机会站在冲突的另一方体会、了解在当时情景下父母的感受、想法等,这能很好地促进组员能力的换位思考,帮其看到事情的全貌。回到家暴情景,对自己和父母都有更深入、开放的探索、理解和沟通,内心才能真正地放下。

所以,这部分活动是非常重要的,在做得比较透的情况下,后面的认知和行为干预便可以更容易地进行。因此,带领者需要对此活动有充分的重视,并安排充裕的时间来完成。

当然也要注意:不同的家庭情况是不一样的,有些组员在小组中无法做到理解和原谅父母,所以我们不应该将"理解与原谅"作为唯一既定目标。组员如果能够做到"放过自己",也能够起到一定疗愈的效果。

要确保每位组员都能参与到空椅子对话中来。如果组员本人不太情愿,带领者要先给予肯定和接纳,去面对过去的家暴经历的确是一个不太舒服的状态,不想面对是可以理解的。如前所述,宣泄和表达情绪是促进改变的一个重要环节,对于放下过去经历给自己所造成的伤害是至关重要的,带领者要让组员意识到这样做的意义,同时尽量温和地邀请并推动他去完成这个对话过程。在邀请的过程中需要尊重对方的节奏,鼓励不想做的组员可以先看看,然后再做一些尝试和体验。

带领者笔记 1

空椅子对话活动比较耗时,根据我们的小组经验,每位组员的空椅子对话以及其后的组员支持和回馈,约需要 60 分钟。在本手册中,我们安排了总计 240 分钟空椅子对话时间。但不同的小组带领者,可以根据本小组的情况灵活调整,甚至增加几次小组活动,以确保所有小组成员都能进行空椅子对话的实践。在猴年小组中,我们便有 12 个小时的活动均是以空椅子对话为主体活动,在这 12 个小时中,共有 9 位组员完成了空椅子对话环节。

为了让足够多的组员在一次活动时可以参与到空椅子中来,带领者也可以考虑将两次小组活动调到一起进行,比如进行一整天的小组活动,帮助更多组员在同一天充分表达。但这样做的时候,也要考虑到组员可能会很劳累,对组员解释这种充足时间安排的重要性。

带领者笔记 2

猴年小组中,有一位男组员表示不想做空椅子的心理剧表演,他说:"没有感觉。"带领者鼓励他:也许做的过程中便会慢慢找到感觉,可以先上来试一试。这名组员面对空椅子坐下后,一开始无法进入状态,带领者就请他回想一个与家庭暴力有关的、印象深刻的具体场景。在后来十多分钟的时间里,这位组员仍然一直没有进入状态,但带领者没有放弃,不断引导他回忆、进入情境。在这样的推动中,他终于可以慢慢地说出一些心里话。

整个心理剧的过程进行得比较艰难,带领者一直在引导、推动,这位组员一直很勉强地在表达。在这个过程中,另一位合作带领者有些焦急,感觉到时间很紧,其他组员都在等待,这样对大家是否公平?这位组员一直处于"被表演"的状态,对他自己是否真的有利?在练习结束后,合作带领者特意问这位组员:"你刚才开始表演时,很不情愿。现在回到座位了,你觉得做这个空椅子对话对自己是否有帮助?如果能够重新选择,你是否还愿意做?"这位组员的回答是肯定的。

所以,看起来这位组员被勉强要求表演,最终是对他有帮助的。但是带领者中间也有一些不同的讨论:当一位组员不想做空椅子技术的时候,是否一定要他做?特别是作为主角做?我们是否可以改造一下表演模式,不安排他做主角,而是做配角？当空椅子技术变成多人参与的心理剧，他作为配角是否压力会小许多？但这样，对他自己是否会有直接的触动呢？即使目前他看起来接纳了空椅子的表演，但是否真的能够解决问题，当然也是不确定的。

这个事例告诉我们：许多时候，组员拒绝进行空椅子对话，其实是内心不太愿意面对过去的情景，是对过去的一种阻抗。这个时候带领者一方面要表示理解和尊重，另一方面则要看组员的抗拒程度来灵活处理。如果感觉到对方有些犹豫的话，可以积极邀请，推动他们去体验，这是帮助他们克服阻抗、面对自己的过程。如果对方非常坚定地不想参加的话，则不要勉强和操之过急，可让其先观察别的组员练习过程，观察学习也是一种很好的学习方式。猴年小组在进行空椅子对话环节，许多组员在观摩别的组员内心表达的过程中产生共鸣，不由落泪，甚至有个组员自己在做表达时不太能找到感觉，但是有两次听到别的组员表达时泪如雨下。

与此同时，如果带领者注意到其他组员因为某个人的空椅子技术占用时间过长或深入不下去有焦躁的情绪，也应及时安抚大家，告诉大家：面对是一个不容易的过程，为一位组员付出时间和耐心，是值得的。也要注意总体时间安排，每个组员的空椅子对话时间尽量控制在一个小时以内。

带领者笔记 3

猴年小组中，最坚定地拒绝做空椅子对话的是女孩儿 S。当带领者请她坐到场地中间的空椅子的位置上时，S 坐在自己的椅子上，一再坚定地说："不！我拒绝！"

面对带领者的询问，她给出的解释是：我不能想象对他（整个小组期间 S 一直使用"他"，拒绝使用父亲）说话，我无法想象面对他。我厌恶他，不想对他说话。我很多年没有用眼睛看他了，我都忘记他长什么样子了。我也很多年没有叫过他了，只是春节给压岁钱的时候，在家人的逼迫下，才不得不叫他一声"爸"。我根本不想和这个人有任何接触，最好是我妈妈快些和他离婚。

带领者一方面表达对 S 的理解，随后对 S 指出了该对话练习的重要性，并强调说这不仅仅是与真实的父亲对话，更重要的是与自己的内心对话，让内心的冲突得以显现和表达。但是，S 仍然很拒绝。带领者继续邀请说：你可以只是说出你这种不想说的心情……

S 终于坐到空椅子对面了，带领者建议男性合作带领者坐到她对面，扮演父亲。S 明显地表现出厌恶，甚至不愿看合作带领者。但在带领者的引导下，她确实开始诉说对"他"的种种不满，主要是如何厌恶他，不愿意理他，不愿意看他，不愿意和他说话……

S 说："我甚至有过很恶毒的想法，如果他死了，我和妈妈就解脱了！他死了最好，他的存在没有价值！"

带领者表达了对 S 的理解："你这样的决绝后面，一定是受了很多的伤害！只有在很多痛苦的伤害之后，才会这样决绝，这是你保护自己的方法。"

扮演父亲的合作带领者也请 S 说出更多对"自己"的恨。S 便逐一列举，在列举的时候，开始使用"你"，这便已经是进入了内心对话的状态。

在 S 充分表述之后，坐在父亲位置上的男性合作带领者说："我能够看出你对我的恨，我感受到这种非常强烈的情绪，同时我也感到，你这么恨我，恰恰说明你对我有感情，在乎我，因为恨的反面不是'无所谓'，而是爱。"

合作带领者继续以"父亲"的身份说："听你说了这么多，我知道我错了，我没有想到这些事对你伤害这么大。你前面说的那次坐公车时，你不听我的安排，我打了你的事，其实我内心也很委屈，我当时觉得一车的人在看着，女儿不听我的话，我很没有面子……"

S 说："是的，他那天回家后，就说我让他没面子……"

"父亲"继续说："我真的很失败，听你一说，我知道我说过的、做过的，对你伤害多么大，我一直以为所有人都是这样做的，我自己也很委屈。我不知道别的家庭关系相处模式。你了解我的父亲母亲是如何对我的吗？"

果然，S 说："他的父亲也一直打他，他从小在暴力中长大。"

"父亲"说："我可能还经历了很多你不知道的，除了来自父亲的暴力，我成长的年代校园暴力也非常常见，以我瘦小的身材，我很可能也是校园暴力的受害者……我受了太多的伤，才变成了这个样子……"

S 说："我妈妈说，他经常夜里做噩梦，喊叫着醒来。问他梦到什么，他也不说。"

"父亲"说："有时我也觉得打骂你们不对，但我没有办法改变，下次遇到事，我还是只会打骂。我也恨我自己。我痛苦，但我没有能力改变。我是脆弱和自卑的。我表面的强大，掩饰着我的自卑，我是一个'纸老虎'……我是一个失败的人，我瘦小干枯、职场失败、人生不得志，回家后连女儿也无视我……我觉得自己不像一个男人，我从小受的教育和文化都告诉我：男子汉大丈夫不是这样的。我通过回到家中打骂妻子、女儿来宣泄，来找回做男人的感觉……但我失去的更多，我很失败，我的存在是卑微的……"

……

空椅子对话结束后，带领者邀请大家给予回馈。

一位组员说：我也曾有过盼着父亲死掉的想法，但是有一次，父亲病危时，我却非常着急，急着想各种办法救他。事后，我自己在想：这不曾经是我梦寐以求的机会吗？我为什么会救他呢？其实恨的下面还有深深的爱。还有一次，是我妈妈住院，下了病危通知，我爸爸当时就瘫倒在医生面前，医生喊："还有别的家属吗？"那时，我看到了父亲硬汉外表后面的脆弱。

带领者强调：我们了解他们为什么这样做，不是原谅他们的暴力行为，而是理解之后知道他们也是暴力的受害者，同样因为施暴而伤害自己的亲密关系，从而可能同情他们、宽恕他们……

另一位组员分享说：也许，恨到不行，就理解了。

S说："我非常害怕像他，所以他做什么，我就反着做。但我现在发现，有时真的有些像他。我很害怕。"

带领者回应说，不希望像父亲，有意识反着做，这是你的意识层面的想法和选择，但在潜意识层面，由于潜移默化的学习及否认，你有可能就会越来越像他。要真正阻止暴力的传承，需要理解自己、理解对方，在内心有一个和解，才有可能解开那个"心结"。

带领者笔记4

猴年小组中，女孩儿C进行空椅子对话时，提出空椅子上要摆放一个布偶来代表父母。她说自己没有办法面对真人，有组员立即用头巾包裹了一个人形出来，还披上了男性带领者的西服。

C开始控诉父亲，一边控诉一边哭泣。C很小的时候父母离婚，她和父亲一起生活。她还是小学生的时候，父亲和她吵架的时候便会离家出走，将她独自抛在家中，转天再回来。父亲总在责怪她只知道抱怨不知道感恩，说："我养条狗还对我摆尾巴呢"。父亲总责怪她不理解他，总希望她是改变的那一方。有一次父亲突然到学校看她，事先没打招呼，她没时间陪他，他就又责怪她没有亲情；现在唯一的联系是每月汇款给她，汇款了却连个短信都不发……

控诉之后，带领者请 C 坐到父亲的位置，启发"他"：刚才女儿对你说了很多，你有什么想回应她的吗？但是，C 无法真正进入父亲的角色。

这时，男性合作带领者示意女性带领者，自己想去扮演 C 父亲的角色。于是，带领者便让男性合作带领者站到"C 的父亲"的身后，开始作为"爸爸"对 C 说话："你记得你是几岁时，爸妈离婚的吗？"

C："两岁。"

"爸爸"："所以我又当爹，又当妈，我不得不学习我不会做的很多事情，我不得不因为照顾你改变我的生活，我想要的，只是几句感谢而已。但你却将我当成了提款机。我每月给你汇款，你手机短信是怎么回复的？"

C："收到了。"

"爸爸"："你知道我看到时的伤感吗？你就不会加一句'感谢'吗？这样几次后，我再给你汇款后，就不再短信通知你了，因为我不想再看那冷冰冰的三个字。"

C："但是，你对我的态度，根本没有给我机会说感谢。"

"爸爸"："吵架时我离家出走，你想想我是为什么？"

C："也许是不想吵得更激烈，但把一个小孩子孤零零地抛下，这对她是一件多么痛苦的事。"

"爸爸"："我知道我错了，我以前没有想到这些，以前我只是想'我爱你，但你不爱我'，我很伤心。我没有理解你的感受。是我错了，对不起，我给你道歉。"

C 开始大声哭泣……带领者鼓励她哭出来。当"爸爸"说出"对不起，我错了，我给你道歉"这句话时，其他的组员也都一齐落泪。

一个人受到别人不公正或不公平对待时，最希望听到的是来自对方的真心道歉。孩子如果受到了来自父母的伤害，父母如果能像上面的"爸爸"那样真诚地说一句："我错了，对不起"，那么这些话将是非常具有疗愈性的，对于修复关系是很有帮助的。空椅子对话练习中虽然是想象的对话，但是组员内在的受伤小孩听到这样的话语，内心的痛苦和委屈将会得到一定程度的缓解。

带领者笔记 5

上述 C 组员的心理剧结束后，小组一起讨论。

C 说："男性带领者表演的，不是我的父亲。我的父亲不可能说这些。"

女性带领者说："大家与父母的外在冲突已经内化为我们内心的一个冲突，空椅子对话中的父母一方所说的话也许是真实的父母说不出来，但很可能是真实父母更深层的心理状态的反映，是他们不曾说出来或者我们不曾了解的一部分。我们做空椅子对话，是希望大家能够把自己心里的感受、想法都说出来，这也是我们内心受伤的那个小孩一直想表达的真实心声，只是平时没有合适的场合和人能全然地倾听和理解。今天我们通过这个活动，就是让我们内心受伤的那个小孩得以充分的表达，尝试站在父母角度来回应也是邀请我们从父母的角度来理解。如果我们一直待在内在的'受伤小孩'的位置上，我们便无法真正走出来。"

男性带领者说："正如我们说过的，了解和理解对方，不是为了原谅他们的暴力，而是因为当我们不了解和不理解他们的时候，我们会认为他们是恨我们的，我们的受伤感更强；而了解了他们不是恨我们，理解了他们可能也很无助和无奈，知道他们只是不懂得如何更好地爱孩子，有爱而不会爱，我们的认知便发生了调整，我们的受伤阴影就会减少。"

有组员说："但我还是觉得，施暴者不爱我。"带领者说："即使真的所有人都不爱我们，我们还可以爱我们自己。我们现在已经是成人了，以前还依赖父母的爱，但现在我们可以去爱自己，呵护自己受伤的内在小孩，我们去探索如何放下内心的仇恨与伤痛，这就是爱自己的一种方式。"

女性带领者也强调："我们可以充分地说出自己的愤怒和委屈，先理解自己，当没有那么多怨恨时，再去试着理解对方。了解对方，是为了放下。每个人都有内在的资源、信心和力量，我们把它称之为'内在父母'，它可以陪伴我们，我们可以发展对自我的关爱。"

环节三　感受放松

目的：放松身体，联结内在资源。
所需材料：纸、彩笔
建议时间：20 分钟

带领者请大家闭上眼睛，体验一下你最放松的时刻。放松的感觉，如果是一个动物、一棵树、一株植物，或者是一个物体，那么它们是什么样的？当这个画面清晰地出现在你脑海之后，睁开眼睛，把它画出来。画完之后，在小组内部分享。

> **提 示**
>
> 前面进行的是空椅子对话活动，需要回顾家暴相关事件，表达负性感受，会有很大的心理能量消耗。与中医治疗中先泄后补的原则一样，心理调节和转化也需要先宣泄负性情绪，然后再进行爱的滋养。因此每次空椅子对话活动后，都会再设计一个相对比较放松和正性的活动，达成平衡和滋养的目的，确保让组员每次能带着正性的情绪和能量离开小组。
>
> 大家分享完绘画后，带领者可做一些总结，比如注意到这些画面中都有阳光、草地、山水等自然元素，也都有那些激励我们的事物。带领者建议大家把这幅画带回家，挂在床头，闲暇的时候，可以想象进入画面，去全身心地体验那种放松的状态，这个过程就是进入我们自身的内在父母状态，与之联结的过程。

环节四　小组结束

建议时间：10分钟

带领者请每人说一句话，梳理和分享今天在小组中的感受。

作业

1. 本周活动，你的个人体验、感悟与收获有哪些？
2. 给父母写一封信。

说明：

第二个作业，即给父母写信，可能不适合每个组员，但适合绝大多数组员。对于有些人，可能写很少就可以；对于另一些人，可能一周都写不完。给父母的信，要求：

1. 尽可能全面地把内心压抑的东西都写出来。思无不言，言无不尽。这可能是你今生第一次，也是最后一次有机会全面地写出来。写几万字都可以。

2. 少写情绪，多写具体的伤害你的事件，以及这个事件如何伤害到你。即尽可能不使用情绪化的语言，而是使用旁观的、冷静的、客观的陈述。至少要写四五件事。

3. 利用你在小组中全部的思考与收获，完成对父母行为的理解，要真的理解了，再把这种理解写出来，告诉他们。理解不等于原谅，理解只是表示：我明白你为什么这么做。注意：不要勉强地为完成任务而说"理解你们"，如果你还不理解，就使劲儿想，直到理解。如果实在还不理解，可以不写。

4. 想一想：如果你能够放下对他们全部的怨与恨，还需要他们做什么，也在这封信中告诉他们。

5. 如果你愿意，可以告诉他们：他们曾经有的行为是不可原谅的，但是如果他们读信后认识到错了，你便可以做到不再计较这些。

6. 这个作业可能占大家时间多一些，要多写几天，包括修改。最迟下周活动前发给带领者，暂时不需要给父母。修改完善之后，再考虑发给父母。

带领者提醒小组成员：本周的作业可能消耗能量较大，要照顾好自己。

带领者笔记

猴年小组中，留下"给父母写信"的作业后，在其后的一周中，只有部分组员完成了这个作业。在下一次的活动开始时，没有完成作业的组员给出的共同解释是："没有力量写完。"有组员说："不敢回忆，太痛苦。""特别痛苦，没有办法写进去。"还有组员说："想象父母看着信时拒绝与排斥的态度，就没办法写下去。"

带领者表示了充分的理解，回应说：创伤不是几次活动就可以迅速消解的，写信的过程也是一个慢慢梳理的过程，在以后的小组活动中大家还会慢慢成长。

链接：疗愈童年创伤的四个步骤

这是在互联网上广泛传播的一篇文章，转引自微信公众号"心探索"2014年10月25日的孟迁的文章《自我疗愈童年创伤只需问自己4个问题》。在猴年小组"空椅子对话"的活动结束之后，带领者将此文发给组员，非常及时地回应了小组活动中遇到的一些问题，同时也让小组成员更好地理解小组活动的用意。

这篇文章，无论是带领者引导时使用，还是小组成员自我疗愈，都非常有帮助。

第一步：承认那个不公和困难

我们要为当初那个受伤的、委屈的小孩平反。

那是不公平的，我也是个孩子，我该自由玩耍，现在却要担负照顾妹妹的责任，这不是我的义务，这是我的牺牲，而你们却不懂得感谢和欣赏我，给我那么多的批评、要求甚至命令，你们剥夺了我、命令了我、苛责了我，这非常不公平！

那是不公平的，我本是一个美丽的女孩，你们却因为重男轻女的陋见对我失望，我怎么努力都进不到你们的心里去，即便是我做得比哥哥、弟弟都好，你们还是喜欢男孩轻视我，这不公平！

那是不公平的，本来我是一个神圣的生命，你却告诉我咱们不能和别人比，本来我们应该为自己讲话，你却出于害怕要我逆来顺受。

那是不公平的，你身为父亲，你的强大是本应用来保护和支持我，你却用来威胁和命令我，而且你居然享受你的胜利，这是非常不公平和不人道的……

放心吧，我们都遭遇过各自的不公平，如果我们的父母不是佛陀和菩萨的话，但即便是佛陀，他也遭遇过父母的不公平，他的父亲想尽办法要用他做继承人。

去充分承认这个不公平，不用害怕愤怒和怨恨，就算是仇恨也不必怕，充分的去怒、去怨，毫无阻挡和害怕，然后被怨覆盖的爱就会涌出来，若你又爱又怨，你就既不能好好地爱，又不能好好地怨，两边都不是。如果你想真的爱自己，那就充分地去为自己讲话，这些本就是真实的，为什么要用"不应该"来打压，父母本就是我们人生里最爱恨交织的人，如果出现"我恨不得掐死你""你根本不配做父母"之类的言辞是完全正常的。

但我说的不是报复，不是对父母大发雷霆，如果这发生了，不必内疚，如果没发生，我不建议这么做。你可以对你的咨询师控诉父母，你可以在镜子面前对自己控诉父母，但不要直接这样对父母。对于父母，我觉得最大限度的话是：当初你那样做，我真的很受伤，现在想起来，我还是很委屈。

总之，这一步就是承认那个孩子遭遇不公平，为他平反。不必压抑愤怒和怨恨，充分的愤怒是很美、很自然的。然后悲伤会进来，愤怒到极致就是悲伤，当悲伤来临，接纳也就开始了，当接纳开始，爱也就油然而生了。因为所有的怒和怨，不过是求爱不得罢了。

第二步：欣赏和感谢自己活下来

想象一下那个孩子，忍受了这么多，承受了这么多，委屈了这么多，压抑了那么多，孤单了那么多，无奈了那么多，痛苦了这么多……终于活到现在，得以有机会觉察和疗愈，得以有机会做自己，这是那个小孩子的伟大成就。

我头脑中有一个画面，就是一个士兵受伤了，他自救，他可能都不能走了，他就爬，忍着伤痛一寸寸地爬，一段段地捱过来，经过荆棘、经过沼泽、经过黑暗，那么久，那么远，终于来到一个安全的地方，他自己救了自己，他是一个英雄。他所有的努力和牺牲就是为了让我们活下来，而他做到了，我们可以享受他带给我们的安全、自由和"活下来"。

我们可以欣赏那个小孩子是如此的顽强、执着，感谢他一路的辛苦和努力……对那个小孩子来讲，他是没有可能对抗那个环境的，他能做的最好的事情就是保存自己活下来，如果我们享受这个"活下来"的话，那么完全有理由去给那个孩子巨大的欣赏和感激。如果我们不愿意看这部分、不屑于看这部分，那就不是任何人的不公平，而是我们自己对自己的不公平。

第三步：宽恕

首先是宽恕父母的不知和有限，相信他们在最深的地方是爱我们的，相信他们不是存心和我们作对的，相信他们也在自己的痛苦和有限中。宽恕他们没有机会了解爱的真谛，宽恕他们没有被足够好的爱过，相信他们对我们的态度不仅都是他们所遭遇的态度，而且是其中最好的，甚至是他们出于爱而改良过的，是他们努力以后的。不需要再像一个小孩子一样找他们讨要爱，而是作为一个平等的人去给出爱，给出谅解，给出放下……我们现在比他们更强大，意识层面更高、高很多，能力更强，也更有机会学习和觉察，当我们真的站起来，我们就可以去爱他们，首先是原谅和尊重他们。

其次是宽恕自己。宽恕当初自己没有能力照顾好自己，没有能力给自己安全、自由，宽恕当初不懂得或者不敢为自己说话，宽恕自己作为一个小孩子的有限。

宽恕自己为了适应环境而压抑、隐藏甚至变形了自己，宽恕自己因此而积累了大量的情绪，以至于会迁怒他人、会烦躁不安，情绪此消彼长、绵延不断；宽恕自己接受了那个环境错误的教导和暗示，而卑微自己，认为自己不重要、不够好，认为自己不配得；宽恕自己没有能力去认识、觉察和摆脱那些困境、孤独和害怕；宽恕自己在那个环境无从学习自爱、自尊和自我安慰，而经常与自己作对，经常对自己批判甚至苛责。宽恕自己习得了对自己并不好的观念和模式，思维模式、感受模式和行为模式。宽恕自己也曾因为无法消化自己的情绪而对别人不公，给别人带来压力、焦虑和痛苦。宽恕自己内在的不和谐，宽恕自己就像腿受伤了一样一瘸一拐地活着。

宽恕吧，宽恕了自己，就可以宽恕别人；宽恕吧，不去看任何人包括自己的不好和错误，只去看美好的和出于爱的，自己值得这么做。

第四步：我是谁

不管你做什么，不管你说什么，你都在向世界显示你把自己当作谁。

当你抱怨、当你愤怒的时候，你把自己当作了谁？

当你孤单、当你害怕的时候，你把自己当作了谁？

当你认为只有别人改变对你的态度你才能快乐和满足的时候，你把自己当作了谁？

如果你喜欢把自己当作受伤的小孩，如果你把自己当作无力的小孩，如果你把自己当作一个弱女子，如果你把自己当作一个怂男，那是你的权利，也是你获得痛苦的途径，你有权这样做，你有权终其一生这样做，只要你愿意。

同样，你也有权把自己看作一个成熟而为自己负责的人，你可以自己尊重自己，自己陪伴自己，自己热爱自己，自己安慰和支持自己，可以从伤痛中获得钻石，从困难中蜕变成熟，即便你不习惯、不熟悉这样做，你也能学会，一定能做到，只要你愿意。

同样，你还有权用更大的视角来感受自己，你可以认出你本是一个生命，无瑕、自足而圆满的生命，那些经历、感受、观念都不是你，你拥有这些但这些不等同于你。你是一个舞台，上演过悲伤无助的戏剧，如果你愿意你也可以邀请喜剧上台，你是唯一的主人，你不是任何一幕剧，你可以呈现、经历和拥有这些，你可以把悲剧当作一个张力和伏笔而重写你的剧本。你可以毫无评判、完全接受地欣赏舞台上的任何呈现，你可以和任何一个场景在一起但又不属于他们，你可以有永恒的和谐。因为是你承载他们而不是他们束缚、定义你，你可以永远的满足，因为你什么也不缺乏，什么也不会失去。

最后说明一下，这四个步骤看完可能只需要十几分钟，彻底完成可能需要一生或者几世，但这不重要，反正早晚都会知道，早晚都能完成。重要的是，在哪里就好好地在哪里，心中有一张心灵进升的地图，有一个愿意前行的心念，有一个愿意逐步走的耐性。当你的信任和耐心足够，沿途都是风景，而且速度很快。

附录：猴年小组组员作业

组员1：

我是最后一个做的空椅子技术，坐上去的那一刻，感觉脑中很乱，有特别多的话想讲给父亲，但是不知道如何表达。我刻意表现得很平静，其实内心情感一直在翻滚。当扮演父亲角色对话时，突然情绪涌出来，那些话是我对父亲的理解，是一直以来剖析原生家庭的感受，这份表达带有自我反省和对父亲的理解，所以流泪了，但仍然控制自己的情绪。活动结束后，我对于自己控制情绪的表现做出反思，好像在内心深处，我要求自己尽量不要在他人面前流泪，这也许是一份情结，需要慢慢处理。这次活动带出了对父亲的一种复杂情感，同时反思现在的家庭能量互动状态，有时候是表面的相互礼让，但是我看到了家庭成员每一个人的努力，这是一个变化的过程，我还是看到了一点希望，当然，也看到了自己另一个需要做工作的情结，表达情感有点难，我想也会渐渐打开自己。

组员2：

听了几位组员在空椅子活动中讲出的自身经历，我感觉到的除了无奈、惋惜之外，更多的是诧异，我们经历的不尽相同，"不幸的家庭却各有各的不幸"，似乎有多少个不幸的家庭就有多少种痛苦。在倾听的过程中，我感觉到自己身上有一种同理心，似乎可以理解他们的痛苦，这说不上有用或者没有用，可能在以后会真的想明白这些话的含义。

我回想起上周我的分享，有人倾听我诉说本身就是一种治愈。我感受到了爱和支持，我并非异类，不过是芸芸众生中的一员，即使我原生家庭给我带来的影响将持续一生。

组员3：

尊敬的爸爸妈妈：

我是你们的女儿。还记得高考后我给你们写的第一封信吗？信的落款也是"你们的女儿"。那封信讲的是那个时候的我对大学的憧憬，对所学专业的向往以及对你们的感谢。而今是我上大学的第三年了，我深深感到"今是而昨非"——我填写志愿的时候，对专业、学校了解得太少，对你们的需要则完完全全抛诸脑后，对中国教育、大学生活一无所知。然而当时的我，并不知道。或许是命中注定，或许是阴差阳错，我来到离家2300多公里的学校，我在你们不熟悉的地方学着生存、生活，然后我发现我原来一直很需要你们。

大一的我很少给你们打电话，除了忙，更多的是对你们的不信任，觉得我的问题你们不懂、更不会愿意懂。现在的我有什么肯定打电话找你们说，虽然，有的时候我会因为多次拨打没人接、有人接却是你们不方便多说的时候而感到失落，每当这个时候我心里就会在想"这个世界又有谁是随时候命的呢？"……我否定我过往的一切，唯独发现你们是我在这个世界最舍不得的至亲——此前的我，一直承受你们的不好，偶有家暴，但你们给了我生命，你们是至死都不会放弃我的人。于是有了转机。但是我发现，每个假期我都想要和你们改善关系，却总是一遍又一遍走上伤害你们的老路，我们明明相爱，却互相伤害。

痛苦的根源在于可能是连你们都认识不到的，我和你们共同成长的过程中形成的充满暴力的相处模式。上了大学我才知道什么是家庭暴力：同辈人之间、上下辈人之间，甚至是长期居住在一起的人之间都可能发生；可能是扇耳光、踢打、扯头发、用棍子打等伤害身体的"肢体暴力"；可能是冷漠、讥讽、嘲笑、当众揭伤疤等伤害心灵的"精神暴力"；可能是强迫去做某件事、勒令不许做某件事、不允许去某个地方等限制个人自由的"行为控制"；可能是克扣生活费、不给必要经济支持的"经济控制"；可能是伴侣间强迫性行为等非自愿性行为的"性暴力"。——我才知道，小时候爸爸打妈妈、妈妈打孩子、爸妈当众责骂孩子、妈妈到学校闹事、妈妈不做饭来气爸爸……这些都说明我成长于一个充满暴力的家庭，再细想，我们家每个人之间、心与心之间的交流实在是少得可怜。想想有多久没有一家人快快乐乐地一起吃饭了？更不用说父母倾听孩子的心里话，孩子聆听父母的教诲了。我们在饭桌上，总是唇枪舌剑，泡沫横飞，多半不欢而散。十几年来，我们都是这样过来的，甚至觉得这很正常，然而，它的确就是我痛苦的根源。

每个人最重要的老师是他的父母（成长中相处最久的人），他从原生家庭里学习到的一切，不论好坏，都会默默地转化成他生命里的一部分。我遇事不会首先告诉父母，而是事后告知。发生意外、感觉痛苦时，我会告诉你们，但如果被忽视，我会选择一直沉默。我不相信父母，觉得你们思维腐化，对子女冷漠无情（某些时候这个念头总会涌现）……家庭暴力潜移默化地成为我们之间一个不可跨越痛苦的战壕，凡穿越火线者，必然鲜血淋漓。这可能也是你们对我们作为孩子感到心寒的地方。"已经为你们付出了这么多，却一直被否定，甚至是当作佣人使唤，一点感恩都没有"。你们这么想是对的，然而我们也没有错。我们就是这么彼此不能相互理解，因为多年来我们一直在施行暴力。爸爸打妈妈，妈妈打我们，妈妈通过一些行为报复爸爸；反过来，我们也在这个过程中学会了否定爸爸、打妈妈……你们之所以会施暴，也绝对离不开你们成长的时候遭受过的暴力。但这些是不对的，我们不对，你们也不对，但如果我们不改，这种暴力会延续到我们的下一代；如果你们不改，这种暴力也会影响你们的晚年。施暴者和受暴者之间彼此伤害，影响深远。

我现在认识到这一点，也在学习如何去爱。我也发现家庭暴力非常普遍，但是很隐蔽，甚至大家习以为常，但它无疑是社会毒瘤，得摘除，是病，得治。爸爸妈妈，请监督我们的言行举止。为了我们家每个人的心理健康，请学习怎么处理情绪、处理矛盾，学习怎样去爱一个人。

你们的女儿　×××

组员4：

亲爱的爸爸、妈妈：

你们好！

如果可以，我希望永远不要写这封信，因为信里都是不好的回忆。老师要求必须回忆四五件不愉快的事情，我实在想不起具体的细节了，只能勉力一试。

第一件：五六岁的时候记得有次爸爸回家晚了，妈妈和爸爸逗着玩，不给爸爸开门，爸爸叫了几次门未果，然后他愤怒地踢开了门。那个时候我们住的屋子很小，可能连20平方米都没有，天气很冷，我和妈妈披着被子坐在床上，门被踢开的一瞬间，妈妈突然紧紧地抱着我。说来可笑，爸爸对我拳打脚踢时，妈妈从来没有这样抱过我，本来是件很可怕的事情，因为妈妈的一抱，让我现在回忆起来居然很温馨。

第二件：还是在那个小屋子里，还是五六岁。我在吃爸爸给我买回来的苹果，爸爸问我喜欢他还是喜欢妈妈，我说喜欢妈妈。爸爸说如果妈妈不在这里喜欢谁？我说还是喜欢妈妈。爸爸就不说话了，过了一会儿，爸爸突然把我手里的苹果打掉，说苹果是他买的，不喜欢他就不要吃他的苹果。当时我感觉很羞愧，也很惊慌。

第三件：在我三年级的时候，爸爸、妈妈同事的小孩来家里玩。那时候我们家的条件好了一些，住在一个独门小院里。我忘记是因为什么事情产生了纠纷，我们各持己见，我比那个女孩子大一两岁的样子。最后那个女孩子很不开心，决定回家了。当我爸爸发现屋子只有我一个人的时候，问我那个女孩子去哪儿了？我说她自己回家了。那个女孩子的家离我家很近，都是一个宿舍大院的。我爸爸上来就给了我一个大嘴巴，说你要不把她接回来，要不自己就别回来了。我当时很惊慌，不知道自己做错了什么，只是因为那个女孩子回家了我就要被打，被轰出家门。我感觉我也没动手打她，就是不能和她在做游戏的意见上取得一致，最后她感觉无聊就回家了，怎么是我的问题。我不敢问，因为知道不仅不能得到答案，还会被更严厉地打骂。我只能忍着委屈去追那个女孩，请求她和我回家。女孩子不想和我回来，但是得知不能和我回家我会被打而且还会被轰走，她也很担心，于是和我回家了。我当时满脑子都是怎么免于挨打的想法，晚上女孩子被她父母接走后才感觉很屈辱，不光要忍受自己父亲的暴行，还要利用自己的可怜去博取别人的同情才能免于挨打。

第四件：我有一个男性朋友对我很好，你们特别反对我和他往来。后来有一次那个朋友正在我家拜访我，正巧遇到妈妈也来找我，我没有开门（猫眼里看见的），怕妈妈给他脸色看。妈妈敲了敲门就走了。后来妈妈看见我的车在楼底下，然后就打电话问我在不在家，我如实说了。妈妈很生气，把这件事告诉了爸爸。爸爸就把我叫到家里，大骂我是破鞋、臭婊子、下三烂、烂货，还动手打了我。我非常生气，还了手，也和他对骂起来。妈妈一直不出声，直到我和爸爸对骂，妈妈突然冲出来对爸爸说："别生气，你为了她气坏身体不值得，让她走吧，我们还得过日子呐。"我特别伤心，我虽然知道妈妈不会帮我，但是这么公然地拉偏架，我也没想到。我就离开了。

爸爸从小也被奶奶家暴……（基于隐私的考虑，以下从略）

我希望爸爸、妈妈能在剩下的不多的时间中，体会到真正的爱的感觉。

我感觉我能忘记你们对我的暴行，但是不是因为你们改好了，是因为我看到了好的亲密关系带来的影响。我不想因为别人的错误让自己和自己的后代重复别人的不幸。

女儿××

第 7 次　放下与和解

> **目标：**
> 1. 放下伤痛，尝试与父母和解；
> 2. 设计自己的未来，向前看，向前走。
>
> **内容：**
> 审视父母带给自己的积极和消极的影响，并思考如何在未来延续或消解相应的影响。

环节一　"撕"而复得

目标： 引导成员分享目睹暴力的情绪，并能重新以另一个角度来面对困境。
所需材料： 图画纸、CD、纸篓
建议时间： 50 分钟

活动 1：热身活动——开车

两人一组，一个组员为汽车，另一个组员为司机。扮演汽车的组员闭上眼睛站在前面，扮演司机的组员站在后面，进行驾驶，操作口令如下：前进——用手指在"汽车"背上画一条直线；左拐——在背上向左画一条线；右拐——在背上向右画一条线；停车——在背上点个点；倒车——在脑袋上拍一下。两人配合自由走动，注意不要与其他人相撞。然后，两人调换角色，再进行一轮。

这个游戏有助于增加组员间的信任感。

活动2：三件事

请每人写下最不能谅解父母做的三件事。让大家看着这三件事，想我们前面讨论的几点，如果你觉得能够放下了，就撕掉它。扔到纸篓里。谁愿意分享自己的思绪，此时可以分享。

提示

带领者可以在分享时再度谈及如下的这些理念：

暴力的父母，也是他们成长环境的受害者，是他们父母暴力的受害者。支配性男性气质，是许多男性施暴、主宰的原因，也是一些女性施暴、主宰的原因。

无论他们是不是有意要伤害我们，也无论她们出发点是不是为了我们好，有一点是可以肯定的：他们对我们的方式，他们自己也受害了。他们和孩子的亲密关系受损了。

我们应该恨的是他们的行为，不是他们个人。行为不可原谅，但人是可以理解的。恨父母，恨他们的行为，对我们的意义不一样。心中有恨，我们的负荷太重，一直背着它，我们也难以前进。放下恨，天空将格外宽广。

放下恨，不等于原谅施暴者的过错，暴力没有借口，不可原谅。但是，我们不要把施暴者当作恨的对象，而是恨他的行为。

重要的一点，我们以后不要再继承他们的这些行为。他们不幸没有小组，我们幸运有了小组。我们要帮助施暴者，努力改变他的行为。

带领者笔记

猴年小组中，有组员提出："放下"意味着什么？经过讨论，大家认可的看法是："放下"不等于遗忘，经历的可能永远无法遗忘；"放下"意味着当你再想起来的时候，只有感叹，而不再是伤心。

在分享的时候，有组员提出：没有办法放下对父亲的怨恨，除非有一个能够替代父亲的人、可以依靠的人出现；有组员说：需要父母给自己一个解释，才可以放下；还有组员说：除非自己失忆，否则不可能放下……。但也有组员说：不寄希望于父母，放下是自己的成长，当自己经济独立了，当自己心理更强大了，自然会放下……

另一位小组成员提供了非常有价值的分享：指望失忆是不靠谱的方法，即使失忆了，如果你和父母的沟通模式没有改变，你们仍然会吵架，你们在几年后仍然会积累起原来的怨恨。如果想改变，必须有一个人先动起来，而这个人，通常不太可能是已经年长的父母，而是经过了小组学习和成长的我们。

带领者肯定了那位寄希望于自身成长的组员的表述：要作自己最好的导师，支持和理解自己，小组也是对每个人的支持。未来的亲密关系、成长与阅历，以及重大事件（比如疾病、死亡等），都可能促使我们放下。不必把视角放在父母的改变上，可以从发展自己开始，建立良好的亲密关系、让自己更成熟和独立，这些成长都具有积极的疗愈效果。

带领者分享说："古话说得好，'养儿方知父母恩'。当自己做了父母，养育了孩子，便会有新的视角，可能就会站到父母的视角上看问题，可以更深地理解他们所做的，父母所能给予孩子的都是在他们所处的那个时代、基于他们自身情况所能够做出的最好的选择了。"

环节二　父母的"遗产"

目标：厘清父亲或母亲留给组员的影响，拒绝暴力在自己身上延续。
所需材料：纸、笔
建议时间：50分钟

活动：父母给我的"遗产"

每人发一张白纸，中间对折，随后在这张纸的两侧分别写出以下语句：
"我父母对我的积极影响，我想继续影响我的孩子的是……"
"我父母对我的消极影响，我不想把它重复在我的孩子身上的是……"
大声地读出来，然后与小组成员一起分享并询问他们的想法。

带领者可以使用以下引导语：从你的父母那里学到的某些行为或态度，你觉得不好的、想要丢掉的是什么？你觉得好的、正面的经验是什么？

> **提 示**
>
> 这个活动是讨论在组员们的成长过程中，父母或其他的权威形象对他们造成的影响。哪些是积极的影响，哪些是消极的影响？如何解决消极影响，如何避免这些消极影响重复伤害自己的下一代？
>
> 活动结束时，带领者可以说："我们倾向于把从父亲、母亲和主要照顾者处学习到的积极的经验在我们的生活经历中重复，应用到下一代身上。而那些负面的影响和教训，我有一个建议，现在就是把它们撕下来，扔到垃圾桶里，鼓励自己在心理上摆脱它们。"
>
> 如果时间许可，带领者还可以请组员写出父母的名字，再进行一次思考，列出他们的优缺点。当用父母的名字去看他们时，认知就不一样了。这时他们就不仅仅是父母的角色，而是被还原成了一个独特的个体，这会让我们对父母有更多的理解，比如注意到他们在成长中没有得到爱，没有学习过如何爱，所以不会爱孩子，等等。
>
> 在讨论父亲"遗产"的时候，往往会涉及父职角色。父职角色的类型不同，社会文化在背后起着重要的影响。
>
> 很多成年男人希望从有一个孩子这件事上得到男性气质的满足，成为家庭和孩子的养护者和保护者。如果男人失业，或收入不足，他们就很难觉得自己是一个好父亲，因为这损害了支配性男性气质。金钱能够带来权力，男人需要足够的收入来促进他们的父亲角色认同、父亲身份实践，以及家庭安排，这样他们就可以在对家庭的贡献中实践他们的男性气质。但是，并不是所有的男人都拥有这种支配性的男性气质并且在生活中让其占主导，成了父亲的男人既可以以支配性男性气质行事，也可以在日常生活中颠覆这种男性气质。父职的实践是多种多样的，并不只是养家型的。
>
> 当然，妻子对丈夫承担父职的期待与鼓励，社会文化对男人父职角色履行的倡导，也推动着男人们向某种占主导地位的父亲类型转变。而伴侣和社会对父职的态度，同样反映着他们对男性气质的理解。只有在一个对刚柔相济/关系均衡趋势男性气质被高度认可的社会中，高参与型的父亲才会普遍出现。

> 带领者应该事先阅读本环节后面关于"父亲的类型"的链接。小组应该鼓励的是：新的参与型的父亲、高回应度父亲、教育者型父亲、导师型父亲……即倡导全方位积极参与到育儿中的父职角色。
>
> 在讨论母亲的"遗产"时，会涉及母职角色，其中很可能会涉及社会性别刻板印象，带领者应该对此保持警惕。比如，传统心理学认为在一个家庭中，男人就应该"引导"女人，女人就应该"追随"男人；母亲如果在家庭中太强势，会影响到孩子的心理健康；理想的女人标准是"贤妻良母"的；等等。这些都是社会性别刻板印象，有时会误导我们对家庭暴力的认识。另外，我们还要警惕对单亲家庭的简单污名化。

带领者笔记1

在猴年小组分享的时候，有组员说：通过听别的组员分享自己父母的优缺点，又进一步发现了自己父母的很多优缺点，以前从未如此细致地体味过父母的优缺点。所以，分享的过程本身便是相互影响和成长的过程。

有组员说：发现父母是一个有正反面的立体的个体，不是一无是处的。还有组员说：发现自己继承了父母那么多优点，又何必在意他们有哪些缺点呢？有组员感觉到了自己继承了父母的一些缺点，如计较、对付出未得到及时回报很不满，等等。

带领者鼓励大家：将优点留下来，将缺点撕掉放弃，做一个分离。有组员选择不撕掉，认为写出来，就已经理解了，这些不是想抛弃就能够立即抛弃的，留这张纸在手上反而有助于提醒自己要处理这些负面的东西。带领者提示说：在这个放弃的过程中，每个人需要的时间可能不一样，有人长，有人短，一直努力就好了。

带领者鼓励大家继承父母身上正面的东西，我们将是我们自己孩子的原生家庭，我们都不想让自己的孩子重复自己经历的苦痛。女性带领者还分享了自己老公的一个情况：他记忆中父亲从来没有抱过他，他一直很害怕父亲，但是老公自己则很爱孩子，会拥抱孩子，和孩子一起玩……带领者最后说："我们每个人都可以从自己开始，发展出良好的亲密关系！"

带领者笔记 2

猴年小组中，当大家分享父母的优缺点时，带领者发现，作为施暴一方的父亲或母亲的缺点比较有共性的有三方面：一是比较在意付出，感觉委屈和不被认可感强；二是脾气暴躁；三是不善于沟通。这三个方面反映的恰好是自我认同、情绪调节和人际沟通的问题，家暴小组辅导方案的第三个版块也主要侧重在自信心、情绪调节和人际沟通技能的训练上。这一发现很好地提示小组成员，自身的心理成长方面需要在这三个方面予以重视，这对阻断家暴传承具有十分重要的意义。

链接：父亲的类型

1. 依据父亲的参与方式进行划分

美国学者罗兰·马克斯（Loren Marks）和马考维茨提出了四种父亲类型：新的、参与型的父亲；好的供应者父亲；游手好闲的爸爸；父子关系自由的男人。

类型一：新的、参与型父亲（New, Involved Fathers）。这类父亲被认为是"好父亲"的一种，他们参与到孩子生活中的许多方面里，他们会积极主动地照料、养育孩子以及料理家务等。这类父亲使用一种更亲密的和更富于表达的方式来参与到养育孩子当中，与他们的父辈相比，他们在他们孩子的社会化进程中起到了更多的作用。

类型二：好的供应者父亲（The Good-provider Father）。所谓供应者父亲，指的是通过工作来为孩子和家庭提供经济供应的父亲。这类父亲许多都是低等或中等收入，并且受教育水平也较低，这就使得他们必须为了生计、为了供给家庭而做出努力。然而仅仅是挣钱养家是不能够被称作为"好父亲"的。克里斯琴森（Christiansen）和马考维茨（Palkovitz, 2001）认为，父亲供应给孩子的应该是父亲参与的一个因素，而不是与父亲参与相对立的。这一点实际上是对供应者父亲提出了更艰难的挑战，要做一个好的供应者父亲，他们不仅要担负起挣钱养家的责任，还要在孩子的其余许多方面（比如照料孩子生活起居、对孩子进行道德教育、陪同孩子游戏，等等）进行参与。

类型三：游手好闲的爸爸（Deadbeat Dads）。这类父亲被认为是"坏父亲"的一种，他们通常是吝惜花时间与自己的孩子在一起，或者是吝惜将自己的钱花在孩子身上，或者是在精神上没有与孩子进行足够的交流，或者是离婚以后对养育孩子所应承担的一些基本责任进行逃避，等等。从某种意义上来说，这类父亲是在逃避他们作为父亲的这一角色，而事实上父亲角色对孩子来说是他们成长中最基本的需要之一。

类型四：父子关系自由的男人（Paternity-free Manhood）。这个类型中的部分男人不愿意要孩子但由于各种原因最后却有了孩子。马西利乌斯（Marsiglio, 1998）认为，这类男人原本在内心里是不愿意履行财政职责、不想要孩子的，但是在婚姻中他们感受到了自己作为伴侣的这一身份，这使他们拒绝说出自己最初的意愿，也就是说，他们的伴侣身份压倒了他们自己原本的意愿，最终他们有了孩子。这类父亲也被称为"不感兴趣的父亲"（The Uninterested Father），这应该说是一种最不稳定的类型，因为他们隐藏的初始意愿随时有可能在孩子出生后因为一些摩擦而引发甚至爆发出来，这对孩子和整个家庭来说都是一种危机和灾难；但另一种可能的情况是，孩子的出生改变了这类父亲的最初意愿，改变了他们对养育孩子的看法，他们在伴随孩子成长的过程中将自己塑造成了"好父亲"。(Loren Marks & Rob Palkovitz, 2004：113—129)

2. 依据"回应度"进行划分

在另一项美国的研究中，根据"回应度"将父亲分为了三种类型：低回应度父亲、中回应度父亲和高回应度父亲。父亲回应度是指父亲对他们的妻子和孩子的需要表示认可和关注的程度。(D. Shawnmatta & C. Martin, 2006：19—37)

这种划分方式中，父亲的回应不仅仅是针对孩子的，也同时体现了他在何种程度上对待自己的妻子。比较以上这两种划分父亲类型的方式，在第一种划分方式中，父亲是占主导的，即父亲是行为的发出者；而在第二种划分方式中，父亲是行为的反馈者，即妻子和孩子发出需要，他对这种需要进行回应。

3. 依据父亲的作用进行划分

德国学者瓦西里沃斯·费纳克斯在他的问卷调查中得到了关于父亲的作用的四种回答，即养家作用、工具作用、社会作用，以及把自己的事业放在孩子的利益之后。其中工具作用指的是对孩子进行认知和全面发展的教育；社会作用指的是对孩子的成长保持一种开放接纳的态度，并提供必要的帮助。根据父亲的这四种作用，父亲类型被分为了两大类：一类是养家型父亲，另一类是教育型父亲。养家型的父亲主要履行他的养家作用，这类父亲有更多的外在生活目标；而教育型的父亲主要履行他的工具作用和社会作用，这类父亲有更多的内在目标。把自己的事业放在孩子的利益之后，这一条比较特殊，它显然不是养家型父亲的特点,然而它也未必就一定是教育型父亲所具有的特质,只能说它是这类父亲中的某些人所遵从的信念。研究显示,年龄大的男人比年轻男人更愿意把自己的事业放在孩子的利益之后。(瓦西里沃斯·费纳克斯,2003:42—60)

4. 依据父亲对子女职业的影响进行划分

美国临床心理学家斯蒂芬·波尔特根据父亲对子女的职业生涯产生的影响而将父亲类型划分为五种:功成名就型、定时炸弹型、心态消极型、漫不经心型和富于同情心或导师型。

功成名就型的父亲永远看上去风光、自信,他们的成就很容易给子女带来压力,使其在职场中表现出一种"受阻性",在事业上可能不会取得太大的成就。

定时炸弹型的父亲是指那些常常在家中突然大发脾气、暴跳如雷的父亲们。拥有这种父亲的人通常善于在职场中察言观色,知道如何去摸清周围人的脾气和心情。

心态消极型的父亲往往忽视子女的情感需要,他们可能会给子女带来两种职业障碍:缺乏进取心和害怕失败。

漫不经心型的父亲缺乏对子女的情感照顾,他们的行为在无形中让孩子产生拒绝和放弃心理,他们的子女在职场中往往不知道如何应对权威人物,但这类父亲对子女们的职业发展也有好的一面,即他们可能会自发形成更自主的性格特征。

富于同情心或导师型父亲对子女教导有方,对孩子的内心想法和情感给予回应,他们也不会满腹牢骚,这类父亲对子女的健康人格的塑造起到了影响,他们的子女在职场中能够有较好的人际关系。

5. 依据幼儿的喜好进行划分

国内的一项研究通过对幼儿园孩子进行访谈,总结出幼儿最喜欢的六种父亲行为以及最不喜欢的六种父亲行为,这些不同的行为无形中就将父亲划分为了12种类型。(方建华、黄显军,2007:86—89)

幼儿最喜欢的六种父亲类型依次为:玩伴型(45%),爱劳动型(27.5%),给我买东西型(10%),微笑型(2.5%),良好习惯型(2.5%),喜欢在家看书型(2.5%)。

幼儿最不喜欢的六种父亲类型依次为:不良嗜好型(32.5%),暴力倾向型(25%),在家不理孩子型(22.5%),在外忙碌型(10%),懒惰型(5%),在家不外出型(2.5%)。(方建华、黄显军,2007:86—89)

6. 依据父亲对待孩子的方式进行划分

在国内，还有人通过自己的观察思考将现代家庭中的父亲划分成了四种类型：不管型、严管型、包办型以及朋友加师长型。（周小平，2001：37）这完全是根据父亲对待孩子的方式进行划分的，这四种类型的父亲是还未经过研究考察的，因此可以说这种分类还有许多有待商榷的地方。

7. 特殊的父亲类型——父亲缺席

"父亲缺席"（Father Absence）是指孩子在成长过程中很少得到父爱或父亲在子女教育中参与得很少甚至孩子没有得到父爱或父亲没有参与的状况。据报道，当代社会中父亲缺席现象已经成为一种全球化的现象：34%的美国孩子不和自己的父亲住在一起；中国香港父亲每天与孩子待在一起的时间平均只有6分钟。少部分家庭是由于父母离婚或父亲去世而被迫形成父亲缺席的状况，但在不少父母双全的传统家庭中由于父亲工作忙碌或其他原因，使得孩子不得不长期在父亲"存"而"不在"的环境中成长。（李霞，2007：639—640）

环节三　我的未来

目标：设计并展望自己的未来。
所需材料：油画棒、彩纸
建议时间：50分钟

用绘画的形式，勾勒10年后的自己与自己的家庭。

让成员静心展望10年后，自己是什么样子，自己的父母会是什么样子，那个时候，自己对父母的感情、态度。

绘画结束后，让愿意发言的成员到中间发表感言，大家分享感受。

带领者注意倾听成员是否会谈到日后要与父母沟通，放弃一直以来的仇恨。如果成员没有主动提到，领导者可以引导成员往这方面思考。

> **提　示**
>
> 本活动为整体团辅方案第二板块的最后一个活动，设计用意为放下过去，走向未来，起着承上启下的过渡与衔接作用。

环节四　小组结束

建议时间：10 分钟

带领者请每人说一句话，梳理和分享今天在小组中的感受。

作业

1. 想象 10 年后的自己已经从过往的家暴经历中真正放下和疗愈，体会完全放下后的那份平和、稳定、轻松的心态，建立起对未来的信心和积极期待。

2. 修改上周完成的给父母的信，并且寄给他们。

第四部分
团体第三阶段：立足当下

第 8 次　建立自信

目标：
  1. 教给组员学习培养自信心的方法；
  2. 引导组员通过训练逐步消除自卑心理，学会自我激励。

内容：
  练习欣赏他人，同时通过自我观察不断学会自我欣赏、自我肯定和自我悦纳。

带领者引导语：

首先恭喜大家已经完成了小组的第一阶段、第二阶段的学习。这次小组活动开始，我们进入了小组活动的第三阶段，即开始学习面向未来。我们将更多地把注意力放在未来的成长上。

小组走到今天，每个组员的进度是不一样的，这和每个人的情况差异有关系，是很正常自然的。所以，如果你还没有解决小组前面活动时处理的问题，也不用焦虑，我们后面的活动也有助于处理前面的问题。

每个人都是从过去走过来的，必然带着过去的痕迹，我们当然也不例外。但是，我希望从本周开始，大家更多把目光凝聚在未来。

我们会相互陪伴、一起成长的。

环节一　认识自己

目的：促进自我观察，强化成员自我认识；学习自我欣赏、自我肯定、自我悦纳。

所需材料：彩笔、A4 纸

建议时间：90 分钟

活动1：热身活动——抢7

组员围坐一圈，从1开始报数，但遇到数字7、个位是7以及7的倍数时不准说出数字，而以击掌代替。出错者退出游戏，最终留下来的两到三位则是获胜者。获胜者可获得被大家"优点轰炸"的奖励。在"优点轰炸"时，大家尽可能真诚、具体地反馈对方的优点。

活动2：自画像

第一步：请组员用一幅画来表现出对自我的认识。绘画开始前可以请组员轻轻闭上眼睛，先想一想自己是怎样一个人，然后画出自己。可以有标题，也可以无标题；可以用任何形式来画出自己，形象的、抽象的、人物的、动物的、植物的，什么都可以；总之要把自己心目中最能代表自己的东西画出来。注意提醒组员，不用担心自己画得好不好、像不像，只要是自由表达和呈现就好。

第二步：画完后挂在墙上，开"画展"，让组员自由观看他人的画。

第三步：画者给大家介绍自己的画，解读并答疑。

自画像用非语言的形式将画者的内心投射出来，是一种独特的自我探索、自我分析和自我展示。这种方法可以使成员发现隐藏在潜意识层面的自我，不知不觉中对自己做出评估和内省。进一步分析你为什么会这样描绘自己的形象可以帮助你揭示出一些更深层次的自我概念。

> **提 示**
>
> 　　分享与介绍阶段，带领者可以请组员思考：你是否对自我感到模糊和不确定？你是按心中的自我来描绘自己的吗？
>
> 　　在我们每个人的一生中，我们都可以是一位艺术家，描绘着我自己生活的肖像。每天我们使用什么颜料，怎样落下每一笔，都是我们自己的选择。自画像笔触简洁、有力，线条流畅、清晰，表现出对自我的形象很有把握，悉熟于心；自画像笔触拖沓、犹豫，线条僵硬、杂乱，显得毫无信心，这不是对自己的形象难以确定，便是对某些细节该如何表现心存顾虑。有的人对自我形象的感知比较准确、真实；有的人自觉或不自觉地将自己的缺点加以美化，或将优点贬低、忽略；甚至有人将缺点夸大，有人将优点过分突出。不同的表现方式，不同的心理活动，折射出复杂的自我意识。

带领者笔记1

　　在猴年小组中，组员们在这次绘画时又惯性地呈现出了以前几次绘画的特点，注重情绪、心境的表达。这提醒我们，在这个环节开始之前，要更加清楚地强调这一次是自画像，和以前的绘画用意不一样，这样就能更好地突出和呼应主题。

带领者笔记2

　　下面是马年小组部分组员完成自画像之后，画者自己的介绍，以及其他组员的部分回应。

组员1：

　　我画的是一条鱼。我觉得我从小就跟别人不一样，特别是脚长得"丑"，所以我是一条没有脚的鱼。

　　我从小就感到被太多的人排斥。如果我要和别人建立关系，就必须要伪装自己、远离真实的自己。最开始是父母不接受我的脚，他们说"你就像个小怪物"。小时候，我从来都不能像别的孩子一样光着脚跑来跑去，有一次我脱掉鞋跑了出去，我并没有觉得我哪里不对劲，我想和别人一样，过真实的生活。但这是我的父母不能接受的，后来我被我爸捉了回来，他谈论我的神情和语气好像是以我为耻似的。

所以，我必须没有脚，海洋就代表我的原生家庭。

（其他组员：你现在跳出这海了吗？）

我已经从海中跳出来了。我已经越来越好了。当我跳出这海的时候，我渴望外界有个人能接住我、接纳我，这样我就不用再掉回到海里去了。

（其他组员：你觉得你找到这个人了吗？）

嗯，找到了。

组员2：

我本来想画一个婴儿，画着画着又想画成一个男人，后来觉得我应该是个女人，于是就画上了长头发和裙子，再后来我又想画成小恶魔，因为恶魔是有角的，所以我给自己画上了两个角，不是那种凶恶的恶魔，而是那种可爱的小恶魔。在我的旁边我又画了一个男人，因为我也渴望亲密关系。

（其他组员：你希望从婴儿开始成长，像男人一样有力量，但你知道自己是女性；小恶魔，是你内心传承的暴力的一面，你一直在对抗它，虽然是"可爱"的小恶魔，仍然是恶魔，你和它的斗争还会继续。加油，你会有属于自己的良好亲密关系的。）

组员3：

我的画被画在了一张小纸上，其实这表现的是我不自信的状态，好像要先画一个底稿似的。我特别喜欢熊猫所以画熊猫，我就喜欢熊猫那样自由自在、无忧无虑的样子，我也渴望那样的状态。旁边的这个小人摆出一个"耶"的手势，代表着理想的自我：自信的、不压抑、不悲观的形象。

组员4：

我画的是猫。我喜欢猫的独立、自我、骄傲。我渴望不黏人的、双方都比较独立的恋爱。猫的头顶有一个蝴蝶结，我小时候从来都没法留小女孩的发型，妈妈没时间给我扎头发，我有点渴望扎蝴蝶结。

（其他组员：你现在可以自己扎蝴蝶结了。）

组员5：

我画了一个战士，也可能是角斗士，他有精良的盔甲和武器，但实际上他是受伤的、脆弱的。过去我的自我价值从来都不是根植于自己内心的，而是别人

"恩赐"的；我的家庭总是只能看到所谓的"优秀"与"成功"，真实的我从来不被看到。我曾经误以为外在的华丽的盔甲就是我，直到我的梦彻底地破碎了，我才发现了真实的自己。

现在，我已经知道依托于自己内心的力量了，我要好好爱自己。我期待着能脱掉自己的防御，走到亲密关系中去，而且我觉得自己已经准备好了，能够平静而幸福地建设自己的新生活了。

（其他组员：你觉得你的这条路已经走出来了多远？）

现在已经60%了。我处于一个既有信心和希望，又感到焦虑不安的状态中。

（其他组员：在这条路上如果你感到坚持不下去，是因为外界的伤害吗？）

不，是因为我自己的虚弱，我的伤口还没完全愈合。

（其他组员：那你觉得需要什么样的帮助吗？）

我需要良好的承托，有人扶我一把。

活动3：我的长处与限制

带领者协助组员通过自画像来反思，是否自觉或不自觉地将自己的长处加以美化，将自身限制忽略，或者将自身限制夸大，而将长处掩盖，从而来更理性地认识自己的长处和限制，欣赏自己的长处，接纳自己的局限，扬长补短，找到优化自我的方向。

带领者可以指出：每个人都很独特，有所长，了解自己非常重要，可以充分发挥所长。

带领者请组员根据自画像，写下"我的长处"和"当我再一次看清楚自己的长处之后，我感到_____"。写完之后进行组内分享。

写出"我的长处"时的要求：①必须实事求是；②必须是自己的优点或特长，也可以是自己的进步；③每个人至少找到自己的5个优点。

提 示

组员可能会过于强调自己的限制，而忽视优点。带领者要强调：每个人都有许多优点，我们不要只盯着自己的限制。发扬你的优点，限制也会因此而改变。

带领者笔记

在猴年小组的分享中，不少组员会提到：说出自己的限制（缺点）比说出自己的长处要容易得多。也有组员觉得自己的优点并"不算是优点"，而是一些基本的为人品质，没什么值得称赞的。这时候带领者可以对组员提到的自身优点和长处再次表示肯定，并引导组员去充分地自我欣赏。

在猴年小组中还有一位组员提到自己当前的一些优点正是从当年的家暴经历中学习而转化过来的，例如：处于家暴环境中，这位组员需要能够对施暴者"察言观色"以避免自己受暴，而她将这种"察言观色"的技能转变成现在细心和善解人意的特质。其他组员纷纷对该组员的长处表示了肯定，也对她这种看待过去伤害的角度表示赞许和钦佩。小组中有这样的组员，对其他组员的引导作用是不可估量的，是小组非常宝贵的内部资源。

活动4：三个圆圈

在空地上摆出三张纸，每张纸上分别写上：
- 你的最强项是什么，你最自豪的是什么？
- 你曾经从别人那里得到的最好的欣赏是什么？
- 对你现在最有用的积极的肯定是什么？

带领者邀请组员围站在这三张纸周边，思考每个问题。然后，逐一站到每张纸前，逐一回答每个问题。最后，邀请组员进行反馈。

提 示

在每位组员说出对自己最有用的积极的肯定之后，带领者可以带头用这样的肯定来支持他。带领者在组员交流后总结这个活动的意义：发现并且接纳自己的优点。

另外，在说自己和别人所说的自己优点的时候，要尽可能具体化，而不仅仅是一个形容词。比如说："我这个人很细心，在对待哪些问题时（有一个什么例子）……"而不是说"你很聪明"就完了。

环节二　欣赏自我

目标：发掘自身的发光点，强化自我欣赏和自我肯定。
建议时间：60分钟

活动1：热身活动——欣赏圈

组员围坐成一圈，每一个人轮流向他右边的"邻居"耳语一句欣赏、肯定的话，比如："我真的很喜欢你，因为……""我真的非常感谢你，因为……"或者"我真的非常欣赏你，因为……"等。然后这位"邻居"用自我欣赏的方式对着整个团队大声重复出来。

"欣赏"是任何一个真心实意的发现，诚恳地、真诚地说出一个积极的支持性的语句，欣赏不需要包含任何建议或者解释，除了身体语言（眼神交流）之外，不需要其他言语。

带领者笔记

在猴年小组中，有组员表示，听到其他人夸奖自己，总感觉不是在讲自己似的，不相信自己有这么好。带领者可以提出：每个人需要理性地认识自我，但同时也不要排斥来自他人的欣赏，试着去接纳来自他人的欣赏，也是走向欣赏和接纳自我的重要一步。

特别重要的是：这里可以进一步练习具体化地发现自己和他人的优点，也许这样猴年小组出现的夸奖感到不自在的问题就会少很多。很多时候对夸奖觉得不自在未必是因为我们谦虚，而可能是那个夸奖让当事人感到不够真诚。

活动2：天生我才

1. 认识自己
请成员填写下列练习表：
① 我最欣赏的自己的外表是＿＿＿＿＿＿＿＿＿＿＿＿

②我最欣赏的自己对家人的态度是_____
③我最欣赏的自己对朋友的态度是_____
④我最欣赏的自己对求学的态度是_____
⑤我最欣赏的自己对做事的态度是_____
⑥我最欣赏的自己的性格是_____
⑦我最欣赏的自己的一次往事是_____
⑧如果别人正在谈论你，他们十分了解你的话最有可能选用的一些词是_____

2. 组内分享与交流

在小组中交流自己所写的内容，每位成员都讲完一项后，再开始下一项。通过自我分享和聆听他人，发掘自我与他人的优点，增强自信和对人的信任。

活动3：一次成功的经验

每人想一件自己认为非常成功的经历，或者引以为豪的事情。然后两人一组，相互针对这件事情进行访谈。访谈的要点如下：

- 这是一件什么事情、一个什么情景？
- 成功征服的挑战或困难是什么？
- 你使用了什么策略和技能？展示了什么样的能力和品质？
- 你得到了什么样的认可？
- 是什么让你引以为豪？
- 成功是什么样的感受？
- 你从中学到了什么？

访谈结束后，请大家逐一在小组中进行分享，然后其他组员反馈看法，带领者适时引导，并着重在于成功的感受和从中学到的经验，其目的都是激励组员更加自信。这部分成功的经历，如果能够联系到家暴挫折，则更好。小组可以进一步进行分享、讨论。

> **提 示**
>
> 为了保证小组成员间的访谈聚焦在发现自己正能量这个目标上，而不出现偏离，建议把前面的几个问题事先打印出来，发给小组成员，作为他们互访时的依据。访问结束后，带领者要再清楚地点题：这个活动是帮助挖掘你内在的优点和力量，让你从成功的经验中获得自信。

带领者笔记1

在猴年小组中，一位组员分享自己最骄傲的事是玩某个游戏，达到了他所知道的最高分。带领者请他思考从中学习到什么，他总结出：做自己喜欢的事，做自己擅长的事，坚持努力，自己就一定可以成功。其他组员的分享还包括坚持早起、勤奋备考和自学乐器等，从中总结的经验包括：设立一个可行的目标并为之努力，结果一定不会太差，点点累积的力量最终会有成果。

有一位组员提出自己并不喜欢"成功"这个词，更愿意用"令自己满意的"来形容。组员有这样的理解，带领者应当表示尊重，并对其使用相应的词来回应。

在活动中也有一位组员分享了三件令自己自豪的事情，但每说完一件又会对其否定，认为事件当时的确有成就感，但现在不再那么认为。带领者觉察到这位组员可能已形成这样固定的思维模式，因为在之前的活动中该组员也会在分享积极经历后随之表达自己很多消极的情绪和想法。带领者提醒组员要对自己的这一思维模式有所觉察，并回应道：这反映出你还不能真正地肯定自我，总是不断地自我怀疑和否定，也因此会带给你不少困扰，而小组就是一个探索自我、重建自我的过程，希望通过小组的反馈使你意识到自己这一模式，并逐步打破过去的模式。

带领者笔记2

与多数组员的分享不同，猴年小组中另一位组员讲的最成功经历是：从来没有打过、骂过自己的孩子。带领者意识到这是一个非常好的例子，意义已经不再仅是增加组员的自信了，虽然和本次要讨论的自信主题有些偏离，但是对于阻断暴力的传承、建构幸福的亲密关系非常有意义。所以，带领者请她分享是如何做到的，她说："是经过多年间对原生家庭中的暴力反思，认识提升做到的。"带领者问："这是理性层面的，在现实中，有没有一次受情绪影响接近失控吗？如果有，你是如何克服的？"

组员讲了一个故事：有一天，她 5 岁的儿子学习炒鸡蛋。他向锅里打鸡蛋的时候，手一抖动，将鸡蛋掉到了炊台上。她很生气，以为是孩子用破坏性的方式拒绝学习做饭，她训斥道："锅这么大，你眼睛没问题吧?! 你不想做就别做，不要用这种方式！"儿子便闷着头去客厅了，她立即感觉自己刚才的话言辞过重了，也来到客厅，看到儿子正坐在沙发上哭呢。她便过去安慰孩子，问孩子为什么哭，怎么想的。儿子说："你的话让我很委屈，我刚才是看到火苗很害怕，所以鸡蛋掉炊台上了。"她便回到厨房，站到儿子的高度，正好是看到火苗的位置，而平时成人以俯视的角度是看不到火苗的。她立即向儿子道歉，请求儿子的原谅。带领者请这位组员分享，从中学习到了什么。这位组员说："只要不断努力，一定会让自己成长。"

环节三　小组结束

建议时间：10 分钟

带领者请每人说一句话，梳理和分享今天在小组中的感受。

作业

1. 本次小组活动让你有什么收获与感受？

2. 请组员在本次小组之后在微信朋友圈里发问："我有哪些优点，大家认真些，告诉我。"看看朋友们可以告诉你哪些。然后列出大家告诉你的每一条优点，天天以赞赏的眼光去看它们，下周小组活动时拿来和大家一起分享。

带领者笔记

在马年小组中，组员对这个活动的反馈都非常好。猴年小组中，有组员会觉得这个活动难以完成，怕被人笑话或觉得不好意思。带领者应当鼓励组员去完成，并让组员以认真、真诚的语气发问。

链接：皮格马利翁效应

为了激励组员的自信心，带领者可以向组员讲述皮格马利翁效应，也称罗森塔尔效应。

传说，这是一则古希腊神话故事。塞浦路斯的国王皮格马利翁是一位有名的雕塑家。他精心地用象牙雕塑了一位美丽可爱的少女。他深深爱上了这个"少女"，并给它取名叫盖拉蒂。他还给盖拉蒂穿上美丽的长袍，并且拥抱它、亲吻它，每天赞美它，他真诚地期望自己的爱能被"少女"接受，但它依然是一尊雕像。皮格马利翁感到很绝望，他不愿意再受这种单相思的煎熬，于是，他就带着丰盛的祭品来到阿弗洛狄忒的神殿向女神求助，他祈求女神能赐给他一位如盖拉蒂一样优雅、美丽的妻子。他的真诚期望感动了阿弗洛狄忒女神，女神决定帮他。

皮格马利翁回到家后，径直走到雕像旁，凝视着它，赞美它。这时，雕像发生了变化，它的脸颊慢慢地呈现出血色，它的眼睛开始释放光芒，它的嘴唇缓缓张开，露出了甜蜜的微笑。盖拉蒂向皮格马利翁走来，她用充满爱意的眼光看着他，浑身散发出温柔的气息。不久，盖拉蒂开始说话了。皮格马利翁惊呆了，一句话也说不出来。

皮格马利翁的雕塑成了他的妻子，皮格马利翁称他的妻子为伽拉忒亚。

人们从皮格马利翁的故事中总结出了"皮格马利翁效应"：期望和赞美能产生奇迹。

皮格马利翁效应（Pygmalion Effect），指人们基于对某种情境的知觉而形成的期望或预言，会使该情境产生适应这一期望或预言的效应。

你期望什么，你就会得到什么，你得到的不是你想要的，而是你期待的。只要充满自信的期待，只要真的相信事情会顺利进行，事情一定会顺利进行；相反，如果你相信事情不断地受到阻力，这些阻力就会产生。成功的人都会培养出充满自信的态度，相信好的事情一定会发生的，这就是心理学上所说的皮格马利翁效应。

"皮格玛利翁效应"留给我们这样一个启示：赞美、信任和期待具有一种能量，它能改变人的行为，当一个人获得另一个人的信任、赞美时，他便感觉获得了社会支持，从而增强了自我价值，变得自信、自尊，获得一种积极向上的动力，并尽力达到对方的期待，以避免对方失望，从而维持这种社会支持的连续性。

举例：对这一效应做出经典证明并使它广泛运用的是美国心理学家罗森塔尔和他的助手们，因此"皮格马利翁效应"又称"罗森塔尔效应"。美国心理学家罗森塔尔考察某校，随意从6个班各抽3名学生共18人写在一张表格上，交给校长，极为认真地说："这18名学生经过科学测定全都是高智商型人才。"事过半年，罗森又来到该校，发现这18名学生的确超过一般学生，长进很大，再后来这18人全都在不同的岗位上干出了非凡的成绩。这一效应就是期望心理中的共鸣现象。

暗示的力量

你有过这样的经历吗？本来穿了一件自认为很漂亮的衣服去上班，结果好几个同事都说不好看，当第一个同事说的时候，你可能还觉得只是她的个人看法，但是说的人多了，你就慢慢开始怀疑自己的判断力和审美眼光了。于是下班后，你回家做的第一件事情就是把衣服换下来，并且决定再也不穿它去上班了。

这便是心理暗示在起作用。暗示作用往往会使别人不自觉地按照一定的方式行动，或者不加批判地接受一定的意见或信念。可见，暗示在本质上，是人的情感和观念，会下意识地受到别人不同程度的影响。

人为什么会不自觉地接受别人的影响呢？其实，人的判断和决策过程，是由人格中的"自我"部分在综合了个人需要和环境限制之后做出的。这种决定和判断就是"主见"。一个"自我"比较发达、健康的人，通常就是我们所说的"有主见""有自我"的人。但是，人不是神，没有万能的"自我"，更没有完美的"自我"。这样一来，"自我"并不是任何时候都是对的，也并不总是"有主见"的。"自我"的不完美以及"自我"的部分缺陷，就给外来影响留出了空间、给别人的暗示提供了机会。

我们发现，人们会不自觉地接受自己喜欢、钦佩、信任和崇拜的人的影响和暗示。这使人们能够接受智者的指导，作为不完善的"自我"的补充。这是暗示作用的积极面。这种积极作用的前提，就是一个人必须有充足的"自我"和一定的"主见"，暗示作用应该只是作为"自我"和"主见"的补充和辅助。表面上看，有些积极暗示似乎起着决定性作用，其实，积极暗示对于被暗示者的作用，就像是"画龙点睛"。换句话说，如果你不是那块材料，再多的暗示也无济于事。

心理暗示发挥作用的前提是"自我"的不完善和缺陷，那么如果一个人的"自我"非常虚弱、幼稚的话，这个人的"自我"很容易被别人的"暗示"占领和统治。暗示也有消极的方面，那就是容易受人操纵、控制。这种人的人格本身，就存在严重的依赖倾向。

所以，皮格马利翁效应虽然会对你的生活产生积极或者消极的影响，但是千万不要盲目地相信它，完全被它所左右。因为外界的鼓励或批评是每个人都必须要面对的问题，如果总是因为别人的态度而改变自己的话，那就永远也不会成熟。

积极的期望

皮格马利翁效应告诉我们，对一个人传递积极的期望，就会使他进步得更快，发展得更好。反之，向一个人传递消极的期望则会使人自暴自弃。

皮格马利翁效应在学校教育中表现得非常明显。受老师喜爱或关注的学生，一段时间内学习成绩或其他方面都有很大进步，而受老师漠视甚至是歧视的学生就有可能从此一蹶不振。一些优秀的老师也在不知不觉中运用期待效应来帮助后进学生。在企业管理方面，一些精明的管理者也十分注重利用皮格马利翁效应来激发员工的斗志，从而创造出惊人的效益。

在现代企业里，皮格马利翁效应不仅传达了管理者对员工的信任度和期望值，还更加适用于团队精神的培养。即使是在强者生存的竞争性工作团队里，许多员工虽然已习惯于单兵突进，我们仍能够发现皮格马利翁效应是其中最有效的"灵丹妙药"。

对组员的启发

让组员了解到别人认为你聪明，你就会变聪明；别人认为你傻，你就能变傻。你自己要是认为自己聪明，影响就会更大；你自己认为自己傻，影响同样会很大。说明自己的声音，自己的目光，从自己身上发出来，每天都在极大地影响着自己。

附录：马年小组组员作业摘抄

组员1：

小组活动中，大家列举这些优点时，我一开始不太相信。昨天晚上我十多年的老同学来我家了，我问她："有人说了我许多优点，比如说我优雅，有大家闺秀的气质，真的是这样吗？"

我同学说："当然了。"

我说："你认识我十年了，为什么不告诉我呢？"

她说："这显而易见，你自己不知道吗？"

我觉得我同学不会骗我，这应该就是我真有的优点。整个人感觉好极了。

组员2：

在优点自我接纳环节，开始时要放不开，各种害羞紧张不自信不严肃，到后面如鱼得水，这些本是我自带的啊，为什么要不认可呢？另外我还发现，这种自我接纳方式和家长表扬称赞孩子的教育方式道理似乎是一样的呀。

组员3：

这次的活动让我完全放松下来了，我对自身有了一些新发现。比如：通过活动，我发现我比以前自信，但有时我担心这是一种盲目的自信；我很善于看到别人身上的优点，并且不吝啬自己的赞美之词；我自身对自己的一些认可与别人对我的认可不尽相同。

画自画像时，我并没有太多的想法，只是凭借脑袋中一直出现的事物而画，画中所赋予的元素和其所具备的性格，是我对自己的一种向往。

第 9 次　情绪与身体感受和内在需要

> **目标：**
> 　　认识情绪与身体感受和内在需要的关系，学会倾听身体和识别情绪背后的需要，了解并学会管理自己的情绪。
> **内容：**
> 　　阐述健康情绪和不良情绪的概念，觉察情绪来临时自己身体的感受，探究内在需要。

环节一　分享作业

目标：回顾上期活动的作业，强化自信心和自我欣赏。
建议时间：30 分钟

上一期活动的作业是：请组员在小组结束后在微信朋友圈里发问："我有哪些优点，大家认真些，告诉我。"然后列出大家告诉你的每一条优点，天天以赞赏的眼光去看它们，下周小组活动时拿来和大家一起分享。

本环节，则请组员分享各自从朋友圈获得的反馈，并分享自己做该活动时和看到这些反馈时的感受。

带领者笔记 1

猴年小组中出现了一个普遍现象是，组员们都对这个作业表示出很焦虑，觉得这个作业太难了，"如果我让大家写我的优点，他们一定怀疑我疯了"，"不可能有人写我的优点的，那我多没面子呀。"

结果有的组员拖到本次小组活动前一天才写，也有人说：发之前特别不安，怕没有人回复。更多的组员都没好意思认真地征集优点，而是用调侃、非直接的方式，含糊地请大家说他的优点，从而使他们的很多好友在看到相应消息的时候根本不明白组员的真实用意，自然大家回复优点也就不认真了。

比较认真按照要求完成的组员，则收到了比较多的惊喜。有组员说：没有想到有这么多人夸自己，没有想到有这么多优点，维持这些优点多么难呀……有人发了几大段，全是褒义词，感觉难为人家了，但还是很开心。

总体来说，组员们对完成这个作业的焦虑，其实与内心的不自信，甚至自卑，是有关系的。大家很少从他人那里得知自己的优点，很少从他人口中获得这样认真的赞美。所以让组员主动向别人"讨优点"，这是与其过去的经历和生活模式不同的行为，而我们的小组就是推动着组员们打破自己固有的思想和行为模式，得以接收外界新的更好的信息。

从社会性别的角度看，女性比男性在成长过程中更多接受应该"含蓄""谦虚""低调"等观念的影响，这是社会性别文化对女性的"规训"，使她们更不敢于"讨优点"。带领者在布置这个作业的时候，可以挑明这一点，鼓励女性反思传统社会性别角色的压迫。

带领者笔记 2

猴年小组关于这个活动的分享，还引出了关于朋友关系的维持和逝去的讨论。有组员分享几年前其单位的同事秒回了她的朋友圈，并认真地说"想到你心中便充满阳光……"的事。这位组员本以为和这位同事关系很一般，而这帮助她更正了很多以前关于这位同事的想法，收获了一份意外的温暖。但同时也有组员透过这个活动觉得有些朋友似乎正在离她远去，因为她期望的人并没有回复她，她感到伤心和难过。这个时候，其他组员给了她很多鼓励，也许真实情况并不是她想的这么悲观，只是那位朋友没有看到她的朋友圈而已，并支持她可以主动去询问那位朋友对她的看法。而这位组员也的确在小组活动后这么做了,得到了非常积极的反馈,她也及时地在小组的微信群里与大家分享了。虽然这部分内容似乎与"自信"的主题没有直接关系,但是有关人际交往的认知也能帮助建立自信,况且组员间建立的这种主动的支持关系更是小组团体的动力和目标之一。

带领者笔记3

猴年小组中,在讨论这个作业的时候,出现了一次带领者与组员的"冲突",可以成为带领者的警戒。

讨论时,按顺序轮到一位组员的时候,她说:"我没有写,我对这个作业很抵触,我怀疑这个作业的意义,我觉得别人即使夸我也是骗我的,不真实……"

男性带领者觉得这非常破坏正在进行的讨论的气氛,便打断她:"如果您没有做这个作业,就先让做了作业的组员分享。"

但这位女组员继续说:"我还想继续说。"然后就开始继续慢条斯理地论述为什么觉得这个作业没有意义。

男性带领者这时第二次打断她,同时很强硬地说:"我觉得大家都在讨论这个作业带给我什么,您现在说这个不合时宜,还是等别人都说完之后您再说吧!"然后便让下一位组员发言了。

这之后,男性带领者和这位组员都非常不高兴。小组成员分享了一圈之后,带领者强调了这个作业的意义:发现自己的优点,你认真地告诉朋友圈中的人要认真对待,别人就会认真对待;这有助于发现我们自己,我们并不都是了解自己的。这也是一种自我激励。这个作业是培养自信心的。然后带领者转向刚才那位被打断的组员,说:"现在您可以分享您的想法了,我知道刚才打断您会让您很不开心,因为我当时也感觉非常不开心。"

那位组员表示:被强硬打断心里很不高兴,甚至想要退出小组,但也在想自己如何化解;感谢带领者给了一个表达的机会,不然真的很难受。

这位组员说出了她的情绪,带领者也说出了他的情绪,但是很明显还没有清理完。

另一位带领者要开始下面的环节时,适时地说:"正好我们今天讨论的是情绪……"

在做后面关于情绪的小组活动的时候，男性带领者又特意与那位组员进行了一些互动，以缓和彼此的情绪。比如，在另一位带领者要求大家表演"失而复得"的情绪时，男性带领者便过去紧握那位组员的手，表示友情的失而复得。那位组员也非常积极地回应。

当天小组活动结束之后，男性带领者和那位组员的情绪都已经平和了。

事后，男性带领者又进行了自我反思。这位组员曾经缺席一次小组活动，上一次小组活动时迟到近一个小时，当天小组活动开始之前，这位组员又突然发来短信，说将会迟到半小时。男性带领者的情绪自那时开始便累积了，并且没有得到处理。

很多带领者在团队带领中会有挫折或者表现得不够好的地方，带领者能够有深入反思并且提醒别人注意，是很重要的。这包括带领者自己的状态、带领者如何看待自己和组员的关系（专业关系）、小组目标的重新评估、组员参与动机和带领者动机的重新评估等。这些都属于带领者带领小组的技能挑战，需要带领者保持更多的开放性和灵活性。

带领者应该特别注意小组内的冲突。第一次冲突时，成员会敏锐地观察领导者的行动。领导者必须做出回应并促进冲突得到解决，这样团体才能继续前进。（Marianne Schneider，Gerald Corey，2010：117）没有被面对和处理的冲突，很可能会成为隐藏的话题，从而阻碍团体进程。

环节二　觉察情绪

目标：觉察并接纳自己的情绪。
建议材料：海报纸
建议时间：30分钟

步骤1：热身

大家围成一圈，每个组员依次说出一个关于情绪的词，然后口中喊1、2、3，同时其他组员则表演该情绪，注意面部表情和身体动作。带领者鼓励组员放开表演，若觉得组员不够放开，可以建议进行两轮活动。同时，另一位带领者可协助将游戏中提到的情绪词写到海报纸上，供后面使用。

步骤2：觉察情绪和接纳情绪

学会管理情绪的第一步，是要能觉察并接纳情绪，接着才是表达情绪和调节情绪。结合热身活动中的情绪词语，和大家一起讨论情绪是否有好坏之分及原因。也可请组员们完成简单的情绪自测题。

提 示

本活动中，要注意区分健康情绪和正性（积极）/负性（消极）情绪的概念。

健康情绪不是指时刻处于阳光状态，而是所表现出来的情绪应与所遇到的事件呈现一致性。如果你失恋了，你感到伤心是正常的；如果遇到抢劫，你感到恐惧是正常的；如果有亲人离世，你感到悲伤是正常的。所以，当你的情绪体验符合客观事件时，第一时间告诉自己：我现在的情绪是正常的，这样情绪张力就会下降。这就是接纳情绪，有助于内心恢复平静。

很多时候人的痛苦并不是来源于情绪本身，而是来源于对情绪，尤其是不良（消极）情绪的抵触。

情绪无好无坏，不应该拒绝情绪，要能够接纳情绪。

1. 活动1中组员表演的情绪词语可能包括：高兴、悲伤、焦虑、沮丧、愤怒、恐惧、无聊、抑郁、着急、成就感、忧愁、惊讶、喜悦、亢奋、平和等，稍后面，如果组员找不到更多的情绪词语，带领者可以鼓励组员说一些和情绪相关的成语，如悲喜交加、乐极生悲、喜极而泣、受宠若惊、宠辱不惊等。活动过程中可能会发现，负性情绪的词很容易被想出来，而正性情绪的词则比较不容易想，需要更为刻意地寻找。

2. 活动2在介绍情绪的分类时，带领者可以告诉组员：活动1提出的这些情绪词基本可以划分为四大类，即喜、怒、哀、惧，如下图所示，高兴、喜悦、亢奋、平和都属于"喜"这一类别，而着急、焦虑、担心等属于"恐"这一类别，沮丧、悲伤、忧愁、抑郁则属于"哀"这一类别，烦躁、生气、愤怒等则属于"怒"这一类别，其中右侧的情绪（喜、怒）相对能量比较高一些，而左侧的情绪（哀和惧）相对能量更低一些。对情绪予以分类和梳理，可以帮助大家更好地识别自身的情绪。

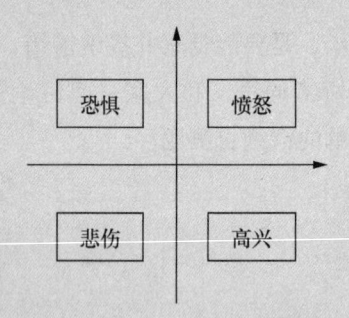

```
            ↑
    恐惧    |   愤怒
            |
    ────────┼────────→
            |
    悲伤    |   高兴
            |
```

3. 有组员可能会说：愤怒是很难受的情绪。带领者应该告诉组员：我们对任何情绪都应该觉察，并且接纳，即坦然面对它的存在，知道这是正常的人的表情。只有接纳，才有可能转化。

步骤3：认识良好（积极）与不良（消极）情绪

带领者接着上一步骤组员的讨论，阐述良好（积极）与不良（消极）情绪对人的影响。

提 示

积极的情绪有益于身体健康，消极的情绪有损于身体健康。人在生气时的生理反应非常剧烈，同时会分泌出许多有毒性的物质。消极情绪长期存在，生理变化不能复原时，情绪压力就会损害健康。因此为了身体健康，请尽量不要生气；实在要生气，也要学会克制、幽默、宽容等消气艺术来减轻和消除心理压力。

当然，面对同一件事每个人都会有不同的情绪反应，无论情绪是亮丽的还是阴暗的，它们本身都是正常的。因此，有消极情绪不是"病"，它是每个人都会产生的，只是每个人产生的程度不一样。我们要认识它，接受它，并学会控制它。

> 情绪是受社会性别因素影响的,当组员分享自己的情绪状态时,特别是涉及具体事例时,带领者可以对情绪背后社会性别影响因素进行适当的揭示,以促进小组成员性别意识的成长。

链接：情绪自测

你了解自己情绪体验的变化吗？请选择符合自己的情况。

①我感到很愉快

A. 经常　　　B. 有时　　　C. 较少　　　D. 根本没有

②我对一切都是乐观向前看

A. 几乎是　　B. 较少是　　C. 很少是　　D. 几乎没有

③我对原来感兴趣的事现在仍感兴趣

A. 肯定　　　B. 不像从前　C. 有一点　　D. 几乎没有

④我能看到事物好的一面

A. 经常　　　B. 现在不这样　C. 现在很少　D. 根本没有

⑤我对自己穿着打扮完全没兴趣

A. 不是　　　B. 不太是这样　C. 几乎是这样　D. 是这样

⑥我感到情绪在渐渐变好

A. 几乎是　　B. 有时　　　C. 很少是　　D. 是这样

⑦我能很投入地看一本书或一部电视剧

A. 总是　　　B. 经常　　　C. 很少　　　D. 几乎没有

题做完了，怎样才能知道自己的情绪状态呢？

选 A 得 0 分　　选 B 得 1 分　　选 C 得 2 分　　选 D 得 3 分

结论："正性情绪 <9 分 <负性情绪"。

环节三　识别需要

目标：认识情绪与需要的关系，学会探究和表达情绪背后的需要。

所需材料："需要卡片"

建议时间：50 分钟

步骤1：引出情绪与需要的关系

带领者请组员想象：如果一个小婴儿在哭，你会怎么反应？通常会想：这个小婴儿为什么会哭？答案可能是：小婴儿饿了，需要食物；受到了惊吓，需要安抚；想念父母，需要安抚和拥抱；需要换纸尿裤了；等等。带领者由此引出情绪与需要的关系。

提 示

情绪背后一般都和个体的某种需要是否得到满足有关，需要被满足产生正性情绪，需要不被满足产生负性情绪。当了解到个体负性情绪背后真正的需要，给予建设性的满足，负性情绪自然就会平复下来，就好比婴儿因为饿了哭，看到这个需要并给予满足，婴儿自然就会安顿下来。因此，识别情绪背后尚未被满足的需要是调节情绪很重要的一个部分。

步骤2：熟悉需要及分类

提高对情绪背后未被满足的需要的敏感度。带领者准备好几个情景对话，制作成"需要卡片"，请组员们来分析当事人的情绪以及情绪背后的需要。最后，请组员们按照身体、社会和精神三个维度来列举常见的需要，并由带领者书写在海报纸上。

链接1：需要卡片

情境1：我已经等了你两个小时了，为什么没给我打电话？
情绪：厌烦、气愤
需求：被重视、掌控感

情境2：不要再吵了，我要工作了！

情绪：烦躁、愤怒
需求：安静的空间、被尊重

情境3：我父母从来不允许我晚上出去，我痛恨这一点！
情绪：愤怒、无奈
需求：自由、理解

情境4：不要离开我，请留下来和我在一起！
情绪：孤单、恐惧、悲伤、无助、伤心
需求：爱、陪伴、支持

链接2：需要分类

需要有不同的划分类别，较为经典的是人本主义心理学家马斯洛提出的需要层次理论，该理论将人类需求像阶梯一样从低到高按层次分为五种，分别是：生理需求、安全需求、社交需求、尊重需求和自我实现需求。常见的更为简洁的需要分类如下：

身体	社会	精神
食物	归属	成就感
水	爱	审美
住所	支持	自由
性	认同	掌控感
睡眠	尊重	心理安全感
空气	陪伴	自我价值感
温度	交往	意义
阳光	工作	存在感
生存	婚姻	和平
人身安全	家庭	和谐
穿衣	朋友	创造性
干净	仪式	真实
	公平感	平衡
	公正感	幽默

步骤3：建设性的满足需要

对特定某个人的需要可以称为期待或要求。带领者引出讨论：现在的我们如何看待过去未被满足的期待，尤其是对父母的期待？

> **提 示**
>
> 组员首先要看到和觉察到那是什么需要，认识到这种需要和渴望是合理的，然后将之具体化，认识到是对谁的期待，寻找灵活的建设性的方式满足。
> 建设性的满足需要可以有以下两种：
> 1. 与父母继续沟通，表达自己的需要已达到需要满足的状态；
> 2. 放下期待，寻找其他的替代性满足，由另一对象来满足该需要，例如，伴侣、朋友等。

带领者笔记

在本单元最开始分享作业环节，猴年小组中有个组员由于方向偏离而被带领者打断，当时产生了不舒服的情绪（前面的带领者笔记中有记录），在引导组员探讨情绪背后的需要时，该组员流泪了，因为看到自己生气和难过的背后是觉得自己没有被看到和被尊重，而内心又那么渴望被看到、被理解和被尊重。该组员随后也谈到了小时候常常不被爸爸看到和理解的委屈和难过，比如生病了连咳嗽都不敢咳嗽，怕被爸爸听到不高兴而遭受责打，实在忍不住就只能躲在卫生间里偷偷地咳嗽。

当该组员出现情绪时，带领者会给其一定的时间进行表达，同时其他组员也会给予一定的支持和倾听。比如，当时坐在该组员旁边的另一位组员就一直用手去轻轻抚摸其后背，给予无声的支持。当该组员的情绪渐渐平稳下来后，带领者就引导组员思考如何能建设性地满足自己的需要。比如，首先要能去理解自己、尊重自己，其次再考虑并选择如何去表达自己的需要。当组员提到和家暴有关的经历依然会有比较强烈的情绪时，可以提醒组员看到那是儿时受到伤害的那个自己的情绪，是受伤的内在小孩的表达，可以用自己的关爱、理解来疗愈自己受伤的那一部分。

环节四 情绪与身体反应

目标：认识情绪与身体反应之间的关系，识别出情绪在身体上的感受。
建议时间：50分钟

活动1：热身

带领者请所有组员起立，用自己舒服的方式随意舒展或运动，当带领人说"冻住"时，所有人立即静止，保持当下的姿势，同时体验身体某个部分的感受，体验6秒左右，就可以喊"解冻"，继续自由活动并重复上述过程。

体验的身体部位可以依次是膝盖、肩膀、肘关节、手、头、腹部、全身，体验身体感受时具体的引导语如下：

请把你的注意力集中在你的膝盖上，体会一下你的膝盖是直的还是弯曲的……

注意力集中在你的肩膀上：它们是放松的还是紧张的，是上提的还是耷拉下来的……

你的肘关节是直的还是弯的……

你的手是张开的还是并拢的……

你的头是伸直的还是倾斜的，朝向右方、左方还是朝向前方……

你的腹部是收紧的还是放松的……

你的体重是更多在你的左脚上还是在你的右脚上……

> **提 示**
>
> 该活动一方面起到热身和放松的作用，另一方面也引导组员有意识地关注自己的身体感受。

活动2：感受在身不在脑

带领者引导组员回想在特定情绪中，个人的身体感受分别是什么？主要探讨了喜怒哀惧四类情绪时常见的身体感受与反应。具体的问题是：

当你感到开心时，你的身体一般有什么感受或反应？
当你感到害怕时，你的身体一般有什么感受或反应？
当你感到生气时，你的身体一般有什么感受或反应？
当你感到伤心时，你的身体一般有什么感受或反应？

> **提示**
>
> 情绪与生理反应息息相关，常常表现在身体感受上，例如，紧张时全身肌肉会紧绷、流汗、呼吸急促等。一般来说，常见的身体反应有：心跳加快、呼吸急促、血压上升、脸红、胸口憋闷；消化系统也会有反应，如胃不舒服、拉肚子等；也会流泪、流汗等。情绪在身体上的反应比较常见的有三个部位，一是喉咙，二是胸部，三是腹部。我们可以有意识地关注这些部位。当我们感觉不舒服的时候，常见的做法是用头脑去思考、去转移或者采取行动等。但所谓感受在身不在脑，一个比较有效的方法则是通过识别身体的感受来觉察情绪，直接去感受情绪在身体上的反应。当情绪来临的当下，对它升起一个觉察，自己意识到自己在情绪中，然后不带评判地去感受身体，充分体会这个感受，这样做可以让情绪能量流动起来，找到出口，得到有效疏导。

带领者笔记

在猴年小组的分享中，有组员说，自己难过时头不舒服、用手搓额头、胃疼；有组员说，生气时会头晕、脸发热、哽咽、脸红；也有组员说，自己生气时反而思维非常活跃，会头脑敏捷地举出一堆理由来证明对方错了；还有组员描述了自己害怕时的身体反应，如全身发软、面红、心跳剧烈，等等。由于每个人的体质不一样，所以情绪在身体上的反应也不太一样，具有明显的个体差异。一位带领者在带领另一个小组时，曾有组员分享说，当她难过的时候她的手指头会疼，所谓的十指连心，这就属于较为独特和少见的情绪在身体上的反应。通过本活动可以引导组员看到情绪在个体身体上的反应，有一定的共性，也有一定的差异性。当我们有情绪的时候，通过识别身体感受，来更好地进行情绪的觉察与调节。

活动3：最困扰的事

目标：结合自身遭遇的事件，练习觉察情绪在身体上的感受，识别情绪背后的需要。

1. 请组员两人一组，面对面坐着，每人分享一个最近比较困扰自己的事件，感受一下该事件带给自己的主要情绪和身体感受是什么？情绪背后的深层需要是什么？每个人5分钟左右的时间。

2. 回到小组，带领者带领组员做一个体验身体感受的练习。

引导语如下：

闭上眼睛，请你回想刚才你所谈论的这个困扰事件，进入那个情景，体会这个事件给你带来的情绪感受。

请把注意力集中在此刻你身体的感受上……

只是呼吸，感觉……

现在，你注意到有任何具体特别的感觉吗？

和这个感觉在一起，不管是怎样的感觉，让它们在那里……加深你的呼吸……敞开你身体里所有的感觉……不用想，只是感觉……

现在请你把注意力集中放在身体的一些特定的部位，从咽喉开始……喉咙有什么样的感觉？是收紧的还是敞开的、自由流动的……是舒服还是不舒服？……

（带领者停顿几秒钟，以便给组员感受的时间）

如果你有某种感觉，呼吸并对这个感觉敞开……

（带领者停顿几秒钟，以便给组员感受的时间）

现在，请你把注意力集中在你的胸口部位……你感觉沉重还是轻松？寒冷还是温暖？……舒服还是不舒服？……

（带领者停顿几秒钟，以便给组员感受的时间）

如果你现在有某些感觉，呼吸并对这个感觉敞开……

现在，请你把注意力放在心窝部位，……是紧张还是放松？……是舒服还是不舒服？……

（带领者停顿几秒钟，以便给组员感受的时间）

如果你此时有某些感觉，呼吸并对这个感觉敞开……

现在，请你把注意力放在你的肚脐下面的一点地方……感觉沉重还是轻松？寒冷还是温暖？舒服还是不舒服？……

（带领者停顿几秒钟，以便给组员感受的时间）

如果有某些感觉，呼吸并对这个感觉敞开……

继续呼吸并放松这些感觉……不论是怎样的感觉……把这些感觉看作能量……只是能量……让它们流动……

现在准备回来分享体验……

提示

在进行身体感受的练习时，可能会有组员说到、想到的是原生家庭的暴力事件，较难进入和体会。

带领者此时可以回应是：由于回想的是过去的事情，不是当下的感受，体会不太明显和强烈是可能的。这个活动的主要目的是教会大家一个技能，即当你有负性情绪的时候，可以试着觉察和体验自己的身体感受，通过充分的体验身体感受让负性情绪能量宣泄出来，不再积压在身体里面。打个比方，一个小孩伤心的想哭，你是允许他大声地哭出来，还是让他生生地憋住。从心理健康的角度来看，在安全合适的环境下让他畅快地哭出来，是较为健康和适宜的处理方式。关注和体验身体感受，就是允许我们的身体在不舒服的时候发出它想发的"哭声"，从而达到更好接纳、转化情绪的目的。由于很多人原来都不太关注身体的感受，对身体的反应不太敏感，所以刚开始做时找不到感觉也是很正常的。带领者可以鼓励组员在生活中有意识地经常练习，这样我们对身体的觉察和敏感度会提高，也就更容易掌握这个情绪调节的方法。

带领者笔记

猴年小组练习时，有组员说找不到最近比较困扰的事情，带领者让其找一个以前发生的让自己很困扰的事情来谈。一个组员分享的困扰事件是找不到女朋友，感觉很孤单，身体的感受是发冷，刚开始找不到背后的需要是什么，后来在带领者的引导下，看到自己内心的需要其实是被理解、支持和爱。

有组员分享到自己在做第二步身体感受的练习时，想到刚才一对一分享的事情，跟随带领者的引导语，又出现了仿佛有东西哽在喉头的感觉，非常不舒服；后来就脱离了分享的事件的画面，最终回到了自己工作中的场景。带领者回应道：这个练习是从身体感受层面来调节情绪，当分心的时候可以做深呼吸，把注意力拉回到身体，感受身体的难受，让负性的情绪能量得以释放。

环节四　小组结束

建议时间：10 分钟

带领者请每人说一句话，梳理和分享今天在小组中的感受。

提示

带领者可以再度介绍说，本单元的主要目的在于协助组员了解情绪的类别，学会接纳不同的情绪，尤其重要的是每一个负性情绪的背后反映的都是没有得到满足的需要，倾听身体感受和识别情绪背后的需要是比较有效的两个情绪调节方法。

作业

1. 本单元活动，你的个人体验、感悟与收获？
2. 你对带领者及练习活动的反馈与建议？
3. 体验练习：观察一周内自己的情绪状态，选取一个负性情绪，探索该情绪背后的内在的需要及身体感受。

第 10 次　情绪与认知调节

> **目标：**
> 1. 认识情绪行为链，了解到自己的行为与想法是可以控制的；
> 2. 建立正向的自我对话，阻断暴力传承。
>
> **内容：**
> 　　在学习认识情绪行为链和现实疗法的选择理论的基础上，辨别正向与负向自我对话；建立调节情绪的方法的资源库。

带领者引导语：

本次活动与上次活动的目的都是为了更好地认识和管理我们的情绪，但角度或者阶段不同，可以笼统地被认为：一个是用心，一个是用脑。我们认为，当一个人有情绪的时候，如果自己的身体感受不被觉察，自己的需求不被识别和表达，那么此时"用脑"来调节的情绪只是暂时被克制了，甚至有时无法被克制。所以，不论是对自己还是对他人，首先去感知和探索情绪背后的需求，才能更好地运用认知调节的方式来调节情绪。所以，这是两期小组活动间的逻辑。

环节一　认识情绪行为链

　　目标：深入认识情绪行为链，理解并能运用现实疗法的选择理论。

所需材料：白板、海报纸

建议时间：50分钟

步骤1：深入认识情绪行为链

带领者在白板上画出情绪行为链。

根据埃里斯的 A – B – C 人格理论，即 A（诱发性事件）并不导致 C（情绪结果和行为结果），相反，是 B（想法）在很大程度上引起了 C。

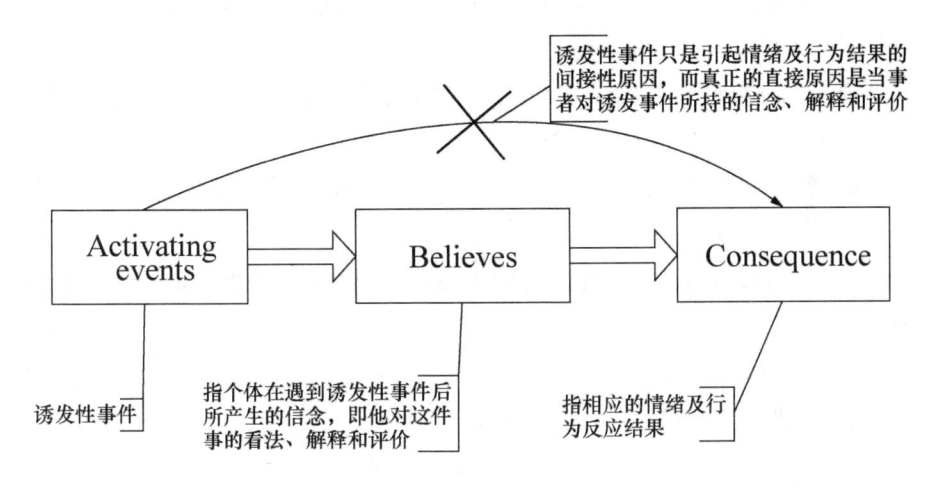

诱发性事件只是引起情绪及行为结果的间接性原因，而真正的直接原因是当事者对诱发事件所持的信念、解释和评价

Activating events → Believes → Consequence

诱发性事件

指个体在遇到诱发性事件后所产生的信念，即他对这件事的看法、解释和评价

指相应的情绪及行为反应结果

"情境—想法（判断）—情绪—行为"链

心理学家经过近百年的研究，渐渐确定和认定行为是一连串的。最先会有"情境"的发生，之后因为个人的经验及脾气而有的"想法"，再依这一些想法而有的情绪，最后才是行为。在这里要强调的是自身信念系统或者关于事件的看法、解释和评价才是相应情绪和行为的直接原因，而不是事件本身。同时，并不是认为事件与情绪无关，只不过事件只是一个间接原因。

提示：也许会有组员表示无法理解 ABC 之间的关系，而在我们日常生活中，的确很多时候都是直接将事件（A）与自己的情绪（C）联系到了一起。例如，当我们看到有人虐待小动物，还将其拍成视频放到网上，我们会感到愤怒。但不可否认的是，我们会感到愤怒，正是因为我们认为虐待小动物是残忍且没有人性的行为，这是隐藏在这个情绪行为链中的想法（B）。所以，我们常常会忽略事件中自己的想法和评价。

认识情绪行为链，就是为了去剖析自己的情绪和行为结果由何而来，从而找到转化的途径。

步骤2：从行为认知ABC理论的视角来解读暴力行为

高危情境—高危想法—高危情绪—高危行为。

有些人会认为，是因为有人先惹自己，自己才有家庭暴力行为。我们小组的一个工作目标就是为了避免今后我们也传承暴力，因此我们有必要了解施暴者的行为是怎样来的，才能想办法让它不再发生。

带领者引导组员从认知行为ABC理论的视角来解读暴力行为。为方便活动的进行，可将每一步骤写在海报纸上。

例如："你有过暴力行为吗？比如发脾气、大吼大叫、打人？如果有，暴力行为是怎样发生的？"进一步引导问题可以如下：

情境："引起你暴力行为的情境包括哪些？""你常在怎样的情况下有暴力行为？"

想法：识别出自己的高危想法可以从"对对方"、"对自己"、"对法律"、"对小孩"这四个维度来思考。其衍生题目如下：

1. "对对方"："在起冲突前，对对方有哪些想法？"
- 你觉得对方哪里错了？

2. "对自己"："在起冲突前，对自己有哪些想法？"
- 你觉得自己有没有错？
- 你觉得自己出手是被逼的吗？
- 这个情境当中你有没有责任？

3. "对法律"：
- 是否有法律支持或约束？
- 你的行为是否会有法律后果？

4. "对小孩"（若有）
- 你的行为是否对小孩有影响？

情绪："你当时有什么样的情绪？""你会生气或愤怒时，想想身体上有什么样的反应？"

行为："当时发怒后，你有哪些行为？"自己在快要吵起来的时候，会做些什么？

带领者笔记

在猴年小组中，组员都比较年轻，以大学生为主，他们中许多人还没有开展亲密关系，较少有施暴的体验，所以无法进入这个情境中。这部分便可以简单进行，主要在于提醒组员：这个活动是为了让我们学习厘清自己所处的情境、想法、情绪、行为，未来遇到这样的情况可以做到处理好情绪问题，不使用暴力。

步骤3：介绍"现实疗法的选择理论"，模拟暴力行为中的选择

"现实疗法的选择理论"即指：你以前或未来的情境、想法、情绪、行为都是有选择的，而你自己也可以控制这些选择。

带领者引导组员接着上一步骤的解读工作，尝试着为每一个情境、想法、情绪和行为做出不同的选择。引导问题例如：

1. **情境上的选择**

你是选择继续冲突还是避开冲突或冲突的原因？暂时避开冲突时可使用"暂停法"，即暂停讨论，各自冷静。注意"暂停法"只是避开冲突的暂时之道，最终双方还是必须要学会如何不用威吓或强制的行为，和他人讨论事情。具体沟通的方法将在下次小组活动中涉及和讨论。要注意的是，有些情境可能是既定事实，的确无法做出改变。以上谈论的有选择的情境多指那些动态的、有互动的情境。

2. **想法上的选择**

是否有新的以及好的想法来替代旧的想法？让自己感觉好些而不伤害别人就是好的想法。在想法上的选择和转变是认知调节的核心部分，它影响着后续的情绪和行为的转变。

3. **情绪上的选择**

动用调节情绪的方法，让自己尽快放松下来，或者由新的好的想法带动出非负面的情绪。

4. 行为上的选择

选择越想越气，还是选择用一些方法来控制自己的情绪？选择使用暴力，还是表达自己的感觉、需求和对特定事务的想法？例如，明确说出："对××事我真的感觉不舒服。"

带领者应该引导组员认识到自己才是情绪的主人，应该主动构建快乐心情。

📝 带领者笔记

本环节的步骤2和步骤3是连续的，在这里都是用暴力行为作为示例。就像上一个带领者笔记中提到的，猴年小组的组员以大学生居多，且鲜有施暴的体验，所以对此情境很难进入，甚至感到排斥。若出现此种情况，带领者也可选择其他日常场景作为实例讲解。重点是通过实例使组员认识"情境—想法（判断）—情绪—行为"链，并能理解和运用现实疗法的选择理论。

环节二　对情绪的性别分析

目标：了解文化是如何规训男性和女性的情绪表现的。
所需材料：白板、海报纸
建议时间：40分钟

分组讨论：

1. 男人和女人在表达情绪时有什么不同的特点？以愤怒、悲伤、恐惧这三种情绪为例。
2. 男女在情绪上的差别是如何形成的？
3. 这种差别对男女分别有什么影响？

提　示

男女情绪表露的差异不是生物学决定的，而是社会建构的结果。这种差异影响着我们的亲密关系。带领者可以引导组员结合生活中的实例认识这种差别，以及对人际交往的影响。参考后面"链接"中的内容。

链接：情绪与性别

在大多数情况下，男性和女性被教育以不同的方式来面对情绪，所以男女处理情绪的办法是不同的。男性可能会利用愤怒去控制、批评、威胁和羞辱他人。他们通常默默地吞下恐惧、悲伤，尽管极度沮丧，想发泄却不敢发泄，也不敢表现脆弱。他们迫使自己像无所不能的机器一样，或者退缩到幻想里。他们往往忽视压力的信号、身体的疼痛。于是就表现出喜怒无常，被人关注时也不舒服。否认成为男性对待情绪最普遍的选择，拒绝科学的疏解，拒绝承认自己有情绪问题。

性别刻板印象（或社会文化的要求）给男女设定了不同的情绪表露原则。女性更多地表露恐惧和悲伤，而男性有更多的攻击性的表露。这种不同表露可用不同的展示法则来解释：男性和女性只想展现特定的情绪，而不是把所有的情绪都展现给别人。文化赋予我们的暴露规则要求男女要表露不同的情绪和行为，而且允许女人表达更多的情绪，而限制男性除愤怒外的其他情绪表露。女性和男性都尽量依照各自的表露原则行事，而且在自我报告和公共场合中他们都是依据此原则行事。

1. 愤怒

愤怒被视为不是所有人都应有的情绪，这反映了文化在愤怒表达方面的影响。性别角色促成了两性在愤怒和愤怒表达之间的不同的表现形式。在研究中发现表达愤怒、攻击和男子气概有关；而压抑愤怒和女性气质有关。一个男人缺少发泄愤怒的能力，被看作唯命是从，没有男性气概。

文化和社会环境影响愤怒表情的特征并影响产生愤怒的原因。在男性同别人发生的冲突中，权利和力量的较量常常成为冲突的核心。冲突之所以发生，是因为双方原有的力量平衡被打破，对称关系出现了倾斜，而男人之间的生气和发怒、攻击和反攻击便是调整双方力量对比、使其重新恢复平衡的重要途径。出现这些现象的根本原因应归之于男性在社会生活中所承担的角色。众所周知，在我们的文化传统和社会结构中，男性由于生理上的优势，自古以来始终处于权利的中心，起着支配者的作用。直到 19 世纪末，他们不但垄断了社会权利，而且在家庭生活和两性关系上也扮演着主导者的角色。在现代社会，这种情况虽然有所改变，但传统长期造成的社会现实和心理影响仍在延续。男人普遍重视所谓的"男子汉气概"，最怕别人说他们软弱，说他们"不像男人"。因此，在遇到矛盾和冲突（尤其男人之间的冲突）时，往往不肯妥协示弱，不但在私人空间，而且在公共空间也要显示自己的力量。他们将发怒和攻击行为看作展示自身力量的方式，甚至不惜使用暴力来维护自己的权利。而这也是为什么男性比女性更具攻击性、暴力倾向较为明显的深层原因。

女人在愤怒方面存在的问题也与此相关。"良好教育"认为，愤怒是"没教养"的表现。不符合女人的举止，女人应当比男人举止优雅，应当更加圆滑。愤怒在首先要与他人保持良好关系的世界里，阻碍从他人处获得自己希望得到的帮助。是否担心自己如同动物般的本质流露？害怕对自己犯下严重错误的负疚感？担心将人际关系搞坏。很多女性有某种恐惧：如果在别人面前表现愤怒，将会被他人抛弃，于是自己就要独处。这种担心的形成有其历史原因：自古以来，妇女便处于依附地位，在经济和政治上被男人所主宰、所压制。在日常生活和家庭生活中，女人生气和发怒被认为是"不规矩的"，攻击和报复别人更是一种罪恶。虽然随着社会的进步，女性今天在很多方面已经争取到平等的权利，但社会的偏见却依然流传至今。

总之，发怒和攻击发生在作为个体的人之间，他们存在于社会之中，并构成社会的一部分。社会道德规范和观念、风俗习惯与文化氛围及其嬗变，对人们如何对待和处理发怒和攻击的方式具有决定性的影响。

2. 悲伤

成年男性过多地接受他人的同情，会被视为脆弱的人。同情适合于女性和孩子。对于男性来说，在竞争和矛盾中表达悲伤情绪会被视为软弱。人类学家发现，贝督因人的悲伤可以通过歌曲或诗来表现，但是在日常生活中，用愤怒来表达所失则更有尊严，更具备男性的血气方刚。悲伤与脆弱有关，男人在众人面前流泪会影响他的男性尊严，女人和孩子的脆弱则是可以被原谅的。伊努伊特人对男人的悲伤是禁止的。悲伤一点都不被社会赞赏，尤其是崇尚个人自立和个人具有掌握自己命运能力的西方社会，更是不鼓励在重任面前表现悲伤。

3. 恐惧

有文化特征的害怕起社会调节作用。然而，害怕只服务于社会的"统治者"，因为有时候害怕是出身低微的象征。在多数社会中，新贵都来自战斗阶级，他们确实认为害怕是缺陷。战斗的永恒规律是对战斗中的怯弱毫不留情。面对敌人时的胆怯（一般来说因为害怕产生胆怯）是男人最严重的错误。第二次世界大战期间，美国将军巴顿在一次巡视伤兵医院时，看到一个士兵身体没有负伤，便询问这个士兵在这些真正因战斗负伤了的人们中间干什么。士兵回答说："我感到很恐怖，我再也受不了了。"巴顿用手套扇了这个士兵一记耳光，一把扯住他的衣领把他拎了起来，接着把他踢出了收容伤兵的帐篷。巴顿认为他是个胆小鬼。

文化规范不断强化和维持两性在价值关系上的差异。女人之所以既善于表达和流露自己的情感，也善于掩饰和夸张自己的情感，是为了在与男人的交往过程中，掌握进与退的主动权，以最大限度地补偿自己在现实社会地位上的依附性，补偿自己在人际交往过程中的被动性。此外，人与人的利益关系经常是不一致的，甚至是完全对立的，女人的情感掩饰也是为了保护自己，免受社会舆论的攻击，免受同伴们的嫉妒，减少竞争者和敌对者，并使自己在任何时候都留有退路、留有余地。

表情的客观目的在于向他人展现自己的价值需要，以便获得他人的帮助与合作。由于女人的价值关系较多地依附于他人的价值关系，她只有通过丰富而复杂的表情来充分及时地、准确地向他人表达自己的价值需要，才能得到他人及时的帮助与合作。男人的价值关系则较多地直接建立在自身劳动能力的基础之上，他只需要依靠自己强大的劳动能力从自然界和社会活动中获得财富，而不需要过多地向他人展现自己的价值需要。

另外，女人之所以显得喜怒无常和歇斯底里，是因为她们往往需要借助于她所依附的男人的力量来实现其价值追求，而这一借助过程总会遇到这样或那样的阻力，总会存在一定的失效概率，这就必然会降低她的情感效能，作为一种补偿手段，她不得不提高其情感强度，以引起她所依附的男人的注意与重视，从而确保其情感变化与价值关系的变化相对应。（方刚，2010：113—131）

环节三 负向、正向自我对话

目标：了解暴力不是自发的反应，它是受到负向自我对话引发的；协助成员了解到自己的行为与想法是可以控制的；建立正向的自我对话，并指导自己有责任善用之。

建议时间：60分钟

步骤1：热身——我演你猜

让成员用面部表情和肢体语言表演事先准备的情绪情景，即要将情景表演出来，最重要的是表演出情境中的情绪。

A. 有人弄坏了你的自行车；
B. 你的情敌告诉你，他要找几个人一起来揍你一顿；
C. 当你正在看你喜欢的电视节目时，有人把它调到了别的节目；
D. 你把刚发的工资弄丢了；
E. 你在公共汽车上被人踩了一脚；
F. 老板要开除你；
G. 月底发了一大笔奖金。

步骤2：请组员用以下格式列举出一个最近令自己情绪不佳的情境以及自己在情境中的想法和感受，写在纸上，放到一边

情境	想法	情绪	行为

步骤3：辨认负向自我对话

带领者结合上面格子中填的内容，请组员辨认负向的自我对话。

带领者可以结合下面几个负向自我对话类型，请组员列举负向的自我对话。

觉得自己很可怜：（请大家举例）
"为什么受伤的总是我。"

"我是世界上最可怜/最没用的人。"

对于伴侣、他人的言行,你又有哪些负向想法?(请大家举例)

"他/她又来了。"

"他/她怎么像台破录音机一样。"

"他/她从来不会肯定我做的。"

"他/她就是贱。"

"他/她反应过度了。"

"他/她很不讲理。"

吃醋的想法(请大家举例)

"他/她关心陌生人比关心我还多。"

"他/她有别的对象。"

"有人把他/她带坏了。"

责怪伴侣或他人(请大家举例)

"他/她自找的。"

"他/她先虐待我的。"

"他/她逼我的。"

"他/她从来不肯定我做的。"

提 示

负向自我对话,会把我们带入危险的处境。家庭暴力中的施暴者,不是疯了或失控,他们的行为也是受负向自我对话影响的。他们其实是有能力改变自己的想法,以防止暴力发生的。以上一个活动中列举出来的施暴者可能怀有的负向自我对话为例,认识施暴者是如何受负向自我对话影响,从而犯下施暴行为的。在暴力情境下,负向自我对话是指导致暴力行为的想法。

再次强调,每个人对于自己要如何看待伴侣和自己的处境,都是有选择的。而在想法上的选择,将决定随之对应的情绪和行为反应。

步骤4：学习并演练正向自我对话

请组员以刚才各自所写的情境为例，辨别出其中的负向自我对话，并且思考正向自我对话的例句，然后与小组进行分享。如果个别组员没有想出正向自我对话的适当例句，请所有团体成员一起来想想看，团体带领者也可以提供一些建议。

> **提 示**
>
> 带领者也可先拿生活中情境做示范，再请组员来学习并演练。带领者可以根据组员的性质来提前准备一些情境，使情景尽可能地接近组员日常生活。如组内学生居多，可多一些学生生活的情景。下面是一些模拟情境，并且同时列出了负向和正向的对话，供带领者参考。

情境1：在麦当劳排队，很慢，有人加塞。

负向：

真讨厌，加塞的人没素质、没道德！

找他吵一架：我们都排队呢，你怎么能这样?!

这种人真可悲、真可怜！

正向：

他/她确实有急事儿。

他/她没有注意到有人在排队。

正好留出时间让我做别的事情，比如思考一下吃什么。

他/她衬托出了我的道德和人品比较好。

人都有犯错的时候。

他/她之前有东西没拿，这是回来拿的。

情境2：父母逼婚，对父母讲清情况后他们依然不理解我，不听解释。

负向：

你们怎么就是不理解我呢？

烦，这是我自己的事情，管得着吗！
遇不到适合我的，我也没有办法。
我不是一直在找吗，为什么一直催我。
就是不想结婚，一个人过挺好的！
我没办法谈恋爱，我也喜欢过很多人，但是仅仅只是暗恋而已。
正向：
父母是出于关心的做法，希望子女过上好日子。
是父母担心自己老了，想找个人替他们照顾我。
不如去尝试吧，不要一直拒绝。
我只是还没有准备好，没法承担婚姻的责任。
单身也比随随便便好。

情境3：伴侣做错了事，反而怪我，对我大吼大叫。
负向：
他/她不理解我。
他/她太自大了，没有自我觉知。
这就是无理取闹，乱发泄情绪。
我好委屈。
你对自己如此不负责，以后我也会这么做的！
正向：
他/她想通过这种方式来表达什么？
是我以往太忽略他/她了吗？
也许他/她只是太脆弱了，在以往的生活中没有人能包容他/她，所以我要包容他/她，让他/她强大起来。
以后我首先要以身作则。
也许这不失为一个增进彼此了解和感情的契机。
他/她只会在亲密的、可信赖的人面前展现这一面，说明我是他/她信赖的人。
也许正好赶上他/她心情不好、有压力的时候。

情境4：明明做得很好却被家人批评，还对外人说自己的坏话。
负向：

他/她真的很变态。
他/她一贯冤枉人。
无论自己做什么都必须让他/她满意。
他/她习惯性地在外人面前诋毁我。
他/她太难沟通了。
以后再也不主动做事情了。
他/她就是不能让别人抢了功劳。
正向：
他/她最近身体和情绪都不太好，需要关心。
也许这件事我的确做得还不够好。
他/她对别人一向要求很高，并不是针对我个人。
他/她不希望我变得骄傲。
他/她可能不清楚事情的过程，误会了我。
他/她其实是假谦虚，想听到外人更多的称赞。

情境5：单位同事总找我麻烦，他们自己工作出错，还影响了我。
负向：
怎么总是找我麻烦。
我哪里惹他/她了。
我真倒霉，被他/她影响了。
平时麻烦我也就罢了，出了错还影响到我，烦人！
正向：
能被找麻烦，说明我在某方面比别人更优秀，别人嫉妒我，自卑的人多了去了。
有了麻烦我去摆平，这是施展我才能的机会。
也许我这方面做得真的不够好，这也是我变得更优秀的好机会。
他/她可能到更年期了。

带领者笔记1

猴年小组中，在做该练习的时候，猴年小组中有一位组员提出自己曾在接受个体心理咨询时接触过认知调节，并认为这种方法使他"特别难受"，因为他觉得此法就是"一味地替他人着想，而刻意掩饰了自身真实的情绪"，并不利于他的情绪调节。带领者很尊重他的感受，但仍希望将这种方法再次介绍给这位组员，因为曾经觉得"难受"，并不代表现在依然会觉得此法不受用。在不同的个人成长阶段，也许会有不一样的体会和收获。

然而这位组员依旧提出：直接去理解他人，虽然可能转换了自己当下的情绪，但是真实的情绪并没有被照顾到。他的这份觉察非常值得肯定。此时，其他组员也非常积极地帮他分析他提出的情境，尤其是在两位有心理学背景的组员的引导下，这位组员才对自己情境中的感受和情绪有了更明晰的了解。

所以，当出现类似这位组员的情况时，带领者要注意再次强调接纳情绪的重要性，要让当事人的情绪流动起来，认知调节在此基础上才更有效。

这里有两个要点：1. 在进行认知调节的时候，也不要忘了上一期有关情绪调节的内容，即倾听身体和识别需要。觉察和接纳情绪是情绪管理的第一步。2. 正向自我对话并不等于一味地去理解他人或者"为他人找借口"，也包括对自己的认知，对事件的认知等。

带领者笔记 2

在猴年小组的分享过程中，组员间的讨论非常热烈，但有游离主题的倾向。结束后组员们却反馈："这是气氛最放松的一次小组活动，彼此都十分放开"、"很有流动感，觉得很舒服。"

对于带领者来说，自由的讨论也许会带给组员不一样的体会，能激发他们的自主性和更丰富的讨论。但是对于有目标和结构的小组来说，作为带领者仍需要把握整体的方向，控制讨论内容和结构，不使之偏离主题。可以采取的方法有：重申活动主题和要求、设定限制和界限、使用主题相关的提问式引导，等等。

带领者可以建议组员在小组活动之后，通过聚餐等方式进行更多的非正式交流。

环节四　调节情绪

目标：学习调节情绪的多种方法。

所需材料：便笺纸

建议时间：40分钟

活动1：热身——快乐清单

每个成员都要说出几件使自己感觉快乐的事情，越多越好。成员互相分享快乐。

活动2：情绪的选择轮

第一步：头脑风暴

如果不良情绪持续下去将会影响身心的健康，要想保持良好的情绪，学会调节情绪的方法是很重要的。请组员们头脑风暴自己曾用过的或了解到的调节情绪的方法。写在便笺纸上，之后与自己的小组分享。

第二步：绘制情绪的选择轮

将组员分成两个大组，在组内分享刚才自己列举的调节情绪的方法。请每个组根据组员们的具体方法，概括总结出本组调节情绪的几种方法。在此基础上，绘制情绪的选择轮。

情绪的选择轮是一个饼图，可根据每组实际的方法数量将它等分。每一块代表着一种调节情绪的方法，要求用一个词和一个简单的小图来标识该种方法。

> **提 示**
>
> 带领者可适时补充调节情绪的方法，主要有四大类：及时放松、转移注意力、合理发泄情绪和改变认识。

1. **及时放松**

（1）深呼吸法：通过慢而深的呼吸方式，来消除紧张、降低兴奋性水平，使人的波动情绪逐渐稳定下来的方法。

①站直或坐直，微闭双眼，排除杂念，尽力用鼻子吸气；

②轻轻屏住呼吸，慢数1、2、3；

③缓慢地用口呼气，同时数1、2、3，把气吐尽为止；

④再重复三次以上行为。

（2）肌肉放松法：先自行紧张身体的某一部位，如用力握紧手掌10秒钟，使之有紧张感，然后放松5—10秒，经过紧张和放松多次交互练习，在需要时，便能随心所欲地充分放松自己的身体。施行紧张松弛训练的身体部位是手、手臂、脸部、颈部、躯干以及腿部等肌肉。

2. **转移注意力**

（1）转移注意力可以通过改变注意的焦点来达到目的。当自己情绪不好时，可以做一些自己平时感兴趣的事，做一些自己感兴趣的活动，使自己从消极情绪中解脱。

（2）转移注意力还可以通过改变环境来达到目的。当自己情绪不理想时，到室外走一走，到风景优美的环境中玩一玩，会使人精神振奋，忘却烦恼。若把自己困在屋里，不仅不利于消除不良情绪，而且有可能加重不良情绪对你的危害。

3. **合理发泄情绪**

合理发泄情绪可用以下几种方式：

（1）宣泄。可以适当地哭一场、痛快地喊一回或者写日记。指导者强调：宣泄不能在语言或行为上攻击别人。

（2）做运动。生命在于运动，好心情更离不开运动。

（3）多参加娱乐活动，看搞笑片，多放声大笑。讲述我国"大笑运动"创始人张立新在广州、深圳举办欢笑俱乐部"笑遍天下"的事例；并列举法拉第的故事："一个小丑进城胜过一打医生"。

（4）善于发现和欣赏生活中的美。"算算你所得到的恩惠——不要去清点你的烦恼"。

（5）制定快乐清单。如做一些自己擅长的事，让自己有成功的体验。

（6）向亲朋好友倾诉。记住培根的名言："把快乐告诉一个朋友，将得到两个快乐；把忧愁向一个朋友述说，则只剩下半个忧愁。"

4. **改变认识**

依据认知行为ABC理念，改变想法将能影响到后续的情绪和行为。

（1）心理换位法。所谓心理换位，就是与他人互换位置角色，即俗话说的将心比心，站在对方的角度思考、分析问题。通过心理换位，来体会别人的情绪和思想。这样就有利于消除和防止不良情绪。如当受到家长和老师的批评时，自己心里有气，这时要设身处地想一想，假如我是老师、家长，遇到此类情况会怎样呢？这样，往往就能理解家长、老师对自己的态度，从而使心情平静下来。

(2) 升华转化法。就是要发掘调动思想中的积极情绪，抵制和克服消极情绪。将痛苦、烦恼和忧愁等消极情绪升华转化为积极有益的行动。

环节五　小组结束

建议时间：10 分钟

活动1："太好了，还都活着！"

两人一组，带领者让两人面对面，握着手，轮流对对方说："太好了，还都活着！一切都有可能，一切都有希望，一切都来得及！"

活动2：总结

带领者请每人说一句话，梳理和分享今天在小组中的感受。

作业

1. 总结本次活动带给你的收获；
2. 在未来一周内，试着用正向思维对待你遇到的每一件事，并且把成功的经验写出来分享给小组成员。

附录：马年、猴年组员作业摘抄

组员1：
好几天过去了，最深刻的是 ABC 理论，人的想法才是最终导致结果的原因。面对同样的事件，不同的人有不同的想法，于是有了不同的结果。事件本身是没有好坏的，你的想法却对它们做出了预判，这决定了你为此付出的努力的多寡、你是积极应对或者消极怠工，从而导致了不一样的结果。

这些天我有意无意地都在思考着，我对事情的看法究竟对结果产生了多大的影响？事实上，我发现影响真的很大。……你走过的路不会骗你的，我的的确确通过积极的思维获得了很多很好的结果，也在近些年由于消极的态度获得了不好的结果。人生啊，原来就是一步一步地往前走，向前看，我知道我该怎么办了。

组员2：

本次活动，让我知道了还有一种叫正向思维的思维方式，可以把自己认为很负面的心情，变成正面阳光的。我觉得自己情绪多变，但其实很多时候还是由某些具体的自认为不好的事件引起的，如果我能将正向思维的习惯运用到平常的生活中，可能这些让我感觉糟糕的事，就没有那么烦心了，从而也能改变我情绪多变的困扰，而让心情变得阳光。

组员3：

对我最大的启示是我以前的思维太片面、太极端了，虽然知道任何事情、任何特性和性格都有两面性的道理，但悲观消极的我只盯着其中的一面死不放手，并且沉浸其中不能自拔。大概是惯性思维造成的，也许是我还有很多情绪需要发泄，但如果遇见的所有人和事我都能立即想到两面性，那么以前信奉的、拿来判断事情的所谓道德、是非标准就实在是太武断、太简单、太绝对了。以前看到听到任何世俗所不能容忍的事情，我妈妈的观点就是："做出这些事的人都不是人！"这种绝对否定的观点我也一直如此相信，但我在想，道德这种类似大众统一的观念性的事物，一直在变呀，以前的一些"美德"被现代人视为"封建思想"，现在的有些"道德标准"在将来的时代不也会被视为"糟粕"吗？

第 11 次 　学习沟通

> **目标：**
> 　　培养小组成员倾听、同理他人的能力，学习与他人进行良性沟通，阻断未来家庭中的暴力传承。
> **内容：**
> 　　学习在沟通中运用积极倾听、共情、协商等沟通技巧。

第11次和第12次的小组活动，用意是希望在组员这里可以阻断暴力的传承。这部分可能会涉及对家庭暴力本质的认识，可以参考第1次、第2次小组活动的内容。这里学习沟通，应该在普通的沟通技巧之上，学习有助于阻断暴力的沟通。

环节一　爱在指间

目标：学会主动表达人际交往的需要。
建议时间：40分钟

将团体成员分成相等的两组，一组成员围成一个内圈，再让另一组成员站在内圈同学的身后，围成一个外圈。内圈成员背向圆心，外圈同学面向圆心。即内外圈的成员两两相视而站。成员在带领者口令的指挥下做出相应的动作。

当带领者发出"手势"的口令时，每个成员向对方伸出一至三根手指：（1）伸出一根手指表示"我已经初步认识你，并和你做个点头之交的朋友"；（2）伸出两根手指表示"我很高兴认识你，并想对你有进一步的了解，和你做个普通朋友"；（3）伸出三根手指表示"我很喜欢你，很想和你做好朋友，与你一起分享快乐和痛苦"。

当带领者发出"动作"的口令，成员就按下列规则做出相应的动作：（1）如果两人伸出的手指不一样，则站着不动，什么动作都不需要做；（2）如果两个人都是伸出一根手指，那么微笑着向对方点点头；（3）如果两个人都是伸出两根手指，那么主动热情地握住对方的双手；（4）如果两个人都是伸出三根手指，则热情地拥抱对方。

每做完一组"手势—动作"，外圈的成员就分别向右跨一步，和下一个成员相视而站，跟随带领者的口令做出相应的手势和动作。以此类推，直到外圈的同学和内圈的每位同学都完成了一组"手势—动作"为止。

带领者引导成员进行经验分享：

（1）刚才自己做了几个动作？握手和拥抱的亲密动作各完成了几个？为什么能完成这么多（或为什么只完成了这么少）的亲密动作？

（2）当你看到别人伸出的手指比你多时，你心中的感觉是怎样的？当你伸出的手指比别人多时，心里的感觉又是怎样的？

（3）从这个游戏中你得到什么启示？

提 示

带领者可以和组员分享：在人际交往中，我们有一个共同的倾向——希望别人能承认自己的价值，支持自己、接纳自己、喜欢自己。但是任何人都不会无缘无故地喜欢我们、接纳我们。别人喜欢我们也是有前提的，那就是我们也要喜欢他们，承认他们的价值。也就是说，人际交往中喜欢与讨厌、接近与疏远是相互的。一般而言，喜欢我们的人，我们才会去喜欢他，愿意接近我们的人，我们才会去接近他；而对于疏远、厌恶我们的人，我们也会疏远或厌恶他。因此在人际交往中，应遵循交互原则。对于交往的对象，我们应首先主动敞开心扉，接纳、肯定、支持、喜欢他们，保持在人际关系的主动地位，这样别人才会接纳、肯定、支持、喜欢我们。

最后，引导小组进行讨论："人际交往中可以通过哪些方式来主动表达对他人的接纳、喜欢和肯定？"最后，带领者小结与人主动交往的方式，如主动与人打招呼，主动帮助别人，主动关心别人，主动约别人一起出去玩，等等。

> **带领者笔记1**
>
> 猴年小组在这个活动中，所有人都伸出了三根手指。分享环节，有组员提出，曾担心别人伸出的手指比自己少。一位女性组员说：我自己想好了，如果同性组员伸的手指比我少，我仍然会问她"我可以拥抱你吗"；如果是异性组员伸的手指比我少，我会尊重他的态度。
>
> 带领者也提醒说，人际交往中每个人的需求和感受是不同的，我们要尊重彼此的差异。
>
> 有组员说：非常确信所有人都会伸出三根手指的，因为在这个小组中，相信大家的关系和情感是确定的。

> **带领者笔记2**
>
> 猴年小组中，有组员分享：每次小组活动都有组员带吃的来，带喝的来，带小礼物来，让自己感觉非常温暖。这之后，她也学会赞美别人，送给别人小礼物，发现效果非常好。虽然礼物很小，但表示"我关注你，我在乎你"，发现自己与他人的人际关系迅速拉近了。

环节二　学习倾听

目标：帮助组员学习倾听的技巧，以便更好地促进人际间的沟通。
所需材料：海报纸或白板、便笺纸
建议时间：60分钟

活动1：我说你画

给组员每人发一张纸、一支笔，请一位组员在一张大纸上画出各种相互连接的几何图形，并边画边说出来画了什么、怎样画，如一个圆，下面有一个三角形，三角形的左下角有一个正方形，正方形右侧有一个椭圆形，椭圆形下面连接一个梯形等。其他组员背对该组员，不能看到该组员是怎样画的，只按照该组员口述的要求来画。画完后比较各自画的有什么区别。

提示

游戏的目的在于，让组员感受到沟通中信息传达的重要性，引出人际间良性沟通问题。带领者可以总结：人际沟通是一个双向的过程。有时候你所表达的并不一定就是别人所理解的，你所听到的未必就是别人想表达的。沟通并不是一件简单的事情，需要双方不断反馈、调节沟通方式，才能达到沟通的最佳效果。虽然我们努力地去理解对方，但要真正做到是相当难的。伴侣间沟通也一样，我们可能觉得很了解对方，但却不一定。

带领者笔记

猴年小组中，每个人画出来的图布局各异。带领者引导大家注意：沟通应该注意更准确地表达，如果没有明白可以再问明确，比如这幅图中，圆的大小，在纸中的位置等。这个求证的环节如果有了，就可以避免有的组员先将圆画满整张纸，到后面已经没有办法再画其他图形的情况。

也有组员提出，这个绘画活动的启发是：良好的沟通需要给出明确、清晰的信息；对于不确定的信息，要及时核实。

活动2：积极倾听与共情

这种情况，你怎么办？

带领者请每位组员谈谈：当你的朋友向你倾诉他的烦恼时，一般而言你会做何反应？并简要说明你做出这样选择的理由。例如：

（1）朋友向你倾诉："公司老板开除我了。我不敢告诉父母，为了供我上学他们拼命地赚钱，已经很辛苦了。我不想让他们知道。每天早晨起来，我都鼓励自己要努力地工作，但是感觉压力很大，要找到好工作好难呀！"

你会如何回答？

　　A. 你要想开一点，面包会有的，只要努力一定能找到稳定的好工作的。

　　B. 你不用太悲观，现在好多人都没好工作。

　　C. 你应该告诉你的父母，他们也许能帮你，和你一起想办法。

　　D. 你不敢把这件事情告诉父母，怕他们担心你。可是你的压力也非常大，不知道自己一个人是否扛得过去。我理解你的感受，如果是我，我也一样。

（2）朋友向你倾诉："我最近倒霉透了，谈了两年多的女朋友居然把我给甩了。哎，我真想一死了之！"

你会如何回答？

　　A. 你怎么这么想，一次失恋就成这个样子，也太没出息了。

　　B. 哎，是挺倒霉的。你再想想有没有什么跟她和好的办法？

　　C. 我比你更倒霉呢，我都被人家甩过两次啦。

　　D. 不用这么难过，俗话说得好，天涯何处无芳草，改天我帮你介绍一个更好的。

　　E. 谈了两年的女朋友居然和你分手了，你一下子接受不了这个事实，所以觉得活着没意思了。我理解你的感受，如果是我，我也可能会这样想。

提　示

　　人际沟通的关键在于让你的朋友感觉到，你是在认真地听他说话，而且理解了他的意思，理解了他的心情。以上两个案例的几个答案中，只有最后一个反应最为恰当，但很少人会选它。因为它只是用自己的话把别人所说的内容简要地"翻译"了一遍（这种沟通方法被称为"意译法"），似乎是在说废话。

　　很多人都有好为人师的倾向，误以为朋友向自己倾诉就是需要自己帮他出主意，因此在沟通中急于用自己的感受代替别人的感受，急于表达自己的意见或提出劝告。事实上只有倾诉者才最清楚自己需要的是什么，才能为自己的行为作选择。他通过倾诉，希望寻求的只不过是一种关心、理解和心理支持。而意译法恰好可以满足对方的这种心理需求。因此，把对方所说的意思简要地反馈给对方，就是最简单但是又十分有效的人际沟通小窍门。同时，这也是一种共情能力的运用和表达。

此外，许多人表面上看起来是在努力增进沟通，然而却是利用增加的沟通机会逐渐增强控制的目的。

团体带领者可以鼓励大家以不同于以往的方式来倾听。要大家把焦点放在对方的感觉上以及自己的行为上，而不是自己的感觉和对方的行为上。许多负向的自我对话以及后续的冲突行为会发生是因为我们不论是觉得被骗、被苛待或被虐待，都聚焦在自己的感觉上。

聚焦在对方的行为不可避免地会让他责怪对方，而不是看见自己的控制欲。但若将焦点放在对方的心思上，他们就会给对方应得的关注，关注对方的感觉反而让他们和对方的相处更聚焦，不再胡乱注意自己自认为是受害者的错乱感受。

带领者笔记

猴年小组中，一位男性组员反思说：我一直和一位舍友的关系特别好，我自己也不明白我们关系为什么那么好。刚才学习了如何沟通，我忽然明白了，每次我说什么烦心的事时，他只说四个字："哎哟，我天！"他别的什么都没有说，但我就感觉特别舒服。现在我明白了，因为他懂我。而许多时候，当别人对我发牢骚的时候，我常会反问他：难道你自己没有错吗？我现在知道错的是我。

另外一位组员也分享了自己印象深刻的一段对话，当时自己刚下地铁在步行回学校的路上，外面天很冷，恰好有个朋友打电话过来，聊了几句，这位朋友知道自己在外面后赶紧说，"你伸着手接电话，一定很冷的，赶紧挂了吧"。虽然只是短短的几句话，但真的让人很暖心，因为这位朋友能如此设身处地地为自己考虑。

女性带领者分享自己的一个例子：一天早晨上班的路上，接到孩子幼儿园另一位同学家长的电话，说前一天幼儿园老师将他们的孩子关小黑屋了。带领者当时非常气愤，怒火中烧。到办公室后，和同事讲这件事。对方回应说："如果我是妈妈，我肯定也非常生气。"她听后感觉很舒服，觉得自己被理解和支持了。"如果是我的话，我也会感觉……"这是一句很好地能帮我们表达对别人的同理的句式。

链接：共情

我们每个人都是用自己的眼睛看世界，看到的是自己的世界。沟通中我们往往会忽视这一点，不能了解对方所看、所想、所体验的是什么；会用自己所看、所想、所体验到的东西推测对方，交往中不能沟通经常是这种情况造成的。

共情就是在交往中暂时放下自己的想法、观点，努力站到对方的立场上看问题，也就是人们经常讲的换位思考。共情是建立相互尊重关系的前提，只有做到共情，才能真正做到理解对方、尊重对方；只有做到共情，才能做到真正的沟通，建立良好的关系。

共情就是要用对方的眼睛看对方所看到的世界；做到共情要让对方知道你对他/她的了解；要做到共情一定要注意不要主观地想当然。

讨论倾听的技巧

分小组进行讨论"可以运用哪些言语技巧和非言语技巧来表达你在认真倾听"，然后请各小组代表发言。

带领者总结：

（1）倾听的言语技巧，如避免沉默不语；变换回答的方式，不要总是回答"嗯、嗯、嗯"，"对、对、对"等；适当地插入提问，或要求对方进一步补充说明，表达对对方所说的内容感兴趣；指出共同的经历和感受；用自己的话简要复述对方所说的内容，表达对对方所说内容的理解等。

（2）倾听的非言语技巧，如身体面向对方，并适当地前倾，使对方感觉你在洗耳恭听；保持目光接触，表示对对方所说的话感兴趣；停下手中正在做的事；面部表情随对方所说内容而发生变化；利用积极的面部表情和头部运动，如微笑、点头、扬眉等；避免双手交叉在胸前，保持开放的姿势，表达对对方话题的接纳态度等。

链接：积极倾听的钥匙

1. 共情是重要的。因为这会让你从对方的角度来看待世界，而不是你自己的角度。

2. 询问并且鼓励。当你的家庭成员说出他们的想法时，询问让你自己更详细地了解，避免理解错误。鼓励家庭成员告诉你他们的想法、生活细节，以便你可以获得更全面的了解。

3. 释义、澄清和总结。这样做可以防止沟通不畅，表明共情，表明你在听！

提　示

不要把积极倾听和共情仅仅理解为一种沟通技巧，它更是一种沟通态度——尊重、平等看待他人的态度。带领者要注意和组员强调这点，更可以通过让组员分享对"积极倾听"和"共情"的理解来体会。从这个角度而言，这几乎需要每个人用一生去修炼，也关乎我们的人生态度。需要明白的是，这未必是通过本小组的短期成长就可以达成的，小组在这一点上，仅仅能起到让组员意识到沟通中"尊重"和"平等"的重要性。

活动3："秘密红账"

第一步：请每位成员观察团体中其他成员的良好倾听行为，并把它们写在纸条上，放入小纸箱内。要求：

（1）只允许记好的行为，不准记不好的表现。

（2）写清楚被赞扬的成员的姓名。

（3）允许记录多个成员的良好倾听行为，只要你认为某个成员在倾听的某个方面做得好就可以把它写下来。

第二步：带领者当众宣读纸条的内容，以激励每位成员在今后的团体中自觉练习倾听技巧。

环节三　沟通实例演练

目标：让组员认识到人际间如何更好沟通是需要认真思考和处理的，并且开始思考良性沟通的方法。

所需材料：投影仪、PPT，或事先打印好材料的纸；白板或海报纸、白板笔

建议时间：50 分钟

步骤 1：阅读下面的故事

文哲和佳惠已经结婚五年了，他们有一个一岁的女儿。文哲和佳惠都是公司里的小职员，收入都不高。佳惠不喜欢照顾孩子，非常喜欢买名牌服装、各种高级饰品、化妆品等，所以家中没有一分钱存款。文哲有很多关于家庭发展的想法，比如存钱买更大的房子，买车，未来让女儿到国外读书，等等。但是佳惠的观点是：过今天的幸福生活，不为明天担忧。文哲对佳惠多次表达自己的想法，但是，佳惠都说"别说了"，不愿意继续交流。

这天，家里的钱又花光了，文哲不得不向父母借了 2000 元钱。他心里很烦躁，决定晚上要和妻子深入地谈一谈，但是，刚吃完晚饭，佳惠便说，她和闺蜜约了去逛商场，让文哲自己在家带孩子……

步骤 2：分组讨论

带领者在确保小组成员已经清楚佳惠的处境与困扰之后，分成几个小组，用 5—10 分钟的时间来讨论、决定文哲在此时可能会有的反应。

步骤 3：请小组成员将文哲可能有的各种反应写在黑板上

这些可能包括：

文哲指责佳惠，两人开始吵架；

文哲与佳惠一周不讲话；

文哲努力和佳惠讲道理，需要她更多时间在家，不能乱花钱，以及节俭的意

义。但注意：他此前已经说过多次了，佳惠听不进去；

文哲向佳惠提出，要制定详细的家庭财务预算，两人必须遵守这个预算；

……

步骤4：提问

针对写在黑板上的文哲可能的反应，带领者问组员下面的问题：

你认为哪些是适当的或不适当的沟通？

由于这种沟通可能会发生什么？

对于后面发生的事件，又该如何进行沟通？

你认为男性和女性的沟通差异会有哪些？

你从这个练习中学到了什么？

带领者笔记

在我们带领小组的时候，有组员质疑：我们还需要和施暴者这样努力沟通吗？他们不是应该受到惩罚吗？

我们要引导组员认识到：

1. 学习沟通，并不等于说要和施暴者沟通，而是可以应用于未来的亲密关系中。小组已经进入到面向未来的阶段，沟通更多是针对未来的一种学习；

2. 施暴者并非铁板一块，施暴者也不一样，有的施暴者同样需要沟通，而且能够在沟通中改变施暴行为，建立良性的亲密关系。

环节四　结束阶段

小组成员分享本次活动的收获，以及未能解决的问题。

作业

想一想，你在现实生活中有哪些不好的沟通行为。最好选择一个事件，分析你在那个事件中所作所为有哪些是需要改进的。

完成以上这个作业之后，写出来，发邮件给带领者。如果有新的与沟通有关的困扰或感受，也一起写出来。个体化的情况，带领者将与组员分别以邮件或其他形式分别沟通；共性问题，将择机共同处理。

第 12 次　学习沟通（续）

> **目标：**
>   培养小组成员对于他人意见的倾听能力，学习与伴侣和家庭成员进行良性沟通。
> **内容：**
>   通过实战演练，让组员感受沟通的重要性，并且体会和学习沟通的技巧。

环节一　背对背识图

目标： 通过热身活动，理解沟通需要练习，为进入后面的环节做好铺垫。
建议时间： 30 分钟

找两名自愿参加的组员背对背而坐，给一方一张风景图片，用口述向对方描述图片内容；听的一方根据对方的描述，想象画面内容。之后双方交流，比较依据对方的描述所理解的图片内容与实际图片之间的差距。

参与者和其他组员谈谈通过此项活动对于沟通的理解和感受。

环节二　沟通演练

目标：让组员通过讨论和模拟自己生活中的沟通问题，更好地领会和学习沟通的技巧。

建议时间：120 分钟

步骤 1：分享与演练

三人组成一个小组，每人在小组内讲一个自己与别人的沟通失败、交流失败，甚至发生冲突的事例，然后三人一起选择一个人的例子进行角色扮演。提供事例的人做导演，另外两位组员扮演事例中的角色，第一次表演按着负面的、失败的方式进行沟通，第二次表演尝试用良性的、积极的方式进行沟通。

如果可能，请尽量选择引发暴力的事件，围绕"暴力型"沟通的内省、防止、阻断来进行。

步骤 2：表演与讨论

请各个小组的组员，表演他们选定的，并且已经按正负面表演过的例子，在大组中进行表演和分享。其他组员讨论：为什么第一次沟通失败，为什么第二次沟通成功，表演中还有哪些可以改进的沟通方法。表演的组员可以反馈在不良沟通和良性沟通中的不同体验，最后则邀请当事人谈谈自己通过别人的表演及讨论学到了哪些更好的沟通技能。

提　示

每个小组表演结束后，带领者请其他小组成员分享他们观察到的，对不同的看法进行引导性的讨论，目的在于更好地学习沟通技巧。

因为小组活动的目的是阻断暴力传承，所以鼓励组员使用"暴力型"沟通的案例。但在具体实践中，因为小组成员组成的不同，可能会出现提不出"暴力型"沟通案例的情况。带领者可以考虑提供相关案例，供组员进行角色表演。

📝 带领者笔记 1

带领者可以针对小组活动时的具体情况，灵活机动地使用工具学习沟通。比如，在马年小组中，进行到这次组会时，带领者正好因为一个事件写了一封与单位领导的沟通信，便把这信打印了分给组员，让他们理解带领者是如何通过文字来沟通的。

同时，带领者也征得一位组员同意，带来她写给父亲的沟通信，发给每位组员分享，一起讨论如何可以更好地通过文字沟通。

📝 带领者笔记 2

猴年小组中，一位组员举的例子是自己和宿舍同学间的沟通问题。每次当她称赞那位宿舍同学的时候，该舍友都给予比较淡漠的回应，这让这位组员很不舒服。

另外两位组员按着这位组员提供的对话情景，进行了负向的沟通对话，然后又在带领者的指导下，进行了正面的沟通练习。

带领者提示两位"演员"，进入到负向沟通与正向沟通的情境中，倾听对方每一句回应时你自己内心的声音，做出你的自然回应。

负面沟通表演：

A：又在看书呢，我觉得你真爱学习，真是学霸，我好敬佩你，我如果也能像你这样就更好了……

B：没有，我刚才在玩游戏呢。

A：我明明看到你是在看书呢。

B：哪里呀，我明明是在玩游戏呢。

A：看书就看书呗，又不是什么坏事，为什么要否认。

B：我哪里否认了，你怎么这么说话呢，莫明其妙！

A：你说谁呀，你有病吧！

B：你才有病呢！

……

面对 B 的负面沟通，A 坚持正向沟通：

A：又在看书呢，我觉得你真爱学习，真是学霸，我好敬佩你，我如果也能像你这样就更好了……

　　B：没有，我刚才在玩游戏呢。

　　A：哦，学习累了，是应该玩一会儿。我也经常会玩一会儿。

　　B：我根本就没有学习，我一直在玩游戏。

　　A：嗯，游戏是挺好玩的。

　　B：……

　　表演没办法继续了，带领者问A，为什么在B做出不友好回应时，她仍然能够坚持正向的沟通。A说：因为想到B可能不希望自己显得和别的同学不一样，所以不愿意承认在学习；或者她真的确实没有在学习；……

　　带领者问B，为什么当A这样回应时，自己没办法再按负面沟通表演下去了。B回应说：因为对方一直顺着自己的思路，而且非常真诚，面对别人这么真诚，自己没办法不真诚……

　　随后大家又一起讨论其他可能的正向沟通方式，比如，当B面对夸奖不以为然时，A可以说：当你这样反应的时候，其实我有些不舒服，我感觉你好像不喜欢被人夸一样。你可以告诉我你心里到底怎么想的吗？这样的问话非常真诚，可以开启良性对话的空间。

带领者笔记3

　　猴年小组中，一位组员谈到与男友的一次冲突。她想去做一件事，男友不让她去做，说这件事让他非常反感。但是，她非常想做，还是做了。结果这中间她出了一些小危险，她便向男友求助，男友拒绝伸出援手。这使她非常气愤。

　　她认为：普通人都会帮助的事，男友却拒绝帮助她。

　　男友认为：我不让你做这事，说过如果你做的话我会非常反感，你还坚持做，出了问题却来找我，你想过我的感受吗？

　　于是，两人便吵得很厉害。

　　针对这个案例，小组成员分享自己的看法。比如，有组员认为，既然男友明确表示如果她做这件事，他会非常反感，为什么她还要做呢？另外，有组员表示，男友因为自己的感受便阻止她做这件事，本身便是伴侣暴力中的"行为控制"……

　　带领者提醒小组成员：从沟通的角度，这个事件中的双方应该如何沟通更好；同时，从恋爱观的角度，我们应该尽可能找恋爱观一致的人做伴侣，更容易避免发生冲突。特别重要的是：认为男友不想让她做的事，她就不应该做，这是一种父权思维，是一种行为控制，同样是伴侣暴力。

链接：沟通技巧介绍

在上述分享每个沟通案例的过程中，带领者可以将下述沟通的技巧性知识普及给组员。

1. 尊重的重要性

带领者强调：好的沟通，需要技巧，但是，更需要有对对方尊重的态度。沟通需要有尊重作基础。带领者与小组成员分享人际间相互尊重的内涵。

带领者首先提出尊重行为的概念，注意强调几点：
- 尊重行为的核心是发自内心地将对方看作一个有自主权的人；
- 尊重行为不仅仅是对对方一个态度，而且要能够让对方感觉到你对她的尊重；
- 尊重行为特别表现在对对方的想法、感觉与行动的接纳和理解上。

带领者分享相互尊重行为的定义：相互尊重的行为可以向对方传递一种尊重的信息，即尊重对方的想法、感觉和行为，也就是说，将对方当作一个平等的有自主权的人看待。

2. 沟通的含义

带领者指出：两个人在对话不一定就是沟通，因为有时沟而不通，真正的沟通需要双方能够明了对方的想法和情感，也就是说，沟通双方的信息要能够顺利地传递出去，而且能够做到相互接纳和尊重。沟通在于了解对方而不是制服对方。

带领者可出示预先写好的"沟通的要点"加以辅助说明：
- 沟通不是各持己见；
- 沟通不是要让谁说服谁；
- 沟通不是要分清是非；
- 沟通是相互的尊重和理解；
- 沟通是要站在对方的立场角度来理解对方的观点；
- 沟通是一种坦诚，沟通是一种共情。

沟通的错与对

破坏交流的模式	有助于促进沟通的方式
批评 蔑视 防御 躲避	使用"我……"的说法，针对自己埋怨而不是批评对方； 避免臆测； 有限选择； 直率相告与委婉相告（选择对方接受的方式）； 倾听； 没有抵触，包括非言语表达； 确认； 让对方说出实情； 不要把注意力集中在谁的过错上； 避免模糊的信息； 沟通与协调； ……

负向的沟通包括刻板印象、谩骂、双重讯息、被动攻击、理智化、威胁、冷嘲热讽、模仿、贬义及忽视她等。

沟通中的正负向行为举例

负向行为	新的正向行为
当她在公开场合说话时，从中打断	不打岔或评论她的话
过度类化："你总是"、"你从不"	不要累计憎恨，不沉浸于过去，针对她现在说的回应
事事有意见	接受自己的见解不是唯一的，询问她的想法
对她的朋友说长道短	拒绝散布谣言和不好的讯息
把我们的问题责怪在她身上	用不下论断的方式、讨论的方式讨论可行之道，寻找解决方法，而不是更多问题

带领者介绍完沟通的要点之后，请组员分享一下感受。带领者可以强调指出：我们通常总是"想到就说"，而应该经常花时间来思考你和他人，特别是伴侣的沟通方式。

3. 学会协商

带领者引导小组讨论和学习：人与人之间不可能不发生矛盾和分歧，解决人际间的分歧并非要求谁服从谁，而是如何磋商。

协商就是处理分歧，无所谓输赢，如果一开始就抱着赢这次争论或者是要支配对方的想法，那么冲突就必然要发生。所有分歧并不一定都能解决，也并不是都要解决，一个相互尊重的关系是把分歧当作一种正常的事情。人际关系中，协商的前提是要抱着能理解对方的态度努力做到共情。一旦能理解对方了，所有过去认为不可能的（非暴力的、积极的、健康的方式处理矛盾与分歧）行为都会变得可能了。

人们不可能每次都正确地看出问题的所在，而且也没有一个人可以拥有所有的解决办法。要寻求多方的信息来帮助问题的解决，可以寻求别人的帮助。不要以为问题只有一种解决办法，看看还有没有其他的可能性，这样可以增加解决问题的机会。

在我们决定采取行动解决问题时，千万不要中途放弃而功亏一篑，行动之前需考虑：

（1）不要试着预测对方会如何回应
- 对对方可能会为此焦虑、责怪或不同意，要有心理准备；
- 对对方可能会对问题的解释有不同的看法，要有心理准备；
- 对对方可能会有不同的问题解决方式，要有心理准备。

（2）让对方做回应并尊重她的立场，用心倾听；在不轻视、不批评的情况下认同对方的情感和立场。

（3）做好管理自己情绪的准备，使它不至阻断问题解决的过程；协议和妥协是可能行得通的。

避免使用以下的字眼：应该、必须、一定要、应当或不可以。这些字眼会产生死板苛刻的情况，主要是用在说明"事情"会如何发展，而且还有"否定"的含义在里面，会给对方形成压力。

- 尽量使用"可能"、"大概会"等字，例如："我大概会……"或"这可能是个解决方法"，可以给对方回应的空间。
- 避免使用"你"做开头，尽量用"我"开始句子，例如："我希望……"或"我可以……"而尽量少用"你应该……"
- 把重点放在问题上；如果必要的话，把问题写下来并且避免偏离主题；如果你的伴侣有不同的问题，了解它之后定一个稍后的时间再讨论；同意尝试协商和妥协的解决方式。

4. 尊重在协商中的体现

小组讨论与学习，在解决分歧时，还要注意尊重对方，带领者要抓住两个要点：

（1）如何看待与对方的分歧或争议
- 人际间的争执中最重要的不是赢得"战争"，而是解决问题；
- 要尽力去理解对方的期望；
- 不一定要改变自己的观点，而要达成妥协、接纳争论；
- 问一问自己要在充满尊重的磋商中解决问题，自己还要注意些什么，还可以做些什么？
- 问一问对方是否准备讨论这个问题；
- 如果对方同意了，那么约定一个时间、地点同他/她协商这个问题；
- 尊重地倾听对方的意见；
- 做好改变想法的准备；
- 一定要记住：这并不表示谁赢、谁输，这只体现尊重的关系。

（2）理解对方的看法
- 以"她的看法是有根据的，值得尊重"的观念，选择与对方保持一致，按她的期望自由选择；
- 以"为了使关系更好，而改变我的观点"的观念选择；
- 为了维持关系而改变自己，与对方达成妥协；
- 以"每个人都有权利坚持自己的观点"的观念，选择不将争论看作是不忠或拒绝的表现，与伴侣共存。

环节三　结束小组

目的：总结、梳理本次活动的感受和收获。
建议时间：20 分钟

带领者总结本次活动的内容；可以根据时间决定是否请小组成员写作 4F 总结，或者只请每人用一句话分享本次活动最大的收获。

作业

1. 把我们今天学习到的沟通技巧，应用到你的人际关系，特别是伴侣关系中，处理你们之间一件需要沟通的事。

2. 小组快结束了，想一想：你对小组活动中印象最深的是什么？你在小组中有什么收获？你自己有哪些变化？

第 13 次　成长无止境

> **目标：**
> 　　回顾和强化小组过程中所取得的变化和成果。
>
> **内容：**
> 　　对小组整个的发展历程及经验进行系统的回顾与总结；引导组员对自己在小组中的成长与变化进行反思；回答组员对今后的亲密关系中自己所担忧的问题。

　　小组进入结束阶段了，本次活动和下次活动均属于结束阶段。结束阶段的目的是为了回顾和强化小组过程中所取得的变化和成果，是小组必不可少的一个重要程序。

　　这是小组凝聚力最高的时期。随着小组结束的时间越来越近，小组的内在关系会发生一些变化，由此组员开始产生一些担心，比如有些组员会担心小组中暴露的问题能否得到解决；有组员会担心自己是否能承受一旦结束小组这种亲密关系的失落感；还有组员担心小组结束后自己在小组中建立的良好心态能否继续保持。组员情绪上会出现一些分离前的伤感和焦虑，甚至会出现无助感，等等。随着小组即将结束，小组关系可能会出现一些松散和热情下降等现象。还有组员对小组依依不舍，希望小组能继续延长时间、增加次数。

　　结束期总目标：回顾会谈，确保成员离开时感觉"功成圆满"。

　　结束阶段可以做的事：

- 回顾并总结团体经历；
- 评估成员的成长和变化；
- 完成事务；
- 将变化应用到日常生活中；
- 提供反馈；
- 道别；
- 跟进随访。

环节一　回顾

目标：回顾和强化小组过程中所取得的变化和成果。
建议时间：40 分钟

集体回顾小组过程，请组员反思，自己的观念与行为是如何改变的，回想旧有的观念和行为，然后作新与旧的比较，特别注意提升组员改变后的新感觉，尤其是对改变后的家庭生活和自己状态的感觉。

采用轮圈发言的形式，请每位成员分享上次活动后的作业：
（1）我印象最深刻的团体活动是……因为……
（2）我觉得在这个团体中最大的收获是……
（3）我感觉自己参加团体后发生了……的变化。

> **提　示**
>
> 开始时，带领者应该先回述前面的每一次小组活动，包括做了什么、希望解决什么问题，然后请组员自己回顾。带领者告诉组员，每个人回顾的时候，也就是集体进行梳理的时候。这种梳理有助于我们总结和提升在小组中的收获，以及发现不足。
>
> 带领者还要提醒大家：每个人的情况不一样，有人收获大一些，有人收获小一些；有些收获是现在已经能够看出来的，有些收获是需要时间才能发现的。无论怎样，我们都已经开始了成长，这是重要的。我们还会一起努力！

附录：猴年小组组员作业摘抄

组员1：

我在这里收获最大的是：认识到被打的经历不是耻辱，而是不幸。我学习到应该坚持自我修复，把家暴的经历对自己的影响降到最低，阻断自己由于家暴经历给孩子和父母带来的不好影响。真正的强大不是什么也不怕，是可以接受自己的一切，尤其是不好的一面。

组员2：

我参加了小组以后，发现自己更能控制自己的情绪了，尤其是想到过去的家暴经历，或者见到自己的父母时，我不再是很抵触或者很沮丧的了。即使自己抵触父母的时候，我也可以分辨是因为事情本身让自己产生抵触情绪，还是过去不好的情绪在他们身上的泛化。

组员3：

大家在小组里经常将自己的经历和零食或者小东西分享，很愿意为大家做一些事。在生活中我也逐渐变了很多，变得温暖了、不拖延，在别人表达意见的时候能给予支持和理解，也喜欢将自己的小东西分享给别人。在这段时间里，我和父母的关系有好转，平时打打电话，也邮去了他们需要的小物件，他们收到后也很开心。

组员4：

在小组里我学会温暖和包容，还有情绪的表达，感觉到自己一直是在压抑自己的情感，然后越来越压抑。我发现自己缺少的是对自己原则的确定和坚守，很多时候没有勇气。在小组的过程中，慢慢感受自己心态的变化，慢慢感受带给我生活的变化。

收获最大的还是确定自己想要的是什么；理解了在关系中别人的行为使自己不舒服的原因；学习到勇敢地接受自己的优点和不足。

组员5：

还记得第一次参加小组活动的时候，我特别紧张，因为这是我第一次参加这样的活动。逐渐地，我可以谈论困扰自己的家庭，可以欢笑落泪无所顾忌。我一开始的倾诉对象更多的是老师，后来是让我感觉特别睿智的一位组员，再后来就是所有组员。我开始发现我不仅仅是一个人，我的痛苦能够被倾听，我的泪水有人可以"看到"，我似乎不那么隐忍了。随着小组活动的推进，我也逐渐地和家人改善关系，主要是扭转自己的认识。我很感激遇见大家。

组员6：

小组活动中，我发现了一直以来影响我的悲观主义、完美主义。我在诉说时，很多时候采用的说法是"我不能理解""我不能接受""我觉得自己不够好"。我对自己苛求了，目标太远大，久而久之就成了一种负担。

其实这也是我对家人不满意的原因，我没有珍重他们的生命，我并不认为他们是和我一样平等的个体。我对他们的考量，是站在孩子对父母、孩子对姐姐、姐姐对弟弟的角度的——一切的不满源自我心中固有的标尺，痛苦也源于此。比如说，妈妈不怎么做家务、发脾气、不注重健康，我对她就很恶劣，批评她，但这是我心中认为妈妈就应该、就必须时时刻刻为孩子为家人做好家务等准备的。然而事实并非如此，没有人有义务牺牲自己成全他人，父母可以爱你，也可以不爱你。当我明白到这一点以后，我发现从前困扰我的问题都是类似的模式。"道德绑架""刻板印象"长期以来就是我的三观。现在的我，虽然认识到了这一点，改变还需要时间。我知道没有什么能够一蹴而就，我很希望能和大家一起进步。

组员7：

我觉得自己参加团体后最大的收获是：感觉自己稍微懂事了一点儿，懂了很多以前不懂的道理。很多事情关于暴力，关于情绪，我以前从来没有想那么多，没有想那么深，但仔细一想确实很有道理，比如社会思想环境的影响，比如理解不一定是原谅，更多的是能够解脱自己，比如情绪的产生其实是自己内心的想法所带来的，而我要学会去换一种思考方式，结果就会不一样。

组员8：

我从每个人的身上得到了能量，我重新认识自己。别人给我压力，小组给我包容。我最大的变化是，我发现自己也有力量拉别人一把了……

组员9：

我自认为貌似会管理一些脾气了，虽然遇事并不总是那么冷静，但是不会只从自己的角度去想了。我以前崇尚暴力，现在消除了很多。我处理问题不再像过去那么极端和暴力了。每个人给我的支持都很大，我最大的收获是：我可以做和我父母不一样的人了。

组员 10：

我有机会把心里的话说出来，我感觉到被支持。我不是孤独的人，家暴也不罕见。我知道受家暴不是因为问题出现在我的身上，以前我总是把责任归于自己。我不寄希望于父母的改变，我寄希望于自己的成长。

环节二　打开保险箱

目标： 检视曾经的困扰是否解决。
所需材料： 保险箱
建议时间： 50 分钟

不要忘记我们在第一次小组活动时，可能使用过一个"保险箱"。如果使用了，此时到了打开保险箱的时候了。保险箱中，是小组成员在第一次活动时写下的当时的困扰，这其中很多是他们希望通过小组活动解决的。

如果没有使用保险箱，则请忽略此环节。

打开这个保险箱，把每位组员自己写的困扰发回到他们手中，让他们看看哪些解决了，还有哪些没有解决；对于没有解决的问题，现在在小组中分享，尝试一起来解决。

带领者笔记

猴年小组的大多数组员觉得，他们在小组之初留下的问题，都已经基本解决了，或者已经知道该如何解决了，即走上正确的道路。所以这部分在小组活动中省略了。

环节三　智囊团

目标： 帮助成员面对与处理小组中还未解决的困扰，使其能拥有较愉快的生活，并能顺利发展未来。
建议时间： 60 分钟

活动 1：热身——心有千千结

组员手拉手围站成一个圆圈，记住自己左右手各自相握的人。在节奏感较强的背景音乐中，大家放开手，随意走动，音乐一停，脚步即停。找到原来左右手相握的人分别握住。

小组中所有参与者的手都彼此相握，形成了一个错综复杂的"手链"。在节奏舒缓的背景音乐中，要求大家在手不松开的情况下，用各种方法，如跨、钻、套、转等（但手不能放开），将交错的"手链"解成一个大圆圈。如果实在进行不下去了，可以撤销一个手与手的连接。

这个活动强调了集体的力量，人与人关系的大结是大家共同织成的，每个人都是重要的，但有时我们需要迁就别人的需要，也需要他人来迁就我们的需要。同时也暗示大家，生活中没有解不开的"结"。

活动 2：取经

保险箱解决了，并不等于所有的问题都解决了。

这相当于"完成事务"的阶段。用来处理以往会谈中没有解决的问题，成员对其他成员或带领者存在的疑问，成员需要处理的一些个人事务等。

请成员将自己作业中提到的问题或困扰写在纸上，并将纸折叠好置于团体中央。带领者抽取一张纸并读出其内容，请成员共同思考问题的解决方法。解决问题的方式可以采用讨论、示范、角色扮演、书面资料提供等不同的方式。

> **提示**
>
> 本次活动是一次议题相对较开放的活动，目的是"拾遗补阙"，帮助组员找到他们在小组活动中还没有解决的问题，并且通过小组的力量，相互支持帮助，尽可能解决这些问题。
>
> 带领者也可以通过观察组员的呈现，考虑是否需要有针对性地在小组结束后再进行一对一的辅导。

带领者笔记

猴年小组中的这个环节，组员所提出的问题都与家暴没有直接关系了。即没有问题是关于如何与父母相处，如何走出家暴创伤的。与家暴最直接相关的问题，是如何找到"真爱的另一半"、"如何长时间维持一段亲密关系"。这个问题之所以和家暴的历史有关，是因为家暴环境中长大的孩子，需要更多学习建立亲密关系的能力。但这也不仅是受家暴背景的影响，还有社会主流情爱观的误导。比如，有组员希望能找到永久的真爱，而实际上很少是一次就能成功的，需要一个不断探索与学习的过程。

猴年小组中这一环节进行得非常热烈和精彩，每个组员的问题大家都会给予积极的回应，对其努力方向给予中肯的建议。比如有个组员写到有时候不自信，看不到希望，就有组员回应说，谁的青春不迷茫？另一个组员说自己有"人多尴尬症"，带领者就问大家谁有类似的情况请举手，有四五个组员都举起了手。这些回应会让组员看到很多问题不是自己独有的，也是很常见的，或者就根本不算什么大问题，可以坦然接纳。还有一位组员由于总是感觉自己做不到、做不好，带领者就问她做了什么，坚持了多久等，甚至有组员直接面质说，不要总是给自己找借口，你的生活需要别人来负责吗？这样的"棒喝"也让这位组员警醒并感觉收获很大。可以说，这个环节的心灵碰撞，充分体现了小组成员之间深厚的信任和无条件的关爱与支持，令人非常感动！

环节四　结束小组

目的：总结、梳理本次活动的感受和收获。
建议时间：20分钟

组员一句话总结本次活动的收获。

作业

小组成员针对本次活动写作4F总结，特别是"智囊团"活动，组员在解答别人提出的问题时，对你自己有什么启发。

第 14 次 总结与展望

> **目标：**
> 树立未来努力目标，建立有效的后续支持渠道。
>
> **内容：**
> 带领小组成员制订未来的成长计划；建立小组结束后组员新的支持系统；对小组的成效进行评估；做好小组以及组员之间的分离准备。

本次小组活动所选地点、活动方式都是一种创新，环境放松，如家般舒适，不同往常，偶尔来这么一次，"调情"、舒心。马年小组的最后一次活动是在一家洗浴中心，大家一起就餐，然后做活动；猴年小组的最后一次活动是在一家茶楼，喝茶、就餐、吃水果、做活动。

环节一 提供反馈

目的：强化组员对自己积极变化的认知，并帮助建立继续前进的动力和信心。

建议时间：60分钟

活动1：热身活动——人椅

1. 以报单双号的形式，分成两个小组，每组围成一圈，每位学员将他的手放在前面成员的肩上；
2. 听从带领者的指挥，每位学员都徐徐坐在他后面学员的大腿上；
3. 坐下之后，看看哪个小组可以坚持更长的时间。

> **提　示**
>
> 这个热身活动可以通过身体接触和协作，增强组员的紧密团结感，在即将分别的时候给予足够的温暖与支持。

活动2：反馈

带领者请组员们针对每个成员说出："你们看到他的变化是什么，以及为什么这些改变对他有帮助？"

在结束阶段，给成员一些最后的反馈通常是有帮助的。应该使成员有机会相互评论他们的变化，这种评论应当是真诚的，并且尽可能的具体。带领者要监督反馈环节，从而确保它们是有针对性的、有效的。

带领者要告诉组员：其实，所有的改变都来自你们自己，而不是我们带领者。小组给你一些信息、互动，但是，真正的改变是来自自己的。所以，我们可以看到，我们自己是有力量的。今后，要保持这种积极改变的能力。回忆一下你们怎么做到的，你们写的那些日志，你们的积极反思，积极参与，你们的坦率交流，你们的一个个练习……正是在这个过程中，改变发生了。

> **提　示**
>
> 即使是那些否认问题及自己改变的组员，也可以做这样的反馈，在别人的真诚反馈下，他们或多或少地会受影响。
>
> 带领者在这里鼓励大家继续前进。
>
> 结束阶段，成员应该已经体验到生活中的一些改变。他们面临的一个问题是如何防止自己回到以前的生活模式。带领者要向成员强调这个潜在的问题。
>
> 带领者可以引导成员评估他们改变的经历。

环节二　幻想重新团聚

目标：做好小组分离的准备，并建立对未来生活的信心。

建议时间：40分钟

带领者引导语：

请大家尽量放松，闭上眼睛。我们现在来想象一下五年后的情况。五年后的一天，你收到一封电子邮件，我邀请你们来参加一次聚会。如果你决定来参加，想一想，你准备告诉其他成员，你现在的生活和变化吗。想想你会住在哪里，和谁住在一起，你在做什么以及发生了什么重大事件……

一分钟后，我将请大家睁开眼睛，我们现在是五年之后的聚会，你与其中一些人可能保持着往来，但与多数人已经没有多少来往。五年了，你第一次见到他们，你将要和他们分享你当时的生活。（一分钟后）……好，大家睁开眼睛，站起来，开始分享。

环节三　给五年后的自己写信

目标：制订计划，明确努力方向。

建议时间：20分钟

成员给自己写信，在信中列出目标、列出计划。装入信封，写上地址，封上。

未来的某一天，带领者会将它寄给组员。

带领者提醒组员：命运在自己手中，改变从今天开始，让我们一起努力！

> **提　示**
>
> 在已经有的小组实践中，成员认为：这项技术作用显著，这些信发人深省，而且知道某一天会收到这些信，能促使他们在团体结束后还继续努力。一些人认为这些信来得正是时候，因为他们需要一个"推动力"。

环节四　祝福留言卡

目标：做好小组分离的准备，互道祝福。
所需材料：彩纸
建议时间：50分钟

为每人发一张纸，请成员在纸顶端写上"对某某（自己姓名）的祝福"，然后向右传给每位成员，每人都写下自己给他人的祝福和建议。当转完一圈，每位成员细细阅读他人的祝福，并和每位成员进行一个拥抱。

带领者笔记

猴年小组在进行该环节时，每位组员都非常认真地思考和撰写对其他成员的祝福，每个人祝福卡的正反面上都写得满满的。有个组员说，这是非常珍贵的小组纪念，可以买一个透明相框把它夹起来，摆在家里。另一个组员分享说，前面小组活动中所画的几幅作品，都被自己放在了家中比较显眼的地方，经常能看到，有次还专门分享给自己的朋友看。这也提醒我们，这些外化的小组作业都是十分宝贵的资源，是小组成员成长的印记，可以让组员很好地保留，并不时拿出来看看，这将有助于巩固和深化小组的辅导效果。

环节五　小组结束

目标：告别与总结。
建议时间：20分钟

带领者不可以过于悲伤或情绪化。
请每位组员填写"小组效果调查问卷",以及"小组活动反馈表"。
带领者分享：
分别时的不舍、焦虑、悲伤,都是非常正常的。几乎每个小组都会这样。

想一想,四个月前,我们第一次坐在这里的情景,那时可能充满着对别人的警惕与不信任。在这过程中,我们经历过不同的关系模式,最终走到了彼此真诚、真心相待、难舍难分。

也许你们并不会喜欢小组中的每一个人,你们对小组中不同人的感受也不一样,这非常非常正常。但是,最最重要的是,我相信你们都能够理解对方,包容对方,宽容对方。

在小组中能够做到的,在小组之外的生活中也一定能够做到。我最大的期望是,大家利用小组中学到的知识与技巧、小组中得到的领悟,去过好小组外属于你的真实生活。

我们应该把结束看成一个新的开始,一起面向未来。

小组虽然结束了,但我们的联系不会中断。请相信:在任何人有需要的任何时候,我们都将站在一起,成为你最坚强的支持。

这不是结束,而是一个新的开始。

提示

虽然每位组员被要求填写"小组效果调查问卷"和"小组活动反馈表",但是,作为带领者,小组成员的反馈意见只是一个参考,不能仅仅看小组成员反应的就认为是全部事实,带领者对这个小组的效果应该有自己的评估,比如觉得哪些可能是未来这些组员要进一步成长的?他们主要的收获在哪里?哪些可能不太够?哪些人可能需要进一步的帮助?

特别提示：跟进回访

带领者对已经结束的小组的跟进回访，是对小组成员负责任的表现。

小组结束后，小组带给组员的改变可能随着时间的流逝而变化，其中一些人对小组有强烈的怀念情绪；另外一些人可能会部分恢复到原来的状态；还有一些人可能需要重新温习一下小组带给他们的……

带领者可以根据情况，采取不同的适合形式，进行个别的跟进回访，也可以考虑组织一次组员聚会。跟进回访的主要目的是巩固小组已有的成果，协助组员处理新的变化。由于互联网的普及，对一些组员的跟进回访也可以用网络聊天的形式进行。

工具箱1：小组效果调查问卷

下面各项判断句后面的数字，1. 完全符合，2. 几乎完全符合，3. 有些符合，4. 几乎不符合，5. 完全不符合。请选择与你情况相符的打钩。

1. 我可以坦然地谈论家庭暴力的话题	1	2	3	4	5
2. 我了解家庭暴力	1	2	3	4	5
3. 家庭暴力在我内心留下了很深的阴影	1	2	3	4	5
4. 我内心具有潜在的暴力倾向	1	2	3	4	5
5. 我建立亲密关系的能力很强	1	2	3	4	5
6. 我是一个自信的人	1	2	3	4	5
7. 我憎恨施暴者	1	2	3	4	5
8. 我憎恨施暴者的行为	1	2	3	4	5
9. 我的人际交往能力很高	1	2	3	4	5
10. 我时常感到自卑	1	2	3	4	5
11. 我能够处理好自己的负面情绪	1	2	3	4	5
12. 我能够良好地与人沟通	1	2	3	4	5
13. 我能够控制愤怒	1	2	3	4	5
14. 我在小组中交了很多新朋友，感到支持和温暖（仅用于后测）	1	2	3	4	5

工具箱2：小组活动反馈单

（一）我来参加这个小组是基于：

1. 需要的　　　1　2　3　4　5　6　7　　好奇的
2. 自愿的　　　1　2　3　4　5　6　7　　被迫的
3. 愉快的　　　1　2　3　4　5　6　7　　痛苦的
4. 迫切的　　　1　2　3　4　5　6　7　　无奈的

（二）我觉得这个小组的过程是：

5. 参与的　　　1　2　3　4　5　6　7　　个人的
6. 渐进的　　　1　2　3　4　5　6　7　　突然的
7. 有条理的　　1　2　3　4　5　6　7　　散漫的
8. 变化的　　　1　2　3　4　5　6　7　　呆板的
9. 有目标的　　1　2　3　4　5　6　7　　无目标的

（三）我觉得小组的气氛是：

10. 温暖的　　　1　2　3　4　5　6　7　　冷淡的
11. 友善的　　　1　2　3　4　5　6　7　　敌意的
12. 支持的　　　1　2　3　4　5　6　7　　反对的
13. 信任的　　　1　2　3　4　5　6　7　　猜疑的
14. 轻松的　　　1　2　3　4　5　6　7　　紧张的
15. 尊重的　　　1　2　3　4　5　6　7　　轻视的
16. 接纳的　　　1　2　3　4　5　6　7　　拒绝的
17. 开放的　　　1　2　3　4　5　6　7　　封闭的
18. 安全的　　　1　2　3　4　5　6　7　　危险的
19. 自由的　　　1　2　3　4　5　6　7　　限制的

（四）我对团体内容的感觉是：

20. 有益的　　　1　2　3　4　5　6　7　　无益的
21. 有趣的　　　1　2　3　4　5　6　7　　无趣的
22. 适当的　　　1　2　3　4　5　6　7　　不适当的
23. 有价值的　　1　2　3　4　5　6　7　　无价值的

请尽可能详细地回复下面的问题

1. 小组期间哪三项内容（讨论、练习、活动、讲授）你觉得收获最大，为什么？

2. 小组期间哪三项内容（讨论、练习、活动、讲授）你认为不好，为什么？如果要对小组内容进行修改，你认为最需要删去或者调整哪部分内容，为什么？

3. 你认为小组有哪些优点？
4. 你认为小组有哪些缺点？
5. 你对小组活动的改进有什么建议？

附录：猴年小组部分反馈意见

1. 小组期间哪三项内容（讨论、练习、活动、讲授）你觉得收获最大，为什么？

家庭暴力的澄清，推翻了以前错误的观点；连接内在小孩，我看到了自己，也看到了内心的想法，这个过程很美妙；做关于内在父母的塑像的课后作业，看到了月亮，天上的外祖母，以及甜美的花……

空椅子，让我直面家庭暴力的问题；朋友圈问自己的优点，找到自信和被关注的感觉；结束时的祝福寄语，让我看到别人眼中的自己，很感动，很感谢。

看电影、空椅子（做这两项虽然难受，但内心真的有了突破）；朋友圈收集优点，发现被赞许是这么开心。

讲授，我比较习惯先从理论上了解事物，这有助我建立思考框架；……

讨论是对我帮助最大的，有些不明白的问题大家都积极参与，在讨论中自己也可以思考得更深入。

2. 小组期间哪三项内容（讨论、练习、活动、讲授）你认为不好，为什么？如果要对小组内容进行修改，你认为最需要删去或者调整哪部分内容，为什么？

- 看电影环节感觉太突然，冲击太大。应该事先征求组员意见，或者放在后面的活动中。
- 个人感觉作业部分对于部分组员是个额外的负担……
- 有些练习有"一刀切"的感觉，无论哪个成员的具体情况如何，都要完成练习。而练习的内容如果事先允许稍微讨论一下可能会更好。

3. 你认为小组有哪些优点？

- 开放、包容、节奏好。能获得理解和支持。
- 小组成员最后彼此开放，大家都可以相互信任，很多人有了不同的变化。
- 都说小组是对人帮助最大的辅导形式，确实如此。而且认识许多不同的朋友，真好。
- 带领者真诚，参与者有同理心；讨论问题深入，及时回应情绪；放松的小活动有趣儿。

- 大家相互支持、信任、理解的感觉真好；能够有人听到自己的心声，被尊重，这样开诚布公，真好！

4. 你认为小组有哪些缺点？

- 迟到、缺席现象严重；关于个人的讨论还是不够深入，虽然理解团体活动不可能完全深入处理每个人的问题，但还是感觉我个人的期望没有达到……
- 时间感觉不够用，也许还有组员想表达……
- 时间有些短，感觉状态刚起来就要结束了；内容不是特别适合每个人；有时为了赶时间，不得不终止组员的表述。
- 有时讨论会偏题……
- 结构性太强，对时间的要求会让人有些许压力……

5. 你对小组活动的改进有什么建议？

- 希望活动次数再多一次，对于慢热的我，刚进入状态就要分离了……
- 场地最好选择软座或坐地上，椅子上长时间坐太不舒服。
- 对组员发生的情绪，应该安排更多时间进行深入的陪伴……
- 制定小组规则时，采取更为有效的方式，给大家集体约束感。
- 午餐时间应该统一活动，这也是一种交流。
- 小组结束了，但希望以后在微信群里可以有更多的讨论。
- 再办一次。

备用活动

本方案具体列出了 14 次小组活动的内容。

正如我们说明的，其中一些活动不是单次能够完成的，比如小组成员逐人进行"空椅子"心理剧表演的"表达与转化"部分，可能需要多次活动。

在实践中，带领者可以根据小组的具体情况，小组成员的互动，增加室内活动的次数，也还可以借助不同的机缘，增加非室内的、非正式的小组活动次数。

这里列出的一些活动，是在马年小组和猴年小组中曾经使用过的。但根据经验，并不适合作为强制性的小组活动内容，所以作为"备用活动"列在这里供小组带领者参考。

1. 观影与讨论

正确使用与性别暴力相关的电影，有助于小组成员对相关问题的深入理解，有助于促进讨论，以及活跃小组活动的气氛。

在马年小组中，带领者先后放映了两部与家庭暴力有关的电影，并且组织小组成员讨论，取得了非常好的认知效果。但是，在猴年小组中，带领者选择放映的关于家暴的电影让很多组员感到"太受冲击""无力承受"，直接导致一位组员当场退出小组，并且导致多位组员在此后很长时间想到这部电影仍然感觉诸多不适。

这种差异的出现，与电影的选择有关，也与小组成员的状况有关，比如他们的心理能量；当然，还可能与带领者选择的观影时机有关。

猴年小组在观影活动中的教训，使我们最终没有将观影作为一次团辅活动列入这本书中。但是，电影的使用仍然是小组带领者可以借鉴的一种手段。我们在这里推荐与本书同属于"白丝带丛书"的《电影中的性别暴力》，里面有对包括家庭暴力在内的六十多部电影的分析，小组带领者可以作为参考，结合自己小组的实际情况，在适当的时机使用适当的电影。

2. "阅读疗法"

马年小组和猴年小组中，组员都不自觉地应用了"阅读疗法"，进行自我成长。

马年小组，一位组员推荐了一本受伤心理疗救的书，他感觉对自己很有帮助，推荐给大家，很多组员都去买来阅读。后来小组专门空出了 2 个小时的时间，讨论了这本书。

猴年小组中，一位组员在小组活动中，提到了一篇文章，这篇文章使她有力量，后来那篇文章也被找出来在组员的微信群中传播。这是组员中互助的成长，是值得肯定的。

建议不同的小组带领者，可以根据小组中的情况，决定是否布置阅读作业，并且安排一次以阅读分享为主的小组活动。

3. 参与活动

小组成员走出房间，一起参加社会上的活动，是增加组员感情、促进组员联结、一起实践小组中学习到的能力的过程。

马年小组中，小组成员曾一起参加了带领者（方刚）组织的"男人讲故事"的启动仪式。"男人讲故事"是十多位"性别平等男"分享自身性别意识成长历程的演讲活动。组员事后表示，这次活动使他们对于性别平等、男性气质有了更深入的认识。

猴年小组中，一位组员是学生乐团的主唱，小组便集体参加了他的一次演唱会，为其喝彩。事后小组的活动中，组员还针对这位主唱那天的表现，讨论了他自认为存在的"害羞"、"紧张"，以及恋爱的问题。

4. 回馈社会

小组成员以个人形式，或者小组以团体形式，组织一次制止家庭暴力、促进社会性别平等的活动。

组员可以利用自己各自的资源和社会网络，安排这样的活动。比如一次社区的反家暴宣讲，一次单位里的反家暴海报张贴，或其他大家愿意并且能够做的事。

这个社会活动的安排是非常有意义的。参加活动本身，就是组员成长的一个过程——针对家庭暴力的心理小组，目标应该不仅仅是处理个体心理问题，而更在于改变社会——家庭暴力本身就是结构化于我们身处的这个社会中的，所以，单单个体心理层面的成长并不能真正有效改变，而性别平等的建构，与民主、开放、健康的亲密关系的经营，以及推己及人的沟通方式，都有着紧密的联系。更重要的是，家庭暴力也是我们这个社会本身所有的问题、矛盾的微观呈现，所以，启发小组成员不仅仅是从自身找问题，而是让他们在活动中准备、思考、实践，本身就会对小组活动带给他们的理念有进一步的消化；同时，将小组所学回馈社会，促进社会的反家暴意识和行动，也是我们从事这项反对性别暴力事业所需要的。这样的活动更适合在小组接近尾声的时候进行。

但是，带领者也要注意评估组员是否准备好了参与这样的公益活动。若还没有，可以建议和鼓励组员在将来去实践这样的社会活动。

参考文献

[美]柯瑞等：《团体：过程与实践》，邓利、宗敏译，高等教育出版社2010年版。

[美]亚隆等：《团体心理治疗：理论与实践》，李敏、李鸣译，中国轻工业出版社2010年版。

[英]威尔金斯：《心理剧》，柳岚心译，中国轻工业出版社2009年版。

邓旭阳、桑志芹、弗俊峰、石红：《心理剧与情景剧：理论与实践》，化学工业出版社2009年版。

方刚：《做全参与型好男人：男性气质与男性参与》，中国社会科学出版社2015年版。

方刚：《性别心理学》，安徽教育出版社2010年版。

米杉：《由心咨询》，社会科学文献出版社2013年版。

米杉：《儿童情商教育》，社会科学文献出版社2013年版。

方刚、林爽：《白丝带热线志愿者手册》，中国白丝带志愿者网络，2013年。

附录

性别暴力热线咨询手册

方刚、林爽等编著

目 录

前言 ·· 254

第一章 终止性别暴力热线值机技术 ·· 256

第一节 热线咨询的目标与原则 ·· 256
第二节 对白丝带热线志愿者的要求 ·· 257
第三节 热线咨询的基本程序与方法 ·· 262
第四节 热线通话技巧 ·· 264
第五节 特殊来电的处理 ··· 268

第二章 家庭暴力不同类型来电者的咨询策略 ·· 271

第一节 家庭暴力受暴者的热线咨询 ··· 271
第二节 家庭暴力施暴者的热线咨询 ··· 286
第三节 目击家庭暴力及受暴青少年的热线咨询 ·· 290
第四节 家庭暴力"重要他人"的热线咨询 ·· 294

第三章 公共场所暴力不同类型来电者的咨询策略 ·· 296

第一节 性侵犯受暴者的热线咨询 ·· 296
第二节 性侵犯加害人的热线咨询 ·· 299
第三节 性侵犯受害青少年家长热线咨询要点 ··· 302

参考文献 ·· 304

前　言

这本手册是为"白丝带反对性别暴力男性公益热线"（4000 110 391）的志愿者准备的，它将告知你的关于性别暴力的事实，热线工作中的注意事项和技巧，如何针对不同的来电者进行咨询工作，等等。

热线咨询服务像许多事情一样，看起来很容易，但认真去做会发现并不简单。使用这个手册作为起点和向导，用你的爱心、勇气和智慧去填补空白。

暴力破坏了我们的亲密关系，没有人想生活在暴力的阴影中，所以，我们需要有所行动！

作为白丝带志愿者，你将给予你的咨询对象憧憬更好的生活的勇气，常言道：只要开始了思考，希望则无处不在。对于向你咨询的人来说他们的人生正处于谷底，而你是通向光明的隧道。你不可能拽着他们到达最终的光明，但你能为他们带路。这并非说你比他们更优秀，人人都是平等的，只是你拥有能与他们分享的礼物：事实、希望、认可，还有友善的聆听。

你正站在反对性别暴力的第一线，你正在改变社会观念。这是一个勇敢的、令人钦佩的，也是充满重重困难的事，这困难可能来自客观现实，也可能来自你本身。因此，战胜困难的过程也就是改变社会、超越自己的过程。

让我们一起为自己喝彩！

本手册的编写工作同样是在志愿者们的努力下完成的。编写过程中，参考了国内外大量相关的文献，同时也加进了白丝带热线咨询中的实践经验。方刚负责手册编写的统筹、中文文献收集与摘编、全手册编写及修改定稿的工作；林爽负责前期英文文献的筛选、组织翻译、校对、摘编，以及将全部中文定稿翻译成英文的工作；朱雪琴通读了全部手册，进行了校对与修订；吴建平承担了部分英文文献的组织翻译工作，参与英文文献收集与翻译的有：叶柳红、俞欣元、李娜、许志敏、周洪超、杨奕、张亚京；冯旭晶做了部分中文文献的摘编工作；高垒也承担一些资料的收集、整理工作。

在本手册的编写过程中，联合国人口基金驻华代表处性别专家文华女士，全程给予了具体的指导与支持。

本手册中的许多内容都是开创性的工作，像家暴目击青少年、家暴重要他人、性侵害加害人、性侵害受暴者家长的咨询，此前几乎没有在中国大陆讨论过。当然，作为一项开创性的工作，本手册也会在使用中不断进行修订与完善，这个版本只能算试用版。

让我们继续努力！

第一章 终止性别暴力热线值机技术

热线咨询，是以电话为中介，通过良好的咨询关系，运用基本的咨询方法和技术，帮助来话者澄清问题，挖掘和利用资源，以建设性的方式解决问题，有效满足其需要并促进其成长的过程。

第一节 热线咨询的目标与原则

一 热线咨询目标

1. 提供情感宣泄的机会，志愿者以共情的专业态度倾听他的诉说，其诉说本身就是梳理思路的过程，有助于来电者对自己的问题产生新的认识。
2. 帮助来电者发展建设性的问题解决策略。志愿者最重要的工作是帮助来话者提升应对问题的能力，而并非简单地告诉他们应该怎么做。当然，具体到白丝带热线，涉及侵犯人权、违法犯罪的情况，志愿者应该清楚地表明反对的立场。
3. 促进来电者自我成长，发展出个人应对问题的能力。

二 热线咨询的基本原则

1. 始终维护"对暴力零容忍"的原则。
2. 接纳。从来话者角度表达同感、共情。启发其谈感受，包括施暴者施暴时的感觉。对于施暴者，志愿者应放诸具体情境下，对其表达共情和理解，不以谴责的态度对待来电者，同时，适时表达反对暴力的立场。要以最温情，但是最坚决的语言，表达这一态度。

助人之处最重要的是要让个案感到被重视与被接纳，若未能达到这一点，将注定会因困难重重无法使个案受益而结束。

3. 个别化。接受人具有独特性，收集相关信息。个案化，具体个案具体处理。

4. 不批判态度。不去评判来电者的对错，但要有判断力，对其行为进行分析与评估。

5. 听比说更重要。交流时要使用对方听得懂的语言，减少概念性的文字表述，切忌"贴标签"，特别要注意面对施暴者时，也要避免"贴标签"。

6. 相信每个人的心里都有爱的种子，都渴望改变。尊重每一位来电者，促成他们的正向成长。

7. 案主自决。我们工作的目标是使来电者的社会功能得以增强，生活品质得到改善，进而对全人类的充权与解放以增进其福祉。我们的工作是协助其成长，提升其成长能力，而不是惩罚。因此，志愿者不应替代来话者做出决定。

8. 帮助个案探索情感、使之懂得观察，以利其在生命中做出积极正向改变。

9. 由于热线咨询的空间和时间局限性，志愿者应以建立关系和情绪疏导为主，我们并不能期待一个电话就能解决所有问题。

10. 热线咨询应以个体化视角为主，关注来话者本身。处理问题的视角可以借助社会系统视角。

11. 志愿者也应该指导来电者发展个人的社会支持网络，学会客观地知觉并利用社会支持系统，特别是发展合理利用专业化社会服务机构的意识。

12. 志愿者应该特别注意伦理问题，例如，隐私、保密和防止二次伤害等原则。

第二节　对白丝带热线志愿者的要求

一　热线志愿者应具备的品质

发展这些品质的目的在于让需要帮助的暴力受暴者更容易接近你或被你接

近。记住，这些来是者需要很多的鼓励。作为一个热线志愿者，你需要有创造力、友好、关心人、乐观且具有适应力，你应当具有以下这些品质：

1. 消除偏见，注意反身：在你开始成为热线志愿者之前，你需要花一些时间了解你自己和你自己的偏见。每个人都有偏见和成见，你必须先学会处理这些偏见，避免它们可能对来话者造成的伤害。作为一个热线工作者，你可能面对的是：家庭的暴力、性侵犯、强奸、性骚扰。帮助者要经常反身自己的价值观，觉察帮助过程中这些个人观念对来话者可能造成的影响。

2. 温和：这意味着热线志愿者需要待人和蔼、友好。当然，这并不影响在实际的热线咨询中，有时需要挑战来电者，以便更好地帮助他们。

3. 值得信任：热线志愿者应当遵守诺言。志愿者对待来电者和工作的态度足以影响来电者的信赖感，也足以影响来电者对行为的反思和自觉。

4. 耐心：来电咨询的受暴者可能在身体和情绪上的要求很高。你需要有耐心，知道与他们相互交流的每一小步。你应该是一个耐心的倾听者，倾听他们的言语。

5. 承担义务：你应当致力于来电者的幸福。你不断努力帮助支持每一个在你照顾下的来话者。

6. 积极态度：积极态度是人生中很好的优势。一个积极的态度将帮助你以最好的方式应付来电者的问题与需求。

7. 共情作用：如果没有这个品质，一个热线志愿者将不能理解另一个人的问题、经历、想法与感受，热线志愿者也不能提供给来电者需要的支持与理解。

8. 尊重：热线志愿者必须一直表现出对来话者与他们幸福的尊重。

9. 好学：志愿者应该尽可能多读书，多自学，成为性别暴力领域的专业人士，以促进咨询能力的提升。

二 处理自己的负面情绪

热线志愿者还要清楚：热线工作并不一定永远是令人振奋的，你要学会处理各种负面情绪的影响，才能一直保持对热线工作的热情。

你可能安排好了你的时间，却没有热线打进来，这种情况可能会持续很多天，令你沮丧；也许在你值班的时候中听了好几个电话，让你觉得疲惫和情绪低落。你需要尽量调整自己的情绪，觉得自己的情绪或者精力、体力没有办法承担或者可能对来电者造成负面影响的，应及时提前申请调换时间；在感觉到自己需要帮助时，应该寻求督导的帮助。

接线的时候，你可能发现自己无法处理的问题，发现自己的知识与能力不够，这就需要你及时地学习。一个好的热线志愿者必须处在不断学习中。

你听到的故事，可能让你感到不舒服，挑战了你的价值观，但是，你仍然需要以平和的态度对待来电者，这对你可能同样是一个挑战。你需要敏感地注意并且处理这个情绪。

你的咨询可能会失败，来电者对你表达了不满；让你感到这是一个"受累不讨好"的工作，你可能会觉得你没有真正发挥作用，你也可能觉得很失败。

作为一个热线工作者，你必须接受来电者可能并不认同你，也必须接受你的行为可能不会立即造成改变。但是，要相信你做的每一点确实会发挥作用。

以下是一些避免无力感和倦怠的好方法：
- 跟热线负责人、督导或其他热线志愿者，总之是你信赖的人谈论你的感受。
- 整理并及时疏解自己的负面情绪；隔离情绪对专业时间可能造成的影响。
- 反思自己做得好的地方和感到不确定的地方。
- 与其他人讨论如何以不同的方式处理。
- 良好的休息，在工作状态保持精神振奋。
- 如果没有人可以交谈，先试着写下你的想法。

三 接机准备

志愿者应该确保值机时不被打扰，电话畅通；尽可能不用绑定电话拨打其他电话，接听其他电话时应该尽可能短暂，或请其拨打其他号码，提醒来电者："我正在值白丝带热线。"

值机人保证在听到响声后迅速接听。因为网络转接可能耗时较多，所以当绑定电话响起的时候，来电者可能已经等候多时了。遇到特殊情况无法值机，需要至少提前24小时通知热线负责人或运营协调人，另行设置其他人接听。

如果来电者对热线志愿者有特殊要求，如性别，可以告知相应的值机时间，请其另行拨打。

针对来电者希望得到的帮助，热线志愿者尽可能提供帮助。帮助不限于暴力咨询或心理咨询。

遇到任何无法解决的问题，同来电者约再次来电时间，在此之前迅速与负责人或督导联系，商讨应对方案。

志愿者应利用一切机会宣传热线，以扩大其知晓度，帮助到更多的人。

四　关于录音

热线咨询必须录音。录音的意义：自我保护，录音为证；用于分析；用于督导；用于后续进一步帮助项目的开展以及学术研究。录音将被绝对保密，由热线负责人直接负责。

来电人询问是否安全，是否录音时，应该告知录音，但是向其承诺绝对保密与安全。

五　咨询时间

白丝带热线的接线经验是，每个来电在60分钟内完成。

这60分钟包括：建立关系，倾听并了解信息，情绪梳理，适当建议。

志愿者需要尽快与来电者建立关系，并对来电者表示无条件关注，用倾听技巧尊重来电者的情绪发泄；志愿者需要用通话技巧来引导来电者尽量避免表达重复的信息，但也要尽可能地将信息"具体化"；志愿者需要帮助来电者整合情绪，聚焦问题核心，并适时给予个人化的建议。

志愿者需要用阶段性总结、重复、梳理、概括等方式帮助来电者厘清思路，并在情绪及信息饱和的状态下，礼貌结束电话咨询。避免"我们的咨询时间有限，还有5分钟……"这样的催迫式结束方式。

热线工作要求在短时间内弄清楚信息的同时去处理情绪，所以，如何控制时间实在是一门技巧。可以用"我想，你刚刚说的意思是……"做简短总结，然后进入帮助其整理思绪给建议的过程。给完建议之后听一下他的反馈，细节部分可以讨论一下，然后可以告诉他："如果您觉得暂时没什么问题了，今天就先这样？欢迎您拨打白丝带热线。"对于时间拖得太长，又没完没了的，可以说："您刚刚说的我都明白了，不知道我说的您明白了吗？您可以复述一下我刚刚的建议吗？"

六　信息收集

志愿者在和来电者交流时，应该注意是否已经充分收集了下列信息：
- 施暴及受暴双方年龄，教育程度，职业类型；
- 暴力类型（谁对谁，是肢体暴力、言语暴力还是性暴力等），暴力的强度及受害程度；
- 第一次及其他几次重要暴力发生的详细背景、方式、过程；
- 暴力发生时的情况，多久了，频繁度；
- 施暴者家庭背景（父母是否有暴力）；
- 暴力与男性气质（阳刚、追求成功等）的关系；
- 暴力实施者或来电者自述哪些因素造成暴力行为；
- 家庭暴力另一方对暴力的观点（通过来电者间接了解）；
- 暴力各方采取的行动，如报警（警方处理方式），向亲友求助等，结果如何；
- 暴力各方改变的意愿、动机，已经为改变做出的努力；
- 目前的处境；
- 此次来电希望得到的帮助。

七　关于转介

白丝带热线针对转介做如下规定：

1. 严禁转为接线志愿者个人的收费咨询；

2. 如果确是性别暴力的咨询，不要转介给没有受过反对性别暴力培训的志愿者或机构。

3. 来电者咨询的内容中只要包括性别暴力，或与性别暴力相关，均可以完成咨询，未必需要转介。即我们的咨询不是"止于暴力"，相关的婚姻问题等，也与暴力联系在一起。

4. 与性别暴力完全无关的来电，如果能力所及，可以提供简短的咨询帮助，如果对方长时间咨询，可以告知：此为反对性别暴力公益热线，资源有限，全国仅此一部，请您把资源让给更需要的人。

5. 确实非常严重的心理问题或精神问题，可以建议其去精神卫生机构。

6. 如果确实需要转介到相关机构，如当地妇联、律师、同志组织等，而手上没有转介资源库，可以询问："我将为您去了解适合的转介人，找到后是否可以打电话给您？或者约个时间您再来电话？"各地志愿者慢慢积累这些资源后，形成热线的资源库，以方便各志愿者转介。

7. 当值志愿者认为自己确实无法处理的，可以在充分倾听，并征得来电者同意后，建议转介给其他认为合适的志愿者，并告知来电者被转介志愿者的值机时间，建议其下次拨打。

8. 来电者直接明确要求某位志愿者接听电话的，当值志愿者应同意转介，告知相应的值机时间并予以记录。

八　关于"回访"

志愿者对于认为需要特别关注的来电，在结束时可以问对方："我是否可以回访您呢？"如果没有征得对方同意，不要回访。

第三节　热线咨询的基本程序与方法

第一步：建立咨询关系

目标：与来电者建立安全、信任、温暖和尊重的气氛。

原则：必须是一种专业的、建设性的人际关系。

基本方法：无条件地积极关注；共情式理解；真诚；信心。其中"信心"包括两点：我们对自己的助人能力有信心；我们对来电者解决自身问题的能力有信心。

第二步：接收信息

目标：提供宣泄，建立关系，了解情况，寻找症结。

原则：准确、客观、耐心。

基本方法：

1. 积极倾听。这过程中又包括：表达关注；做出反应；不作价值判断。

2. 多方位提问。可以针对疑点提问，也可针对事实提问，或分段、分类提问；针对关键词提问，针对来电的目的提问；差异式提问，指提问中设立有差异的对比情境；回溯式提问；总结式提问。

3. 使问题与情感具体化。通过寻找引发来电者情绪问题的具体事件及具体感受去帮助来电者澄清其问题与情感。

4. 全面概要。包括概要来电者面临的问题、情绪感受、已经采用过的处理方法。

第三步：抚慰情绪

目标：帮助来电者释放负面情绪，体验正面情绪，学会分析并调节情绪。

原则：志愿者应该有控制并且适度。

基本方法：提供宣泄的机会；提供情感支持；分析负面情绪。

第四步：现状分析

目标：澄清问题，作出判断，确立靶目标。

原则：善于把握主要问题。

基本方法：澄清；对质；解释；了解对方已经采用过的对策；确定靶目标；发掘资源。

第五步：发展积极的应对策略

目标：使来电者发展出有效的自助方式，助其成为有效的问题解决者。

原则：强调用建设性方式解决问题。

基本方法：

激发来电者的责任意识；

发展客观知觉技术，帮助来电者客观感知其问题，包括原因、程度、挑战及可解决性；

发展情绪表达技术，帮助来电者表达其负面情绪；让来电者掌握"对事不对人"地表达负面情绪的方式；鼓励来电者准确描述并表达自己的情绪；强化来电者的正面情绪。

认知改变技术，帮助来电者对事态和情绪获得正面认知。

具备利用外在资源并寻求社会支持的基本意识。

必要的引导性建议。

与来电者合作找出可以达成的目标。建立来电者认为合理可达成的目标，至少是双方共同建立的目标。

第六步：结束咨询
目标：使来电者具备建设性解决问题的信心、动机和计划。
原则：强化共识。
基本方法：总结咨询全过程；鼓励来电者把建设性计划付诸行动；提醒来电者在解决问题时要有耐心；再次肯定来电者的积极面；关怀、友善和温和地宣布结束。

第四节 热线通话技巧

一 积极准备

准备好接电话。从身体上和精神上都集中注意力，从所有干扰中分离出来。如果可能，把各种资源和转介信息放在手边。

二 积极倾听技巧

1. 表达同理心

来电者可能会试图淡化情况的严重性，但单单是他/她在跟你谈论这件事本身就足够重要了，这种信任应该被认真对待。

2. 保持耐心和冷静

志愿者需先扮演倾听者，以了解来电者的真正想法和现实处境。

志愿者保持平静的状态，可以使来电者把注意力集中在自己身上。志愿者的耐心和冷静能带给来电者平静、翔实叙述细节的氛围，也有助于平复来电者可能比较激动的情绪。志愿者的自我控制是一种能力和职责，也有助于下一步的分析和建议。

3. 真诚

你的来电者将能够从你的声音中分辨出你是否真诚。

4. 要求澄清

如果你对某事感到困惑，不要想当然地认为自己明白这些细节，要尽快澄清,这不仅能帮助你更好地理解,而且还能告诉来电者你在聆听。

5. 问一些开放式的问题

这能让来电者打开话匣,并在没有压力的情况下讲述问题。可以使用这样的词:什么时候、什么地方、什么、谁、怎么样、可能……

这样可以鼓励他/她继续谈论,并作为未来讨论的跳板。

6. 接受沉默

无声的停顿给了你和来电者时间来处理你们的思想和情感。来电者会自然地再开始讲话的。

7. 反思性地聆听(非常重要!)

如果你从来电者那儿察觉到了矛盾和情感,那么可以通过提问、质疑等方式让来电者知道你察觉到了这些情感。通常人们都沉迷于他们的问题,但是帮助弄清他们的情感就已经很有用了。同时,这样的方式也有助于进一步澄清事实、分析情绪。

一些注意点:确保你和你的来电者对于情况的了解步调一致;表现出你确实在聆听;帮助接受劝告者从一个旁观、客观的角度看待他/她的情况。

8. 沉默

你可以用一言不发的聆听,给来电者思考的机会,也给自己创造更多聆听的空间。让对方感到舒适的沉默,常常是来电者感觉到被尊重的开始。

9. 重申

重复来电者的话。用"我听到你说……"或者"我理解你刚刚的意思是……"这类的方式将有助于:核对你的理解和说明;表明你正在听,你理解他正在说什么;鼓励他们分析需要考虑的问题的其他方面,并和你讨论。

10. 表达

在个体陈述中,用语言表达感觉内容。可以说:"听起来好像你感觉……"或者"如果我理解的没错,你是不是感觉……"这样的表达可以:帮助他/她识别自己的感觉,并鼓励表达出来;表明你理解他/她对问题的感觉;帮助他/她评估和缓和他/她的情绪。

11. 澄清(阐释、说明)

要求能详尽阐述含糊、模糊或有隐含信息的陈述的清楚具体的信息,可以说:"你刚才说的……能具体说一下吗?""你说的……是什么意思呀?"或者"你说……我不太理解……能解释一下吗?"这样的澄清可以:获得更多的信息/

事实；帮助他/她探索问题或解决问题方法的全部方面。

此外，热线志愿者的话语要通俗、明确而简练，既要倾听对方，又要善于不断地把对方"跑题"的话拉回来，聚焦于某个明确的问题点上。

三 不好的接线习惯

1. 下结论/进行假设

记住，要提出你需要进一步确认的问题。在来电者没有提供细节的情况下，不要妄做假设，不要急于得出结论。

不要过度分析，不要对超出信息内容的部分进行猜测，要警惕这种先入为主的态度。

2. 评判他人

你的态度应该是关心和接纳来电者本人，你需要意识到自己的个人规范和价值观可能对建立融洽关系，形成一个有效的方案是有害的。

批评、否认或者责备都会使来电者感到自己是愚蠢的、不够格的、自卑的、没有价值感的或者恶劣的，这会引起反评判和防御。

贴标签。不仅仅是明显消极的标签，例如，"笨蛋"、"老太婆"、"婊子"、"犯罪者"，即使是积极性的标签如"聪明的"、"工作努力的"、"忠诚的"都不该使用。这只会让来电者不能了解自己，并且等于告诉了他们，你将他们视为某一类型的人而不是作为一个真正的个人来对待。

对他们进行诊断或者分析，暗示你是一名专家，这意味着你已经断定了问题所在。这种做法伤害了来电者并且是另一种形式的贴标签。

表扬、评价和赞同或许在初期是合适的，但是也应该保持适度。如果表扬并不符合来电者的感受，他们可能会产生否定、愤怒或者怀疑。

3. 做出不能实现的承诺

不要给虚假的希望或虚假的鼓励，避免评论，类似"振作起来，一切很快都会好起来的"的话要避免。事实上，我们都不可能知道现实是否会适时变得更好或更坏。但你确实需要安抚来电者说："这种问题是可以解决的。"

4. 代替来电者说话

尽量不要用你自己的想法来给来电者压力，要让来电者感觉他/她具有控制权，让他/她想最终确定你们一起想出的解决方案。

5. 说教

聆听是一个有用的沟通过程，而不是说教。试着把自己带入来电者的情感流动和情感强度中。热线咨询不是把你想要的东西强加到来电者身上，而是帮助他们实现其目标。

6. 自以为是

作为一个有效的听众，我们必须谦卑，克服自负式的傲慢。一个聆听者要优于一个话痨。我们必须学会从其他人那里接受思想、想法、观念，而目的是让对方学会更好地帮助自己。

7. 带有个人情感

警惕停止聆听，并开始谈论自己。例如，"哦，这让我想起了我那时……"或"你认为那是坏的吗？听着！"来电者是为了谈论他/她的问题，而不是听你说。

8. 粗暴打断

来电者能够想到什么就说什么这一点是很重要的。所以给来电者一个流畅的表达空间很重要，除非需要澄清、质疑等，不要贸然打断对方的陈述。如果你害怕自己会忘记想说的，写下来，直到他/她说完再问。

9. 急于提供解决方案

指挥、命令和指导一切等于告诉来电者他们的情感、需要或者问题都是不重要的，他们没有足够的能力来处理问题。

恐吓或者警告，就像指令一样，暗指那些坏的决定所带来的后果。

使用"必须"、"应该"这样的词汇说教、劝诫，将会使你的建议变得具有权威性含义，像是在试图说服他们该做什么。这再次暗示了你对来电者的判断的不信任。

过多或者不合适地追问、探索、质问、盘问会限制来电者谈论他们内心想说的话。

单向提供建议或者解决方案使来电者觉得，你对他们解决问题的能力不放心。这样也会促使来电者对你或者热线产生依赖，而不是真正学会帮助自己的方法。

10. 回避来电者的问题

转移话题、退缩的、分心的、讽刺性的、恶搞的言语会使来电者觉得你对其并不感兴趣，并且缺乏尊重。开玩笑、挖苦取笑是令人难堪的并且会破坏他们的情绪。这表明你对他们表达的情绪感到不自在。

过于理性地争论、教授，会将来电者排斥在情感距离之外，会使来电者产生自卑和无力。

表面的打气、同情、安慰或者支持看似是有帮助的，但"安慰"可能隐藏的信息是"不要那样去感受这件事。我听到你说的这些感受非常不自在。我们不能谈点别的吗"。这种安慰会漠视来电者的情绪体验，会让来电者觉得被忽视。

11. 关注"正面"的反馈

这会让来电者感到：你是在催促和宣布说话者将要有的感悟，你的注意力集中于关注对象的反馈而不是实际的人。

第五节　特殊来电的处理

一　含混的来电

在热线实际运行中，有相当一些"咨客"说话含混啰唆甚至"云山雾罩"。这时，需要对骚扰电话和与性别暴力无关的咨询求助电话进行及时排除，如果属于这两种情况，要"温和而果断"地拒绝。排除这两种情况后，再根据谈话的信息，判断对方是施暴者还是受暴者。

有一些来电者，纠缠于热线谁是主办，热线是否安全，是否收费这些问题上。他们很可能是施暴者，希望咨询，又没有建立起安全感。热线值班员一定要努力帮助他建立起安全感而信赖的关系。在适当的时候，可以问："您打来电话，有什么需要我们帮助的吗？"或"有什么烦心事和我们说吗？"

二　骚扰性和经常性来电者

几乎所有热线都会有骚扰性和经常性的来电者，热线接听者会担心的问题主要有两点：一是他们不得不被一个骚扰性的来电者所困扰，二是他们可能会误将一个真正的来电者当成是一个骚扰者。

骚扰者：他们将热线当作幻想生活（经常是性方面的）的表达，或者将打热线电话当作一个游戏。

经常性来电者：一个真正的受暴者可能经常打电话来寻求帮助，或者仅仅是聊天。他们可能会也可能不会产生依赖性。同样地，这种类型的来电者也可能在康复过程中靠他们自己的力量停止来电。

1. 怎样识别骚扰性和经常性来电者

（1）骚扰性或者经常性来电者的共同特征

- 语音声调缺乏情感。
- 在谈话中犹犹豫豫或者一直沉默。
- 立刻报上自己的姓名并立即追问接听者的姓名。
- 向接听者询问私人问题。
- 拒绝指向问题的解决。
- 展现自己对性的无知。
- 经常使用"令人尴尬难堪的"这样的话。
- 向接听者寻求有关问题的意见。
- 向接听者说过于详细的性描述。
- 使用正式语言来描述性行为或者性器官。
- 通话没有结束就突然挂断了电话——并不是为了激怒接听者。

（2）通常的开场白

- 我想要聊聊天。
- 你可以和我聊聊天吗？
- 我可以说任何事情吗？
- 我从没有打过这个热线电话。
- 你明白吗？
- 我有一个不好意思问的问题。
- 我很寂寞。

（3）通常的谈论主题

- 谈论女性。
- 寻求性信息或者建议。
- 阴茎太大或者太小。
- 与再婚家庭女性成员发生性关系。

- 将自己的女朋友或者妻子借给其他男人。
- 群体性性交。
- 享受与年轻女孩或者男孩发生性关系。
- 异装。
- 恋物。
- 窥阴或露阴——包括观看他人性活动（独自或者与他人一起）。
- 裸体。
- 施虐与受虐。

以上特征可能是骚扰性来电的特征，但不等于有类似情况的都是骚扰性或者经常性来电。

2. 怎样对待骚扰性和经常性来电者

（1）如何对待骚扰性来电者

不要过于担心遇到骚扰电话。我们都曾经遇到过并且可能还会再遇到。虽然被骚扰者利用是非常令人气愤的，但也不是极度严重的问题。另一个重要的想法是：总比错误地拒绝帮助一个真正的来电者要好（例如，当你不能确定他们是不是真正的来电者的时候）。

有时候，志愿者也可以通过此事反思自己对来电者（可能是骚扰性来电者，也可能不是）所说的话题（特别可能是涉及性内容的）的烦躁态度，这常常是助人工作者可以用于自我反身的一个机会。

（2）如何对待经常性来电者

通常会有一个方案，将来电者的谈论重点集中在性别暴力上。需要谨记的是，每次你与经常性来电者通话一小时或者更长的时间都会加强他们的依赖性。这样做是弊大于利的。

如果来电者要求让某个特定的热线工作者接听电话，需要询问对方"为何"有这样的要求，并向其解释说每个接听者都是志愿者，同时可以告知他/她，未必能满足他/她的这一要求。向来电者提供帮助，但是不要一味地去帮助。如果来电者坚持要特定的某位接听者或者人员接听，可以尝试联系他们。

此外，热线志愿者也应该注意到自身安全和心理疏导，热线组织者也将针对志愿者的自我保护提供跟进的服务，如互助性的支持小组、自我心理调节等。

第二章　家庭暴力不同类型来电者的咨询策略

白丝带反对性别暴力男性公益热线致力于为性别暴力各方提供服务。这可能包括家庭暴力中施暴的一方，也可能包括受暴的一方；既包括目击暴力者（包括青少年），也包括"重要他人"。

从热线咨询的技术角度来说，即使是不同类型的来电者，也有许多需要注意的共同点，同样也存在差异性。本章对于不同类型的来电者提供一些热线咨询的建议，对于共同点则未必都在每节中重复。

第一节　家庭暴力受暴者的热线咨询

基本准则：

1. 以受暴者的合法权利、人身安全为出发点。

2. 不再隐忍，对暴力零容忍——为受暴者赋权、增权，对明显失衡并且不公正的性别权力，进行解构和调整。

3. 深度的关怀——同理心、接纳对方的现状、尊重不同受暴者的个体差异，接纳受暴者的选择，等等。

4. 不谴责受害者。警惕自己谴责受暴者，带给他们二次伤害。特别是一些受传统心理学影响很深的志愿者，更要小心这一点。

5. 挑战"价值中立"，主张为弱者增权、赋权，使他/她们能控制自己的生活。

6. 受暴者有权决定自己采取什么样的应对策略，志愿者只需要提供选项，帮助其分析每个选项的利弊即可。

7. 整合资源，将社会环境的诸多因素纳入咨询当中，力求为受暴者提供多方位的支持。

一 正确理解"支持"

1. 支持是：

（1）情感的

- 听受暴者说了什么。
- 听出受暴者的感受。
- 不要评判。
- 提供安全性和一种接受的态度。
- 值得依赖。
- 保密。
- 使用积极聆听技巧。

（2）提供信息

- 关于性别暴力和来电者的选择。
- 关于暴力关系和来电者的选择。
- 为什么这绝不是受暴者的错。

（3）目标阐释

- 帮助来电者规划/建构生活。
- 帮助来电者获得成就感。
- 帮助来电者从讨论攻击或虐待转向讨论现在能做什么。

（4）有限背景和角色模型

- 知道自己的局限。
- 认识到自己的偏见。
- 对自己的感受做出反应。
- 不要过分拓展自己。
- 反身自己。

（5）问题解决

- 解决真正问题：安全、医疗问题，也可能是金钱、住房等。
- 讨论选择，谨防替代选择。

2. 支持不是：

（1）成为朋友
- 不要期待一种互惠关系。
- 不要把建立关系等同于建立友情。

（2）成为治疗专家
- 不要以任何方式支配受暴者的生活。
- 不要试着使用长期的治疗技术。
- 我们是志愿者不是治疗师，如果受暴者需要治疗师，给予合适的转介。

（3）成为拯救者
- 不要试图认为自己能从糟糕境况中拯救受暴者。
- 要与来电者商讨建议，而不要那些既定的或者规定的计划。
- 受暴者知道什么对自己是最好的。

二 咨询步骤与要点

以下是热线咨询的主要内容。这并不是说每个来电者的案例都应该在一个会话中得到解决。事实上，这几乎是不可能的。志愿者应该对每个来电者都有耐心，听取他们慢慢地展开自己的故事，推进交流，并尽可能确保来电者感觉轻松。这些阶段仅仅是咨询关系进展中的框架。

1. 建立亲切关系

来电的受暴者对你的期待通常是：聆听他/她的故事；信任他/她；帮助他/她认知自身的感受。所以，首先要做到：

- 友好、易接受的问候，如"谢谢你信任我们打电话来"，或者"你打电话来求助就是改变的第一步，这很好"。
- 肯定的回应来电者，不要评判一个受暴者。
- 志愿者应当是一个倾听者，倾听中不要有指向性的责备。
- 让受暴者知道如果没有他们的同意或许可，你不会向任何人讨论他们的隐私，以保证他/她的安全。
- 让来电者知道，你不会随意打电话给他/她，也不会提出一些其他话题。

其次，要识别和应对来电者的感受，比如：

"我听到你说的是……"

"我理解你刚才说的是……"

"它有可能是……吗？"

"你感觉有那么些……吗？"

"如果我说错了请纠正我，但是……听起来合理吗？"

"……是你的意思吗？"

"……是你的感受吗？"

"我想这就是我听你说到的……"

"让我看看我是否理解了……"

"那听起来真令人沮丧。"

"你似乎很乱，你一方面想……而你另一方面又想……我不确定是否我理解正确，你的意思是……吗？"

还要做到：

- 通过你的用词和语调来表达关心和关注。
- 先建立一个信任和安慰的坚实基础，再花时间慢慢展开问题。
- 问开放性的问题，如"你现在的感觉如何？在受攻击时，你感觉如何？"
- 允许你的来电者谈论任何他/她想谈的："有时间慢慢来。我们可以谈任何你想谈的。"

最后，适时推进对话的展开：

- "你愿意谈谈发生了什么事吗？"
- 语言语调通俗、亲切，敏锐地聆听。
- 接纳对方现在的状况与表达方式，可简单地重复对方的话，让对方感受到志愿者的同理心。
- 热线志愿者切莫"以上示下"地"教导"受暴者——哪怕我们并不认同受暴者的价值观，也要充分尊重其人格，换位思考，尊重其自主选择。

2. 澄清和定义

- 探索问题的性质；
- 鼓励来电者具体和个性化的描述；
- 专注于来电者对发生的事情的感受；
- 弄清来电者之前为获得帮助做出过哪些努力；

- 解释来电者给出的答案并反馈给他/她；
- 不要质疑来电者感受的真实性，而是要接受他们；
- 要向受暴者明确：受暴力，绝不是受暴者自己的过错。——"无论你有什么错，他/她对你动用暴力，都是严重的错误——没有任何可以被容忍的'正当'借口。"
- 志愿者不要问"他为什么打你"之类的话，特别是一开始的时候。但在后面讨论安全阶段可以问这样的话，这是为了了解施暴方的借口，要十分小心不要让来电者认为你在指责他/她本人的过错。
- 如果气氛和时机许可，询问来电者孩子的情况：

"您的孩子也受到虐待吗？"

"您孩子的情况如何？"

"您采取了哪些改变孩子处境的措施？"

下面是一个受暴者需要从提供帮助的人那里听到的话：

"这不是你的错。你不要责怪自己。"

"我很担心你和你孩子的安全。"

"如果你不采取行动，情况只会变得更糟。"

"你应该得到比这更好的对待/生活，任何事情都不该成为家庭暴力的理由。"

"你可以改变你的人生。"

"这是个复杂的问题，有时理解它是需要时间的。"

"理解问题真相时你并不孤单。会有许多的选择，我将支持你的选择。"

"我很高兴你告诉我。我想了解家庭暴力，这样我们就可以一起工作，来让你尽可能的安全健康。"

3. 对受暴者及其情况进行评估

此阶段最重要的是：结合"亲密伴侣暴力危险性预测量表"（附在本小节的最后）进行评估。不需要逐一问量表中的问题，而应该在谈话中自然地涉及。

在建立相互信任的关系后，把评估量表的主要内容和评判标准，融入电话交谈中，从而及时对其遭受暴力的危险性进行判断。

把量表的评估结果，委婉地告诉对方——对于明显的高危信号，更要及时主动地向对方提示，让对方对其危险性产生充分的警觉。既要充分利用量表，又要避免迷信量表——尤其不要轻易给对方"贴标签"。

长期受暴者的普遍心态包括：习得性无助、受暴妇女综合征、斯德哥尔摩综合征。志愿者应该对此有认识和保持清醒判断，但是，"受暴妇女综合征"之类的词汇，一般不要轻易向对方说出来，以避免为对方贴标签，甚至由此加重对方的无助感、自卑感，但可以用大白话委婉地道出，让对方对自身的负面内在因素有所警惕。

评估时的另外一些参考：

（1）受暴者处在即时的危险中吗？现在施暴者在哪里？

（2）评估家暴的方式和家暴史：评估施暴者在身体上、性方面、心理以及经济上对人的强迫。

"暴力已经进行多久了？"

"在性生活中，你的伴侣有强迫或伤害你吗？"

"你的伴侣伤害过别人吗？"

"你的伴侣是否控制你的活动，金钱，或者小孩？"

（3）评估家庭暴力和对受暴者的健康问题之间的联系：评估家暴对受暴者的身体、心理和精神健康的影响；施暴者对受暴者的控制到什么程度。

"是否有过其他事故，造成人身伤害或身体内部方面的问题？"

"虐待行为如何影响您目前的健康？"

（4）评估当前受暴者获得辩护和支持资源的途径：这名受暴者有可用的社区资源吗？在过去，受暴者试用过它们吗？如果是这样，发生了什么？什么样的资源现在还可用呢？

（5）评估患者的安全：是否有未来因家庭暴力死亡或重大伤害/损伤（致命性）风险？询问有关施暴者的施暴手段：武器使用，暴力升级的频率和严重程度，劫持或跟踪人质，杀人或自杀相威胁，使用酒精或药物以及过去虐待的健康后果。如果有孩子，询问孩子的身体安全。

受暴者来电话的时候可能情绪激动，接线员在充分共情了解情况之后，要询问受暴者目前的处境，排除需要危机干预的情况，同时，帮助受暴者梳理他身边可以获得的支持系统：家人、朋友、最安全的地方。

4. 赋权

为受暴者赋权，用社会性别理念分析其处境，对父权制和性别刻板印象的颠覆与批判，让受暴者意识到家暴的实质是权力控制，意识到自己与他人平等的权利。

提高受暴者的法律意识，鼓励其在需要的时候，把法律条文用足。

让受暴者相信自己有能力改变现状。帮助受暴者挖掘资源，提高自信心。鼓励受暴者思考自己处理当前情况的个人资源：他/她有没有钱，有没有任何朋友和亲人可以帮助他/她？他/她有工作吗？

力求挖掘对方过去的成功经验，对其进行提炼、提升和加强——哪怕是有所夸大的强化，往往也是必要的。

变化改变会有一个过程，耐心陪伴，使其提升自信和能力。如果条件许可，介绍不同的受暴者相识，彼此分享经验，不再责怪自己。

关注个体差异，针对不同的受暴者，探讨路径也不应是单一、刻板的，切忌"一套万能话语，应对各种情况"。

促进来电者实现赋权，志愿者要做到的是：
- 引导来电者了解自己的权利和可用的资源；
- 让来电者找到自己的内在的力量和勇气；
- 帮助来电者确认自己有能力活在没有暴力的生活中，并追求自己的目标；
- 帮助来电者了解应该是施暴者对暴力负责；
- 协助来电者建立自尊并自主赋权。

5. 探索供选方案

探索供选方案，可以视为赋权的继续。除非是受暴者处于高危的家暴当中，不要匆促地提出建议。只有在来电者表达了自己的观点之后，才提出你的想法。

供选方案和资源的探索，可以通过这样的对话来开始："你认为你需要什么信息？""你有想过要做什么吗？你考虑过哪些主意？"

不要强迫来电者采取任何他不认同的行动，尊重、理解、接纳当事人的选择。比如，可以问"你觉得报警怎么样？获得医疗照顾呢？你希望有人陪你去警察局/医院吗？"

应让来电者来控制计划和执行你提出的任何解决方案的过程，权衡每个解决方案的利弊。

让受暴者了解，施暴是违法的，家暴不是"没人管"而是"有人管"，如公检法、妇联等；告诉对方有很多可以求助的地方和方式，比如，"如果你要……我可以帮你……"

鼓励受暴者在遭受家暴后，及时收集证据——打伤后的诊断、报警后的伤痕鉴定、被撕毁的衣服、对方曾写过的保证书等。这些证据可以放在可靠的朋友家。

如果当事人决定留在那段关系中，最好是让他/她明白你对他/她安全的担忧，并讨论可以增加安全的方法。

6. 协助拟订安全计划

（1）什么是安全计划？

安全计划是帮助受暴者的一系列在暴力事件中用于保护自己、降低受到严重伤害风险的方法。

处于虐待关系中的受暴者需要一个个性化的、考虑到各种可利用资源的安全计划。制订安全计划的过程可以使受暴者更加了解暴力问题和他/她们可利用的资源，从而帮助他/她们作决定。当受暴者发现自己处在直接的危险中，或者必须离开家以保护自己的安全时，应该遵照安全计划。

安全计划对于受暴者是有必要且重要的一步。计划在受暴者与施虐者在一起或这段关系结束时都可能会被用到。当还仍然处于暴力关系中时，安全计划对于受暴者是至关重要的。

（2）帮助受暴者进行评估并准备建立一个安全计划

注意：评估风险、制订安全计划可以帮助一个受暴者，但是安全计划不是让他们不受伤害的保证。受暴者必须做出自己的选择，即使你不同意他/她的决定也要支持他/她，志愿者对自己想拯救受暴者的想法要有自知力。

受暴者往往是评判施暴者给他们带来危险的最好人选。志愿者可以帮助受折磨的受暴者评价施暴者对他们的风险。

- 暴力、危险或攻击的残暴程度有升级吗？
- 家里有刀、枪，或其他武器吗？
- 施暴者是否滥用酒精或其他药物？
- 施暴者是在醉酒或极其兴奋状态中攻击你吗？
- 施暴者有威胁或试图杀死你吗？
- 施暴者施行性暴力吗？
- 施暴者密切注意你、监控你的去向、跟踪你吗？
- 施暴者猜疑嫉妒或偏执吗？
- 施暴者有抑郁或自杀倾向吗？
- 最近施暴者经历了死亡或损失吗？
- 施暴者有殴打他人或者触犯法律的历史记录吗？

- 施暴者曾作为一个孩子被殴打,或者他见证了他的母亲被打吗?
- 你还与施暴者生活在一起吗?

(3) 暴力关系中的安全计划

- 把家中的刀和其他任何武器藏起来,除非隐藏这些武器会进一步威胁你的安全;如果这不可能做到,尝试让它们不容易被拿到;
- 想想你家里的构造,确认哪些地方容易逃走,哪里没有潜在凶器,尝试在吵架时向这些地方移动;
- 避免去厨房,那里有刀和其他潜在的凶器,也不要去卫生间,那里到处坚硬,并且常常没有第二个出口;
- 尝试有一个在任何时间可以接通的电话;
- 与朋友和家人创建一个暗号以传达你需要帮助的信息;
- 如果你觉得一个暴力事件快要发生,相信你的判断:哪些时候最好是离开,哪些时候适合抚慰施暴者;
- (如果你有车的话) 养成让你的车容易进入车道的习惯,车要保持有油,保持驾驶门不上锁而其他的门全部锁上。有车的备用钥匙,并且藏一把在车里;
- 如果你无法离开:尝试到你家里的安全区域;卷曲你的身体成球状,让身体变得更小,用手护住你的脑袋和脸;
- 每个月复核一下安全计划。

(4) 如何准备离开暴力关系

暴力关系有许多的形式。无论是受到身体、言语、性、情感或经济上的虐待的受暴者,如果他/她可以制订一个计划,使得其个人在内心健康且安全,那么他/她就初步具备了逃离施暴者的能力。

- 意识到移动电话包含 GPS 跟踪装备,如果可能,在你离开时,最好可以买一部新手机、用新的服务,并且扔掉你原来的手机;
- 明白正在离开一个虐待关系的时候是你最危险的时候;
- 试图留出一些钱,开始自己存款或拥有自己的活期存款账户;
- 将重要的电话号码手写在本子上;
- 有一个已经收拾好的包,把它藏在家里,或者朋友、家人的家里或者工作的地方;
- 带走必需的物品与文件,如出生证与结婚证、身份证与社保卡、钥匙、护照、保护令、离婚协议书、监护令、钞票(银行票据)和信用卡、药品,等等;

●与当地的家庭暴力机构交流，了解他们可以提供的帮助，在紧急情况下，首先拨打110；

●熟悉掌握并能准确说出你住所的具体地址（特别对于那些经常迁徙、居所无定者），身边保持随时有一些可以帮助你在外生活3天左右的钱。

（5）受暴者离开家/暴力关系之后的安全

●和受暴者讨论安全措施：如换门窗锁、安装防盗系统、安装烟雾探测器和灭火器；

●教孩子如何使用手机，与学校和幼儿园沟通好，只把孩子交给指定人员；

●如果你有保护令，要一直随身携带复印件，自己的工作地、车里、家里都保留一份复印件，保护令被破坏时，务必联系警察；

●让朋友、邻居和同事知道你的情况，思考他们如何能帮助你的保证安全；

●设法随身带着手机，并且有拨打110的快捷程序（快捷键）；

●改变你常规的出行习惯，不要惯于去或从事你与施虐者还在一起时去的店或者做的事；

●如果你搬家了，需要考虑与你所在地的庇护计划，讨论临时的避难所或其他提供的保护措施；

●如果孩子的交接是必需的，安排一个安全、中立的地方进行交接；

●如果施暴者来到你家，你没有必要开门让他进来，把门锁上，并通知警察。

7. 有自杀倾向的来电者处理

面临自杀危机，你必须对当事人的生活进行积极直接的干预。

（1）应注意：

●仍然保持沉着、自信、有耐心；

●问询当事人为什么联系你，通常这样做可以直达麻烦问题的核心，鉴别一些能防止自杀的资源，直接询问关于自杀的问题不会让自杀的念头再次出现在来电者脑海中；

●自杀计划越是详细、方法越可操作、未来其他的计划越少，自杀风险越大。

（2）避免以下这些情况：

●忽略自杀性的暗示。自杀性暗示是当事人正在试着让你注意、意识到他们的感觉。

- 试图解决当事人的所有问题。
- 为具体问题提供错误的希望。
- 做出你无法遵守的诺言，告诉他们什么事都会变好。这非但没有用，反而还会让来电者认为你不够理解他/她的痛苦处境。
- 拒绝、最小化、不理会当事人的想法、感情。
- 表现得被当事人的情况压倒，这可能只会加强当事人的无助感。

（3）要做的事是：
- 坦率询问自杀，积极表达处理此话题的愿望。
- 认真倾听当事人，并通过解释其话语使来电者确信你理解他/她的忧虑和痛苦。
- 鼓励当事人讲述他们痛苦、生气、无助的感觉。
- 在合理的范围内，说可以适当鼓舞人心的话："问题的答案能找到"。
- 防止当事人孤立，激活社会支持系统——鼓励当事人和信任的亲友交谈，帮助当事人找到一个可以值得信赖并且能够陪伴他/她的人。有时候当事人可能觉得没有什么是他能做的，往往是他没有找到那个可以和他交谈的人。
- 拖延时间，鼓励当事人等几天看看是否有其他选择而不是自杀，即探索替代选择。
- 如果必要，让他/她不要挂断，等一下，或者让其他人为当事人拨打110或者自杀热线。
- 在值机者内部交流关于他/她的信息，以便使他/她可以在任何时间拨打热线，都能够得到及时、准确的帮助。
- 在某一特定阶段，考虑让当事人和你达成一致，同意不会再进一步企图伤害自己，让他们同意寻求专业帮助。

8. 结束谈话
- 在进行接下来的一步（安全计划）之前先对具体行动计划达成一致。
- 不要做无法兑现的承诺。
- 鼓励来电者预约再次致电。
- 询问来电者是否有别的想要谈论。可能除了刚才已涉及的，还有其他更严重的、更不体面的、更令人尴尬的问题存在。
- 回顾之前的各个谈话阶段，重新讨论任何模糊不清或未完成的地方。
- 如果可能的话，让来电者先终止谈话，挂断之前感谢打电话者。

三 不同类型的受暴者

任何形式的创伤和打击,尤其是紧随着的暴力行为都会以不同的方式影响人们,一些受暴者可能会笑、会开玩笑,一些人可能会变得非常有敌意。每个人都有自己的反应和应对风格,你会在咨询过程中遇到许多不同类型。下面列出了一些主要的类型来帮助你适应。请注意,这些都不是一成不变的,大多数受暴者不能被直接归入哪一类。这些是为了在你的咨询中帮助你,而非限制你。

1. 紧张的受暴者

如果一个受暴者显得很紧张(如尴尬、咄咄逼人,或过于正式),你最好采用一种轻松和积极的态度,观察他/她的喜好,并从安全简单的话题进行提问,直到他/她进入更轻松的状态。

2. 寡言的受暴者

如果来电者的回答很短暂或不回答、抵制你,那么引导他/她更多地谈论自己,这时可以回避使用封闭式问题,可以问一些容易的、开放式的问题,鼓励任何回复。

3. 说得太多的受暴者

受暴者谈得过多,表明可能常常遭受暴力创伤或打击。在这种情况下,专心地听着,尽可能确保你已经明白他/她说什么,重复回馈给他/她,这些有助于让他/她感觉到你很关注他/她。

4. 夸大事实的受暴者

一些受暴者可能会持续地夸大他/她们的伤害和疾病,志愿者应该抵制这种影响,让他/她说出事实。

5. 太冷静的受暴者

一些受暴者可能会显得过于超然和冷静地在描述情况。这可能是他/她应对创伤的方式——有意或无意麻木自己的情绪。生活在一个受虐待的环境中,也可以降低受暴者对不愿正在发生的事情的敏感,因为家暴成了他/她们的家常便饭。

6. 非常愤怒的受暴者

一些受暴者可能会因为发生在他/她身上的事而非常生气,他/她们可能把这种愤怒发泄在你身上。如果发生这种情况,不要惊慌,也不要认为这是针对你的。他/她们最有可能是把对施暴者、他/她们自身或社会大众的愤怒投射在你这里。这实际上是好的，因为它表明，他/她们认为你是一个安全的目标。如果他/她们觉得足够有把握对你发脾气而不必担心打击报复的话，他/她们也愿意让你介入。鼓励他们表达自己的感情，但尽量不要让事情变得太失控了。

7. 歇斯底里的受暴者

对某些人来说，创伤反应和痛苦的再度苏醒的回忆实在太多。告诉受暴者，可以大声哭出来。他/她愿意对你哭，说明他/她觉得足够安全，说明他/她真实地感觉到痛苦。让他/她哭，只要他/她需要。轻轻地提醒他/她，每当他/她感觉准备好了，你就在旁边，并且提醒他/她可以慢慢来。

8. 沉默的受暴者

有些受暴者是反应迟钝的，回复问询也并不专心，这可能是由于持续的虐待和精神冲击造成的。他/她的伴侣可能以各种各样的方法威胁他/她，警告他/她不能对任何人说暴力的事。在家暴的烦恼中，他/她可能也会和你谈话时态度矛盾，因为他/她可能对于指责某个他/她爱的、曾经爱过的、相互有孩子的人持保留意见。他/她可能很难表达发生了什么事。要有耐心，花时间建立融洽关系，最终他/她会开始信任你和敞开心扉，别着急。

四 同性恋受暴者

从原则上讲，如果志愿者的核心价值里不能肯定同性恋、双性恋、变性人等多元"性别"，那就难以继续作为志愿者参与白丝带运动。如果你不肯定这些，请把电话转介给其他志愿者。受暴者非常害怕受到服务提供者的拒绝或不信任，他们对这些信号非常敏感。

同性恋受伴侣暴力后，许多人担心说出来，因此暴露了他们的性倾向，因而有更大的压力。志愿者除了遵循针对其他类型来电者的服务原则外，还应该为他们提供更多自我认同的支持，包括可以请同性恋社区的志愿者和领袖人物协助工作。

五 因不符合主流社会性别角色的受暴者

不符合社会性别角色而受暴力，可能包括男人事业不够成功、女人不承担家务等多种情况。对于这类来电者，志愿者可以：

- 鼓励来电者接受自我，悦纳自我；
- 告知来电者，每个人都有权利选择生活方式，没有人有义务一定要承担主流社会的性别刻板模式的压力；
- 鼓励来电者与家人沟通；
- 鼓励来电者的家人拨打热线。

六　其他你意料之外的受暴者

一些受暴者就不是我们想象的那样。记住，每个人都有自己的风格和应对创伤的模式，每个人都有自己的视角。志愿者需要做的是尽你所能，试着灵活、开放和非判断地对待他/她们。

亲密伴侣暴力危险性预测量表（DA-R）

麻超、李洪涛、苏英、毋嫘、洪炜

【询问受害人帮填或由受害人填写】

受害人姓名_____ 加害人姓名_____ 双方关系_____ 填写日期_____
协助填写单位_____ 填写人_____ 联系电话_____
请受害人签名_____

伴侣相处会有许多冲突发生。我们想了解您和您的伴侣相处过程中是否有下列的情形发生，请按照您的实际情况回答下列所有问题（下面各题的"他"是指您的伴侣，可以用来表示您丈夫、前夫或同居男友）。

请就以下每题在右边"是"或"否"的框内打钩（√）	是	否
1. 他曾威胁要杀您	□	□
2. 您相信他能杀您	□	□
3. 他控制您大部分的生活	□	□
4. 他曾说"我若不能拥有您，其他人也不能"	□	□
5. 他曾威胁要自杀，或尝试要自杀	□	□
6. 他有没有对您说过"要离婚或分手就一起死"或"要死一起死"	□	□
7. 他曾威胁您，要伤害您娘家的人，以阻止您离开他	□	□
8. 您是否认为在未来的两个月内他一定会对您进行身体上的伤害	□	□
9. 在您与他的关系变得不好后，他是否曾经监视您（如查您手机、电脑或跟踪）	□	□
以下 2 项为特别提示题，不计入总分		
1. 曾有使您不能呼吸的行为（如勒脖子、压头入水、用枕头闷或开瓦斯等）	□	□
2. 曾有除了使您不能呼吸以外的其他明显的致命行为（如推下楼、灌毒药、泼硫酸、泼汽油，或利器刺入致命部位）	□	□

计分：回答"是"计1分，回答"否"计0分。

总分：_____：□低危（3分及以下） □中危（4—5分） □高危（6分及以上），致命危险

特别提醒：不计入总分的两项为特别提示题，若特别提示题中任何一题答"是"，无论总分多少，均纳入"高危，致命危险"。

第二节　家庭暴力施暴者的热线咨询

一　咨询理念与模式

志愿者应该清楚，虽然热线咨询不同于面对面的个体咨询及团体辅导，但是，一些咨询理念是共通的，所以应该对于家庭暴力咨询的各种理论有所了解，以便将其自然地融汇到热线咨询中。

家庭暴力的治疗技术，根据以下三种对产生家庭暴力的不同原因的认识，分为三种主要处理模式：

（1）社会及文化原因论而衍生的女性主义模式：强调家庭暴力主因是社会及文化中长期纵容男性对女性伴侣之暴力行为，因此，咨询上应给予施暴者教育课程，而非治疗，教育其应体会此一社会文化之影响，进而培养对性别平等之尊重，而改以非暴力及平等的行为和态度，且应对自己行为负责。

（2）家庭原因论而衍生的家庭治疗模式：认为家庭暴力由家庭内沟通、互动及结构所造成，因此认为促进家人间的沟通技巧能避免暴力的发生，而主张家庭治疗。但此模式难以达到对被害人迅速保护的目的。

（3）个人原因论而衍生的心理治疗模式：认为家暴是因施暴者个人可能的人格异常、幼年经验、依附模式或认知行为模式等所造成，因而应以针对个人的心理治疗的方式加以改善，其中，认知行为治疗模式主要强调施暴者对暴力的认知及行为的改善，并增加自我肯定训练；此外还有精神动力模式、将依附模式加入认知行为模式中进行处理，等等。

二　咨询要点

1. 咨询态度

所有来电咨询的施暴者都有权被尊重，要相信，没有人结婚或找伴侣生活是为了打他/她，所有人都是向往幸福生活的。

志愿者接线时应充分肯定其来电行为，真诚感谢其信任，激发并且增强其改变的动机。

志愿者在接听电话中要巧妙运用言语，包括语速、语音、语调来营造一个安全、接纳、理解、可信赖的情景；不批评、不攻击、为加害人创造安全环境。

共情，充分理解施暴者的情绪体验。理解其情绪体验，不等于认同其通过施暴来处理情绪问题，志愿者应该态度明确：反对暴力。但表述方法可以灵活、弹性、多样。

志愿者给予回馈时，要避免落入对施暴者过于尖锐或是过于温和的极端。过于温和会导致纵容施暴者的行为，而过于尖锐的反应，可能表现为态度上不礼貌，比如很大声或语带讥笑、对施暴者尖刻或侮辱，都将破坏关系而影响咨询效果，应着力于针对施暴行为给予建议性批评，而非针对施暴者。

2. 了解事件并确定咨询脉络

第一，以尊重来电者的态度，了解其施暴的经历与现状。第二，要清楚认识到施暴者所呈现家庭暴力的有关特点：合理化、淡化、否认偏差的性别观念，认知扭曲、扩大化对方行为责任，缩小化自己行为责任等；也包括施暴者阐述的自己所处的困境。第三，志愿者可以向施暴者指出上述特点，帮助其自我认识。第四，注意评估和分析施暴者的"情境—想法—情绪—行为"链是怎样的，从而找到针对不同环节进行切入的点。

接线时可以逐步实现以下八个子目标：无暴力、无权威、尊重、信任支持、诚实负责、对性的尊重、建立伴侣关系及协调、公平。

3. 进行权力关系的调整

咨询过程中要注意权力的调整：为施暴者去权，让其认识使用暴力是对别人的侵犯和支配，是对别人生命的极大不尊重，是一种权力施加。也要提醒施暴者认识到其行为是犯法的，会受到处罚。但语气要和缓，让对方感到是关心他，而不是谴责他。

志愿者要鲜明地告诉施暴者：必须停止暴力行为。来电者如果说："我忍不住要对他/她发飙。"志愿者可以提示来电者：其实，是你自己选择要用发飙的方式来表达情绪。

一些施暴者会声称，自己只是伴侣吵架时过于激动。志愿者应该帮助来电者认识到伴侣吵架与家庭暴力，特别是精神暴力的根本区别。伴侣间普通的争吵如果适度，可以宣泄内心情绪，甚至有助于双方相互了解，解决问题。但是，吵架应只是针对此时此地的具体事情表达情绪，而不能有人身攻击；帮助来电者理解，伴侣之间遇到矛盾、发生争吵时不应该有输赢意识；应该培养适当的沟通能力。

施暴者可能会强调其是因为被对方"激怒"而"忍不住"使用暴力。志愿者可以帮助施暴者体察当时具体的情绪感受，进一步分析"激怒—暴力"的情绪发生机制，帮助施暴者认识到暴力行为对施暴者自身的"意义"，由此为进一步制订改变计划打基础。

4. 发展其正面的价值感

志愿者应该坚定地相信施暴者能改变，暴力只是其面对问题的某一个选择。改变需出自内在动力才能真正持久踏实，内在动机是改变行为的长期解决之道。所以，志愿者要帮助施暴者找到、激发内在的改变动机。

引导施暴者开发内在资源，以催化改变过程。

志愿者要改变的是施暴者的信念系统，不只是他们的行为。

志愿者要协助施暴者从自我中心、自认为被害者的心态，转移到较为独立，甚至相互依附的世界观，在这样的新世界中，施暴者要为自己的行为负责，并和其伴侣子女相互尊重的共存。

与施暴者讨论暴力对自己家庭的利与弊，增加其改变的决心。

与施暴者一起探讨其对婚姻与家庭的期望，引导施暴者培养对家庭生活发展正向愿景。

要告诉施暴者，暴力行为将使幸福生活遥不可及，暴力无法解决伴侣间的问题。

施暴者有时会体验孤单的感受，志愿者要提示施暴者：孤单的感受会提醒自己注意个人的自我照顾，以及对他人的需要，与他人建立良好的人际关系。

5. 帮助施暴者认清自己并着手改变

同施暴者一起讨论：

暴力行为与观念的由来。

其对自己的看法。

其配偶是一个怎样的人。

如果对方要离开，怎么办？

婚姻冲突对子女的影响。

其个人所作所为不恰当的地方。

原生家庭与暴力的关系；探索原生家庭暴力史；探讨父亲与施暴者的关系，

了解生命中重要人物对性别角色和亲密关系行为模式的影响。

引导施暴者：

了解并认出自己在家庭中病态的权力与控制的行为反应，并示范如何才是平等和非暴力的行为反应。

正向积极地处理伴侣的气愤和指责，询问伴侣气愤和指责的原因。

换位思考与体会，以伴侣的眼光看自己，对伴侣有新的看法与接纳。

看到愤怒感受背后的内在期待与渴望，这可能是对美好生活的向往，让其理解自己的渴望，自我接纳，以积极的方法处理情绪问题。

进行尊重平等的沟通、澄清沟通中不清楚的信息、学习聆听并尊重伴侣的感受、学会处理自己的愤怒情绪。

将负面的内在自我对话转换成正向的内在自我对话，正确地、积极地理解原本可能被判定为负面的伴侣间的交流。

指导施暴者进行自我肯定训练，不要让负面情绪、负面的自我评价控制自己。帮助施暴者理解"好想法"的两个标准：让自己感觉好些和不伤害别人。

学会制怒，传授情绪管理办法。

帮助施暴者意识到：即使不直接对孩子施暴，对伴侣的暴力也将对孩子造成非常大的负面影响。婚姻暴力施暴者辅导工作的重要目的之一是保护受害子女的安全。

对自己的暴力行为道歉。

说出自己可以再努力的地方。

指导施暴者认出自己的高危险想法，包括：对对方、对自己、对法律、对小孩，学会如何避开自己的"高危险情境"。

建议施暴者：

在愤怒的时候可以采取暂停法：让自己调整呼吸，冷静下来，走到另一个房间，或暂停讨论；

拟订自我改变的计划书；

做下列四件事：第一，他们需要表达出自己愿意在关系中放下控制。第二，他们需要对自己的行为负责，特别是控制施暴的行为。第三，他们需要和伴侣合作，以尊重的方式处理彼此差异以解决意见不合的问题。第四，他们必须淡化其自我中心的目标，取而代之的是和伴侣及他人共同建立目标，其目标不只是反映出他们自己的需要与欲求。

6. 接受欠缺

志愿者应该清楚：施暴者的心理与行为，是受早期生长环境的影响，需要多方位、长时期的努力，热线本身的能力是有欠缺的，接受这种欠缺。

除非我们对某些个案的精神状态确实感到担心，否则并不鼓励他们接受心理治疗。因为中国目前的心理咨询普遍缺少社会性别意识，施暴者经常在心理治疗中，为自己的施暴找到新的理由，并以此要求受暴者要体谅他、原谅他。

第三节　目击家庭暴力及受暴青少年的热线咨询

所谓目击家庭暴力及受暴青少年，广义的定义指：18岁以下，目睹及受暴的青少年。狭义的定义指：直接看到或虽然没有看到，但听到，或在暴力过程中受到波及或卷入争吵之中。即使孩子只是目睹暴力，但其实已成了暴力的受暴者。

许多研究显示，受暴/目睹暴力青少年本身受到极大创伤，大多时候他们相信暴力的发生是因为他们犯了错。受暴/目睹暴力对青少年在不同年龄段可能造成的伤害，如下图所示。

婴儿	青少年	5—12岁小学时代	12—14岁早期青少年	15—18岁晚期青少年
不能茁壮成长	攻击行为	以强凌弱	约会暴力	约会暴力
无精打采	黏人	一般攻击	以强凌弱	滥用酒精/毒品
日常吃饭	焦虑	抑郁	低自尊	离家出走
睡觉紊乱	粗暴对待动物	焦虑	自杀	学业成绩和学校出席的突然下降
发育迟缓	破坏财产	退缩	创伤后应激障碍症状	不尊重女性，性别角色刻板信念
	创伤后应激障碍症状	创伤后应激障碍症状	逃学	
		对立行为	身体担忧	
		破坏财产	不尊重女性，性别角色刻板信念	
		糟糕的学业成绩		
		不尊重女性，性别角色刻板信念		

热线志愿者要清楚：你可能是青少年第一个告知存在家暴的人。孩子在揭露之后可能会感到矛盾，一方面很高兴自己终于说出来了，但另一方面又担心事情说出来以后，会被施暴者发现或发生后续的困扰。这样的矛盾是因为生活在暴力家庭的孩子，多半都会担心激怒施暴者，以及生活会发生意想不到的变化。

热线志愿者首先要做到的是：真心关怀孩子，建立他/她对你的信任感。

一　咨询要点

1. 接线伊始，建立信任关系

如果孩子向你袒露家庭暴力的发生，你可以以孩子谈到的内容作为开场白，"我知道爸爸妈妈吵架的事情让你觉得很烦恼，我很关心也希望可以帮忙，你愿意和我多谈谈吗？"告诉孩子，如果他想说说心里的烦恼，你会很乐意听。

让孩子诉说自己的故事，积极倾听，但不要强迫孩子去诉说——记住你的工作不是进行调查。

跟随孩子的引导。一些孩子的注意跨度非常短，即便是伤心的事情，他们在一个话题上停留的时间也可能非常短暂。允许孩子按照自己的需要多说或者说的少点。

对青少年的情绪反应保持敏感。若青少年不想说，也不要逼青少年一定要说，要尊重青少年的袒露程度和步调，不要因为心急或好奇而追问暴力的细节。

根据情形表达你很高兴他/她告诉你这些。

2. 尊重地倾听，适时提供支持

当孩子开始谈论家庭暴力时，我们表达关心时尽量不要让青少年觉得有被指责的压力，如"你怎么不早说？""是不是你不乖，爸爸才生气打人？"等。

通过向孩子验证来确定他/她的感受，使用"听起来似乎这吓到你了"，来确定孩子的感受。

与青少年确认目前是否处于安全的状态，是否已经有足以应对的安全计划。"你可能被打吗？你可以怎么做来保护自己？"

传达支持与陪伴，但不要给予不实的承诺。避免说："一切都会变好的。"

尊重孩子的想法和感觉，不要借机说教，多听少说；避免不当的乐观与否定。

告诉孩子有许多小孩跟他/她有同样的烦恼，让他/她知道自己并不孤单。

鼓励孩子在安全的前提下，可以和家长进行交流，告诉他们，他们间的暴力使他/她多么烦恼和痛苦，对他/她的影响有多大。

尊重孩子的隐私权，未经孩子同意，不要将他/她所目睹的暴力擅自透露给同学或其他非相关人员知道（即与处理这事件无关的人员）。

不要指责施虐的家长或者说不好听的语言；不要批评施暴者这个人，只需强调施暴者的暴力行为是不对的。避免说："他（施暴者）真的很糟糕！"应该要说："不是他不好，是他（施暴者）打人或骂人的行为不对。"

孩子的感受很复杂，他们会憎恨虐待，但是和施虐的父母有亲密的联结，并且喜欢和他们在一起。不想诉说可能是恐惧父母婚姻的破裂。如果你指责施虐的父母，孩子出于对父母的忠诚和保护，可能会让孩子觉得不应该和你说虐待的事情。

3. 确定安全计划

和孩子一起讨论，现在的情况是否应该报警，或者寻求其他帮助。这样做的目的，是避免青少年或家暴中的其他受暴者受到更大的伤害。

教给孩子在家暴发生时的一些策略：保持冷静、保护头部、勿刺激施暴者、躲到安全可拨打电话的地方，必要时要制造声响与呼救，或拨110报警。

陪伴孩子拟订安全计划，包括身体（不会受伤）与心情（如何调节负面情绪，如害怕时可以在房间画画或玩玩具等）的自我保护策略，帮助孩子将焦点放回自己身上，鼓励孩子探索自我，并让孩子知道他们不孤单，而家庭情况也会在社会资源的介入下有机会慢慢改变。

对于受暴力对待的孩子要求你保守秘密，你要向孩子解释你可能需要告诉一些会帮助到他的人，他们的职责是保护孩子的安全。

4. 培养态度和价值观

对性别暴力正确的态度与价值观的培养，有助于目击暴力青少年未来成为反对性别暴力的一分子，而不是传承暴力的一分子。

帮助孩子理解一些关于家庭暴力的正确态度，比如：任何情况不应该成为暴力的理由；暴力不仅无法解决冲突，还会引发更多的问题；每个人都应该妥善管理自己的情绪，愤怒不能成为情绪失控与暴力伤害的理由，生气并不等同于暴力；有权力的人不能伤害弱小，而是要善用权力来帮助弱小；建立孩子性别平等观念，教导孩子破除传统性别角色之尊卑迷思；帮助孩子体会"家"应该是安全的地方，而每个人都有权利为自己争取安全；学习在爱的关系里应该是相互尊重、接纳、关心，而不是占有与伤害。

让孩子了解，父母间的暴力事件不是孩子的错，即使家长说这和他有关，也不必相信，无论他是否真的"淘气"、"不听话"，都不应该成为家庭暴力的借口。家长对他施暴，更不是他的错，他不应该因为任何原因而被暴力对待。

5. 心灵重建

帮助缺乏自信的孩子从小任务的挑战开始，透过鼓励与陪伴，以逐步累积小小的成功经验。同时，除了追求成功之外，引导孩子探索个人特质的长处，如热心、善良、认真等，借此反馈至自我概念的建立。

多肯定孩子，让孩子觉得自己是个有能力的人。

帮助孩子发现自己的价值，让孩子体会自己是值得被爱的。此外，对孩子无法得到父母关爱的失落表达同理心，传达父母也是人，也会遭遇正待解决的困难。

带领孩子了解他所能够发挥的能力与技巧，让孩子体会自己的力量，相信"我能够做到"。

帮助挖掘孩子的自我内在资源：培养多元兴趣、自我肯定、正向思考、人生理想；帮助挖掘孩子的家庭支持资源：正向稳定的照顾关系，良好的亲属或手足关系。

帮助挖掘孩子的社会与学校资源：同学间的关怀与支持，老师的协助，社会资源的联结。

当孩子出现暴力行为的时候，以"教导"代替"制止"，让孩子有机会重新学习适当的行为。

谈话结束时，再次确认孩子的安全计划。

谈话结束时，感谢孩子："谢谢你愿意告诉老师，你能够说出来真的很勇敢，老师会再想一想可以帮忙你的方法。你随时可以来电话。老师可以留下你的联系方式吗？"但要保证，你与孩子的任何联系不会给他带来伤害。

二　校园性别暴力受害青少年的咨询要点

校园暴力长期以来受到忽视。基于性别的校园暴力，包括：性侵犯，对同性恋、跨性别学生的暴力，基于性别权力关系的暴力，基于性别气质的暴力，基于外貌的暴力，等等。比如，给不符合主流社会"美丽"标准的学生起具有污辱性的外号，本身就是一种性别暴力。

对于受校园性别暴力伤害的来电者，志愿者应该做到：

（1）强调生命第一位，任何时候生命都是最宝贵的；

（2）建议灵活应对，不要硬碰硬，要学会保护自己；

（3）悦纳自己，接受自我，爱自己，不要因为别人的暴力而怀疑自己；

（4）坚决反对以暴制暴；

（5）告诉家长或教师，必要时报警，寻求保护；

（6）如果问题仍然不能解决，可以考虑通过媒体，包括微博等"自媒体"披露你受到的伤害，引起社会关注；

（7）重要的是相信：如果你不采取行动，暴力不会自行终止。

第四节　家庭暴力"重要他人"的热线咨询

"重要他人"可能是一个朋友、亲戚、伙伴、男朋友、女朋友或受暴者的配偶。他们可能在处理受暴者的问题时也带有自己的问题的因素。

记住，来电的"重要他人"可能就是实际的受暴者，而伪装成一个重要的他人。"我的朋友有一个问题"的台词并不少见。

一　接线要点

1. 肯定与支持

感谢来电，赞赏他，来电行为本身就是反对性别暴力行动的开始，不作沉默的旁观者；

倾听并理解他们的情绪，如愤怒、震惊、恐惧、厌恶；

帮助"重要他人"了解性别暴力的相关知识，澄清对于性别暴力的错误认识。

2. 重要他人可以做的事

"重要他人"来电的一个原因，可能是想知道应该如何帮助受暴者，或如何阻止施暴者，提供下述建议给他/她：

不要害怕让涉及暴力的家人或朋友知道你担心他们的安全，帮助你的朋友或家庭成员认识到暴力，告诉他们你知道发生了什么，并且想帮助他们；帮助他们认识到现在发生的情况是不"正常"的，他们应该拥有一个健康、没有暴力的关系。

让受暴者知道暴力并不是他们的错，让他们感觉到安心，让他们知道这里有帮助与支持，他们并不是孤单的一个人。

倾听受暴者的声音，成为他们的支持，对于他们来说谈论暴力可能是很困难的，让他们知道你可以随时给予他们有效的帮助。他们最需要的是有一个人可以相信和倾听他们。

鼓励受暴者扩大社会活动面，参与朋友与家人关系以外的活动。

"重要他人"可以帮助受暴者制订发展一个安全计划。

"重要他人"可能鼓励施暴者拨打白丝带热线咨询。

"重要他人"可以帮助施暴者制订一个改变计划。

鼓励重要他人与可以为他们提供帮助和保证的人联系。找到当地反家庭暴力机构，或者一些提供咨询的和互助的团体，和他/她一起去和家人朋友交谈。如果他/她必须去找警察、法院或律师，也同时为他/她提供道德上的支持。

3. "重要他人"需要保持中立和关注

告诉"重要他人"：保持中立态度，尊重受暴者的决定，同时可以保持对受暴者的关注。一个受暴者留在暴力关系中有很多的原因，他/她可能离开又回到暴力关系中许多次，不要评价他们的决定或者试图让他们感到内疚，他们其实在这个时候更需要你的支持。

"重要他人"切不可采取过激行为，如与受暴者一起以暴制暴，或对施暴者进行咒骂、殴打，这些都无助于事情的解决，也不属于对受暴者的支持行为；好的做法是保持冷静的态度，在法律的框架内寻求解决方案。

鼓励"重要他人"告诉施暴者：如果他/她停止了这种暴力关系，继续支持他们。因为即使这段关系是暴力的关系，一旦失去，你的朋友或家族成员也会感到难过与孤独。他们需要时间去消化这种关系的失去所带来的忧伤，这个时候尤为需要你的支持。

记住：任何人都不能"拯救"施暴者或受暴者，虽然看着你关心的人受到伤害会让你不好受，但是最终受到伤害的这个人必须决定他们自己将做些什么。你支持他/她，帮助他/她找到通往安全与平静的路是非常重要的。

第三章　公共场所暴力不同类型来电者的咨询策略

第一节　性侵犯受暴者的热线咨询

性侵犯受暴者热线咨询，与家庭暴力受暴者热线咨询有许多共同之处。所以，请同时参考第二章第一节的内容。

一　咨询要点

1. 倾听与支持

在接待和倾听的态度上，对来电者表示信任，相信他们说的是真的，特别是在关系建立之初，任何怀疑都可能对他们造成伤害；但是在志愿者的评估过程中，需要对事实、情绪做中立化的评估，热线志愿者不是法官，更不能作"有罪推定"，志愿者可以以处理来电者的情绪为先；"你感到怎样？""发生了这样的事情，你有什么感觉？""描述下当时你的感觉？""所以，你感到很愤怒，对吗？""你认为自己受到最大的伤害在哪里？"而不是纠结于事件的真假细节。

志愿者应该认识到：性侵犯受暴者在热线咨询过程中，如果被要求多次提到自己经历的细节，可能使他们感到不舒服。

告诉受暴者：你没有错，错不在你。无论别人说什么，事实上你对这件事的发生没有任何责任。

2. 赋权与尊重

帮助来电者了解：熟人间的性侵犯，如果没有受到外力的禁止，可能会不断持续下去。

如果受暴者还没有报警，特别是受害孩子没有告诉家长，要建议他们：向信任的人勇敢地说出来，不要压抑在内心；说出来，是制止性暴力的开始，也是新生活的开始。

应该认识到，性侵犯加害人可能威胁受暴者的生活或者他的家人，不让受暴者报警。或者施暴者通过自己的权力、权威强制受暴者保持沉默。所以，对于仍然存在的性侵犯，志愿者应鼓励受暴者自己做出是否报警的选择。

对于"乱伦"当事人的来电，志愿者应该认识到，亲属间的性关系有些是自愿的，有些是被迫的，志愿者应认识到家人间关系的复杂性，鼓励来电者自主决定未来关系的走向，志愿者应把来电者看作一个拥有能力、能够解决这个问题的完整个体，不应该代替其做决定；志愿者要警惕自己对于亲属间性关系的偏见，这可能会影响到咨询过程。志愿者对亲属间性关系的态度不应带入到接线过程中。

3. 康复与重建

告诉受暴者：这件事并不像有些人形容的那样严重，"你还是你，你没有被玷污，你的人生仍然可以是快乐和幸福的，当然，这不影响侵犯者要负刑事责任"。

如果受暴者感到巨大创伤，要帮助他们厘清：造成重大创伤感的是什么？是性侵犯本身，还是某些舆论、环境等的社会文化的创伤强化作用造成的这种危机感？

帮助来电者重建自我价值，鼓励其发现、培养自己各方面有价值的东西，而避免将性当作实现自我价值的最重要的渠道。

启发受暴者认识到，受到性侵犯和受到其他侵犯一样，要彻底地从阴影中走出来，可能需要较长时间，所以，要接受这个过程；建议受暴者寻找转移注意力、开发自己生活乐趣、建立社会支持系统的方法，这将有助于他们的创伤康复。

志愿者不可以承诺而不做，否则，将进一步加剧受暴者对他人的不信任。

志愿者应该清楚：性侵犯受暴者的心理康复，需要多方位、长时期的努力，仅热线本身的能力是不够的，要接受这种欠缺。

二 男性性侵犯受暴者的独特性

男人对性侵犯的反应很大程度上和女性一样，但也有一些具体针对男性受暴者可能的特点，而需要了解的情况。

1. 心理要点

因为男性一般认为"被性侵犯"对自己来说是遥不可及的事，他们对此完全没有心理准备，所以，对受到性侵犯的男受暴者而言，心理影响可能更严重。这个创伤性事件破坏了之前他被教育而认识的，有关自己的男性身份的一切。

对大多数男人来说，受到性侵犯是最大的侮辱。因此，这个创伤可能会导致受暴者的自我知觉和现实概念混乱。

受暴创伤可能会导致受暴者长期焦虑、沮丧、恐惧、身份混乱；还可能发生人际关系退化的情况。

受暴者具体的心理问题可能源自受攻击。志愿者应该警惕针对攻击背景的恐惧症。受暴者的疑病反应和创伤后的应激反应可能会增加。攻击也可能调动潜在的偏执和对身体伤害的强迫性恐惧。

2. 性认同要点

从来没有感到同性吸引的男人在受到性侵犯之后可能经历"同性恋恐惧"，害怕攻击会使他们成为同性恋。受暴者可能感觉自己"不够男人"。志愿者必须对此进行澄清，清楚地告诉受暴者：这是同性恋恐惧，性倾向与受到暴力无关。

曾经有同性吸引经历的男人可能相信"受到攻击是自己的错"，相信自己是因同性性吸引的感觉而被惩罚、伤害。极端的自我厌恶和自我毁灭行为可能会发生。热线志愿者必须帮助他们减少自责。

3. 支持要点

男性性侵犯受暴者很难从家人、朋友那里寻求支持。通常，即使受暴者愿意、能够寻求帮助，其他人的反应也许会更伤害他们。热线志愿者可以帮助受暴者决定对谁倾诉。

4. 关系要点

男性受暴者的亲密关系几乎肯定会因受到攻击的经历以及他自己对攻击的反应而瓦解。热线志愿者必须评估如何最好地帮他保持关系稳定，提供支持。

5. 情感要点

尽管研究数据不完全支持结论，但是临床证据似乎表明，受到性侵犯的男性受暴者通过随后伤害他人的方法而发泄愤怒的可能性不断增长。热线志愿者应帮助他们重建自尊和自我认同，帮助男受暴者消解攻击引起的愤怒和敌对，这一点极其重要。

第二节　性侵犯加害人的热线咨询

白丝带热线目前接到的咨询电话中，性侵犯加害人打来的所占比例最少，但是，仍然有渴望改变其行为的性侵犯加害人来电寻求帮助。性侵犯加害人热线咨询的目标是：防止再犯。

性侵犯加害人的热线咨询与家庭暴力加害人的热线咨询有一些共同需要注意的技术，请参考第二章第二节。

咨询要点

1. 接纳与信任

志愿者应反省内心对性侵犯加害人的负面评价，警惕这种负面评价影响对来电者的影响。对于白丝带热线志愿者来说，每个来电者，无论其在性别暴力中的角色是什么，都是我们的同伴，他们来电寻求帮助和改变本身，便显示了其反对性别暴力的意愿。

感谢他/她的来电，肯定他/她寻求改变的行为，以尊重、和蔼的态度同来电者进行交流。

性侵犯加害人因为种种顾虑，通常不会上来便说出自己的全部加害行为，尊重来电者的节奏，不要急于探询来电者的加害行为，以免引起他的反感和不信任。

信任是催化改变最重要的议题。志愿者首先必须建立和加害人的信任关系，志愿者如果以自大轻蔑和侮辱的态度，表露出对个案的不信任，就不可能发展有效的咨询关系。

向加害人介绍成功的咨询经验，正向、建设性的改变经验，以鼓励加害人树立信心，设定属于自己的目标。

2. 澄清与改变

在尊重来电者表述意愿和节奏的基础上，自然地了解其情况，包括个人与性有关的成长史、加害史、目前的信念、价值系统等。

保持审慎的心态和澄清的方式，以便明确了解加害人的陈述及自我观察。

改变性暴力实施者的扭曲认知。他们可能会觉得女性喜欢受到性骚扰或性侵犯、女性至少并不反感等。帮助他认识到这种扭曲，事实是女性非常讨厌被性侵犯。

个别加害人的性侵犯经验中，有得到女性配合的情况，这可能进一步肯定他们对"女性喜欢被性侵"的错误认知，并巩固其行为。志愿者要让加害人清楚：那样的情况是极个别的例子，是非常态的，而且这样配合常常是受害人为了避免更大的伤害不得已而为之。因此，不能以此认为伤害行为不存在。同时，实施性侵犯是会受到法律惩罚的。

对来电者的心理进行评估，若来电者有很深的负面人格特质，而由于个人特质一时无法改变，所以最好的策略是接受这样的人格特质的存在，然后发展出互补的行为，以免再犯。

一些性侵犯的加害人可能是在幼年的发展阶段未得到心理滋养，这样的缺憾会造成不顾他人的破坏性欲望。志愿者帮助当事人认识到这一点，有助于他们消解这种负面影响。

帮助当事人清楚了解性侵犯循环及从犯罪中得到情绪满足的事实，以健康的身心取代行为、生理、认知、情感功能失调。

来电者的情绪是很重要的影响因素，家人的责难和负面情绪，都可能增加施暴的可能。帮助当事人意识到这种负面影响的存在，有助于他们战胜这种负面影响。

性侵犯开始之后，便可能有一个连续性，改变需要更多的努力。要让来电者相信，他其实有很多机会可以终止自己的行为，让他对自己的改变有信心。他来电话，就说明他已经很努力想改变了，这是非常重要的基础。

3. 再犯预防

白丝带热线能做的重要工作是：帮助施暴者确认再犯的过程，分析自己的行为，及早中断幻想，中断行动。

帮助当事人理解性侵犯的思想顺序：性幻想——对幻想的合理化——计划——未受到禁止——行动。侵犯的实施，通常是无法处理情欲幻想。在出现情欲幻想时，不要合理化，要帮助他打破合理化。

发展广泛的再犯预防计划，自己要学会发现再犯错误的迹象，以便意识到时立即中止。这些再犯的迹象，正是他以往性侵犯前情况的再现，当事人比任何人都清楚。当事人锁定性幻想的目标时，等于已经接触到了潜在的受暴者，情况非常危急了，应该让自己回避那个人。总之要有一个让当事人发现危险因子的技巧，然后才可以中止，无论靠自己，还是求助于外在的监控系统。

鼓励当事人学习自我监测的技巧，比如写日记，写下自己的幻想，分析这幻想是扭曲的，写日记的方法许多时候可以有效地实现自我控制。

帮助当事人学会降低偏差的性兴奋和兴趣，澄清性认同。

建立外在的监控系统，帮助他督促。比如"你再克制不住的时候，可以拨打我们的热线"。如果他不想让其他志愿者知道这事，可以仍在第一个接线志愿者执机的时间拨打；如果情况紧急，也可以要求热线设置为第一个接线志愿者通话，这是 400 热线技术可以做到的。

4. 持续成长

帮助加害人成长是志愿者重要的工作。志愿者应给予以下帮助：持续地指出加害人的正面价值；持续划分加害人身为人的价值及侵害行为所造成的破坏和错误；发展适当的自我价值感。

侵犯者如果没有或者少有社会支持系统，志愿者应鼓励他们建立平常的人际交往，建立社会支持系统；热线也可以成为其社会支持系统的重要部分。

解决不适当地占有、嫉妒、寂寞、过度依附、使用权力和控制的问题。

志愿者应该辨认和创造机会，让加害人对其他人有正面贡献，使其确认这些贡献对其他人造成积极影响。

帮助来电者建立健康的行为模式以取代不健康的行为模式，发展朝向康复的动机和承诺。

帮助当事人发展个人的责任、同理、悔意，以及在情绪、理智两个层次上，对侵害行为有罪恶感。

帮助当事人发展社会兴趣。

帮助当事人学习以肯定、适当的方式表达情绪，学习、运用有效的情绪压力的管理技巧。

第三节　性侵犯受害青少年家长热线咨询要点

性侵犯的受暴者，可能是成年人，也可能是未成年人。未成年性侵犯受暴者的家长，更需要有充分的知识与应对策略，否则很可能使孩子受到二次伤害。

热线志愿者在接线时应该做到共情，充分理解受暴者家人的感受。同时，应该向受暴者家人传达如下信息：

1. 信任与支持

受暴者最需要的就是被信任。朋友和家庭成员缺乏对受暴者的信任不仅对受暴者是毁灭性的打击，而且可能对他们的关系引起无法挽回的损失，特别当受暴者是孩子时，当他/她鼓起勇气告诉你事件的时候，你的不信任，以及冷漠会让他/她受到再一次伤害。

周围人对孩子的态度非常重要。当孩子说出受侵经历后，周围人的支持有助于他/她的恢复；反之，创伤可能超过性侵犯本身；要给孩子心理安全感，在家庭使用的语言要让孩子感到安全和温暖，而非责备。

受暴者家人和朋友应该记住，由于性格、生活经验、周围事件、其他重要的人的反应不同，性侵犯受暴者的反应可能不相同。不管明显的反应是什么，受暴者不仅需要情感支持，也需要被鼓励做那些让他们感到对减少压力有帮助的事情。这意味着受暴者家人应提供大量的支持性陪伴，让受暴者设定生活节奏和速度，决定需要。

受性侵犯后，孩子会感到不安全，所以，要给他/她安全感。首要的事是结束这个性侵事件，如果不强行结束，性侵者还会继续实施性侵。

2. 避免错误做法

家长知道孩子受性侵犯后，通常非常愤怒，但一定要保持冷静，不要因为激愤采取过激行动，那可能给自己和家人以及受暴的孩子带来进一步的伤害。

避免采取错误的处理方式，比如让孩子退学、转学，送孩子到外地去等，这些看似是保护孩子，实际上给孩子带来的是"责怪他/她有错"的感觉；在对孩子的重大安排上，可以征求孩子自己的意见，并尊重他们的意见。

不要对孩子强化性侵犯的伤害，而应该鼓励孩子，"你虽然受了伤害，但你没有被玷污，你依旧是完美的，你没有过错"。对于性侵犯伤害的过分强化，可能给孩子带来更大的伤害；

有人会责怪传统意义上负责照顾孩子的母亲没有尽责，这是错误的态度。要知道，受到性侵犯不是被侵犯者和照看者的错，避免责怪家人，这样的责怪会导致降低家庭凝聚力，对家庭关系造成伤害，也会让受到侵害的孩子感觉到"自己是个麻烦"。

3. 帮助孩子成长

不要纠结过去，而要向前看，为孩子未来的人生快乐做准备；

帮助孩子学习情绪调解的能力；

鼓励和帮助孩子开展更多的社会活动，培养爱好，慢慢抚慰创伤；

必要时进行个体面对面的咨询辅导，有条件的情况下，也可以团体辅导；

创伤是慢慢恢复的过程，要给自己和家人时间，受暴者需要时间来愈合，创伤通常很严重，需要数月或数年来解决。

参考文献

中文

1. 成蒂：《终结婚姻暴力加害人处遇与谘商》，台北：心理出版社股份有限公司 2004 年版。
2. 陈若璋：《性侵害加害人团体处遇治疗方案：本土化再犯预防团体模式》，台北：张老师文化事业股份有限公司 2007 年版。
3. 贾晓明：《心理热线实用手册》，中国轻工业出版社 2006 年版。
4. 林明傑、黄志中：《家庭暴力加害人的评估与辅导：他们怎么了?》，嘉义：涛石文化事业有限公司 2003 年版。
5. 林明傑：《矫正社会工作与谘商：犯罪防治的有效要素》，台北：华杏出版机构 2011 年版。
6. 杨眉：《妇女热线咨询手册》，中国妇女出版社 2003 年版。
7. Emerged：《家庭暴力加害人处遇团体方案手册》，朱惠英译，台北：张老师文化事业股份有限公司 2007 年版。
8. Mark S. Carich, Ph. D.、Steven E. Mussack, Ph. D.：《性侵害加害人评估与治疗手册》，林明傑、林淑梨译，台北：心理出版社股份有限公司 2005 年版。

英文

1. Agency for Healthcare Research and Quality, "Women and Domestic Violence: Pro-

grams and Tools That Improve Care for Victims", U. S. Department of Health and Human Services, http://archive.ahrq.gov/research/domviolria/domviolria.pdf (accessed April 27, 2013).

2. Hope After Rape, "Training Manual with Modules for Training CDFU Hotline Counselors Supporting Women Experiencing Violence", http://library.health.go.ug/download/file/fid/1659, Hope After Rape (accessed May 12, 2013).

3. Liana Epstein, "Domestic Violence Counseling Training Manual", Cornerstone Foundation, http://www.hotpeachpages.net/camerica/belize/DomesticViolence-TrainingManual.pdf (accessed May 2, 2013).

4. Linda L. Baker & Alison J. Cunningham, "Understanding Woman Abuse and its Effects on Children", the Centre for Children & Families in the Justice System, http://www.lfcc.on.ca/learning_to_listen.pdf (accessed June 13, 2013).

5. Marlies Sudermann and Peter Jaffe, *A Handbook for Health and Social Service Providers and Educators on Children Exposed to Woman Abuse/Family Violence* (Ottawa: Minister of Public Works and Government Services Canada, 1999).

6. National Domestic Violence Hotline, "Safety Planning", Domestic Violence Hotline, http://www.thehotline.org/get-help/safety-planning/ (accessed July 13, 2013).

7. National Domestic Violence Hotline, "How Can I Help A Friend or Family Member Who is Being Abused?", National Domestic Violence Hotline, http://www.thehotline.org/get-educated/how-can-i-help-a-friend-or-family-member-who-is-being-abused/ (accessed July 13, 2013).

8. Northnode, Inc., "Domestic Violence Training for New Staff and Volunteers", Northnode, Inc., http://www.northnode.org/docs/Northnode%20DV%20Trainers%20Manual.pdf (accessed May 2, 2013).

9. P. Y. Frasier et al., "Using the Stages of Change Model to Counsel Victims of Intimate Partner Violence", *Patient Education and Counseling*, 43 (2001): 211-217.

10. Texas Association Against Sexual Assault, "Sexual Assault Advocate Training Manual", The Iowa Department of Public Health, http://www.taasa.org/member/pdfs/saatm-eng.pdf (accessed May 5, 2013).

11. The Aurora Center, "Training Manual: Sexual Assault, Relationship Violence, Stal-

king", University of Minnesota, http://www.taasa.org/member/pdfs/saatm-eng.pdf (accessed May 3, 2013).

12. The Iowa Department of Public Health, The Iowa Department of Public Health, "Domestic Violence Assessment Tips", http://www.idph.state.ia.us/bh/common/pdf/domestic_violence/assess_tips.pdf (accessed July 2, 2013).